流域非点源污染及生态控制技术

黄国如　利　锋　钟鸣辉　邹正欣　著

科学出版社

北　京

内 容 简 介

本书主要介绍了流域非点源污染及生态控制技术。以南方典型小流域广东省江门市泗合水流域为例，将野外监测与数值模拟等技术手段相结合，构建基于 SWAT 模型的非点源污染模型，开展非点源污染形成机理、迁移转化特征、时空规律及污染负荷定量化研究。采用单因子评价法、BP 神经网络法、主成分分析法及指数法等对江门市四堡水库水质和富营养化状况进行综合评价，利用模糊综合评价法和集对分析法对四堡水库健康进行评估。本书分别构建北江飞来峡水库库区社岗小流域和飞来峡流域非点源污染 SWAT 模型，研究识别飞来峡流域水质优先控制区；对水葫芦生物碳的结构与表征进行分析，探究不同生物碳对氨氮的吸附效果，通过构建室内人工湿地，研究生物碳基质对氨氮的去除效果；构建生态塘-生物碳潜流型人工湿地净化系统，分别研究该净化系统在晴天和雨天情况下对污染物的去除效果。

本书可供环保、水利、水务、农业等领域的科研工作者和工程技术人员参考，也可供相关专业的大学本科生和研究生使用和参考。

图书在版编目（CIP）数据

流域非点源污染及生态控制技术 / 黄国如等著. —北京：科学出版社，2020.4

ISBN 978-7-03-063949-3

Ⅰ. ①流… Ⅱ. ①黄… Ⅲ. ①流域污染-非点源污染-污染控制-研究 Ⅳ. ① X52

中国版本图书馆 CIP 数据核字（2019）第 288627 号

责任编辑：杨帅英 赵 晶 / 责任校对：何艳萍

责任印制：吴兆东 / 封面设计：蓝正设计

科学出版社出版

北京东黄城根北街 16 号

邮政编码：100717

http://www.sciencep.com

北京中石油彩色印刷有限责任公司 印刷

科学出版社发行 各地新华书店经销

*

2020 年 4 月第 一 版 开本：787×1092 1/16

2021 年 1 月第二次印刷 印张：13 1/2

字数：320 000

定价：118.00 元

（如有印装质量问题，我社负责调换）

前　言

非点源污染是指在降雨的驱动下，累积在地表的污染物质被挟带、溶解，并随着径流进入水体的水文过程。降雨径流冲刷和挟带地表污染物，导致地表径流含有悬浮物、耗氧物质、富营养化物质、有毒物质、金属离子和油脂类物质等，这些污染物在很多时候超标严重，并随降雨径流进入江河湖泊，污染河流水库。非点源污染对河流水库水体具有很大危害，国际上尤其是欧美国家已对其进行了数十年的研究，对非点源污染控制方面的研究也较为全面。与点源污染不同，由降雨径流引起的非点源污染强度相对较小，排污成因复杂多变，且排污范围广泛，无固定的排污口，使得所带来的水污染具有随机性、滞后性、不确定性和长期性等特点，因而其监控与预测难度较大，相应的研究与控制工作因不被人们重视而相对滞后，急需相关技术的支撑。鉴于此，本书对流域非点源污染进行了较为系统深入的研究。

本书共分 8 章，全书由黄国如统稿。第 1 章为绪论，主要介绍流域非点源污染的研究背景、研究意义和主要研究内容。第 2 章为 SWAT 模型，主要介绍 SWAT 模型的原理及数据库的建立。第 3 章为潭江流域非点源污染及农业管理措施，主要分析场次降雨径流非点源污染特征，构建了非点源污染 SWAT 模型，分析农业非点源污染管理措施。第 4 章为江门市四堡水库健康评估及非点源污染控制措施，主要论述了四堡水库水质综合评价和健康评估，提出了四堡水库非点源污染控制措施。第 5 章为北江飞来峡水库库区污染源评价与污染负荷核算，主要对北江飞来峡水库库区污染源现状进行了评价，介绍北江飞来峡水库库区非点源污染特征，模拟分析社岗小流域非点源污染负荷。第 6 章为北江飞来峡流域非点源污染模拟及优先控制区识别，主要分析飞来峡流域径流模拟与参数敏感性，介绍飞来峡流域非点源污染模拟和空间分布，开展飞来峡流域非点源污染优先控制区识别。第 7 章为水葫芦生物碳表征及制备，主要介绍水葫芦生物碳的制备与结构表征，研究生物碳对氨氮的吸附实验。第 8 章为生态塘–生物碳潜流型人工湿地净化系统，设计生态塘–生物碳潜流型人工湿地净化系统，分析晴天和雨天工况下人工湿地净化系统的污染物特征。

本书的研究成果是我们华南理工大学水资源及水环境科研团队长期努力的结晶，冯麒宇、陈晓丽、傅博、韦艳莎等也参与了编写工作。本书在写作过程中，有幸得到了广东省飞来峡水利枢纽管理处虞云飞高级工程师等的大力支持与帮助。本书参考和引用了国内外许多专家和学者的研究成果，在此表示衷心的感谢。本书的研究得到了广东省水利科技创新项目（2016-22）和广东省水资源节约与保护项目（201711031）等的大力资助，在此一并表示感谢。

本书彩图可扫描封底二维码查看。限于作者的研究水平，书中难免存在疏漏之处，恳请同仁批评指正。

作　者

2019年10月20日

目　录

第1章 绪 论

1.1 研究背景

非点源污染是指溶解的或固体的污染物在降水或融雪的冲刷作用下，从非特定地点通过径流过程而汇入受纳水体并引起有机污染、水体富营养化或有毒有害等多种形式的污染。随着社会和经济的发展，持续增长的污染物质经由径流过程迁移扩散，加剧了河流、湖泊、水库等水体水质及生态环境的恶化，从而对人类用水安全及生态环境构成严重威胁，甚至对人与自然和谐发展造成重大影响。而且非点源污染特别是农村非点源污染控制难度大，目前已经成为影响水体环境质量的重要污染源。目前，就全球范围来看，已有 30%～50%的地表水体受到非点源污染影响。据文献报道，美国非点源污染占河流和湖泊污染总量的 2/3，丹麦 270 条河流 94%的总氮（TN）负荷、52%的总磷（TP）负荷是由农村非点源污染引起的（US EPA，1995；杨爱玲和朱颜明，1999）。我国东部湖泊污染负荷的 50%以上来源于农村非点源污染，其造成的农业生产经济损失十分惊人，仅粮食一项，每年受“三废”和农药污染就达 4000 万 t 以上，年经济损失达 230 亿～260 亿元（苑韶峰和吕军，2004）。非点源污染已成为水质恶化的源头，引起各界的高度重视。非点源污染的研究从开始的点位尺度观测过渡到流域尺度的水质变化、氮（N）磷（P）污染输出规律的研究，再到基于 GIS 空间分析的水文模型在流域尺度的模拟及应用。随着研究的不断深入，流域尺度的精细化管理、非点源污染模型开发与耦合和气候变化响应等研究方向受到更多关注。

近年来，随着我国经济的高速发展，环境污染问题逐步得到重视，且点源污染由于其的可控制性，对环境的危害也越来越小，因此，非点源污染已逐步成为当前我国最主要的污染源，开始制约经济的高速发展并引起了专家学者的广泛关注。降雨径流是造成非点源污染最主要的自然原因，伴随着降雨淋溶和径流冲刷作用，由土壤侵蚀产生的土壤流失事件时有发生，氮、磷等营养盐和溶解有机质等不断进入水体，导致流域非点源污染形势十分严峻。与点源污染相比，非点源污染产生机理复杂，迁移规律多变，且污染范围极为广泛，具有随机性、滞后性、模糊性及隐蔽性等特点，这种种特性导致非点源污染负荷的估算与模拟研究难度极大。因此，流域非点源污染的防控已成为水环境保护工作的重中之重。近年来《中国环境状况公报》指出，我国各大流域水环境质量正不断恶化，尤其是海河流域、淮河流域及黄河流域的非点源污染也呈现不断加剧的态势。因此，如何进行流域非点源污染模拟及控制已成为近年来国内外学者重点关注的问题。

1.2 研究意义

江门市四堡水库是一座以灌溉、防洪为主，结合发电、养殖等综合利用的中型水库，2007年广东省水利厅制定的《广东省水功能区划》对四堡水库水体功能进行了划定，水体功能定为饮用农田灌溉，水质目标为地表水Ⅱ类；2011年广东省环境保护厅颁布的《广东省地表水环境功能区划》对四堡水库水质目标进行了划定，其中四堡水库水环境功能划定为渔业农业发电，水质目标为地表水Ⅱ类。目前，江门市鹤山已经以四堡水库作为水源新建了四堡水厂，规模为4万t/d，该水厂平时主要为附近各村镇提供生活用水，当西江发生重大污染事故时，将作为备用水源供水。但近年来，四堡水库非汛期部分断面TN含量过高，仅达到Ⅳ类水标准，汛期少部分断面达到Ⅴ类水标准，水质营养化状况为中营养状态，污染源多为水库库区带来的非点源污染。

另外，北江飞来峡水库是广东省重要的水源地，据2010年2月广东省水利水电科学研究院编制的《广东省飞来峡水利枢纽库区污染源普查报告》，飞来峡水库库区流域内污染物的70%以上由非点源贡献，点源排入库区的污染物不到库区流域污染物的30%，即库区范围内非点源污染产生的污染物是点源的2～3倍，所以非点源污染是飞来峡库区流域的重点污染源，且占比正逐年增大。

库区非点源污染主要包括散排的生活用水产生的入库污染、种植业产生的入库污染、水产养殖产生的入库污染以及畜禽养殖产生的入库污染。近年来，四堡水库和飞来峡水库库区流域非点源污染所占比例逐年增大，导致流域水质恶化、水体生态遭到严重破坏，又由于非点源污染来源广泛、产生途径复杂，其本身又具有随机性、滞后性、不确定性和隐蔽性等特点，因此非点源污染估算和模拟研究工作难以开展（黄国如等，2014）。

在我国，类似于四堡水库和飞来峡水库的河道型水库大量存在，这些水库往往库区内常住人口多，水事活动较为频繁，库区水面面窄湾多，库湾分散，水资源保护和管理难度很大，随着库区周边经济社会快速发展，工业用水量和生活用水量逐年增加，库区流域的水资源保护将面临更为严峻的挑战。

人工湿地作为最重要的生态修复工程之一，基质在其中起到至关重要的作用，但如今基质材料如砂石资源越来越有限，生物碳作为一类新型环境功能材料被广泛应用于废水、废气、土壤污染治理中。生物碳原材料来源广泛（如废弃农作物、植物根茎、市政污泥、动物粪便等），可实现生物质的资源化利用。生物碳有难熔、稳定、多孔等特点，是性能优良的吸附剂，可影响环境中有机污染物和重金属离子的迁移转化和生物有效性，具有极高的社会、环境和经济效应。生物碳有丰富的孔隙结构、大的比表面积，其表面富含含氧官能团，是一种良好的吸附材料。构建生物碳基质人工湿地，以人工湿地收割植物及废弃木料为原材料，不仅解决了生物碳的来源问题，还解决了这些生活生产中产生的生物质废料可能造成的环境二次污染和资源浪费问题，同时制成的生物碳以基质的形式回到人工湿地中，优化人工湿地运行，从而实现对生活污水的净化处理。

本书对水库库区非点源污染的输出规律、时空特征以及负荷进行深入探讨，在定量核算其环境负荷的基础上，运用生态控制技术，以生物碳技术为核心，构建生物碳基质人工湿地，围绕生物碳理化性质、人工湿地改良优化设计，对两者结合后对非点源污染中常见的氨氮（NH_3-N）去除效果进行深入细致的研究，该研究成果对于流域非点源污染治理及水安全保障具有重要意义，可为水库流域非点源污染控制和水资源保护提供科学依据。

1.3　主要研究内容

由于非点源污染引发的社会问题在经济发展的同时表现得越来越突出，非点源污染研究已成为环境科学领域研究的一个热点问题，本书针对水库库区的非点源污染问题进行较为系统深入的研究，综合研究水库流域非点源污染特征，在此基础上运用生态控制技术对非点源污染进行全过程控制，主要研究内容如下。

（1）介绍了 SWAT 模型的基本原理和基本结构等，主要包括水文过程子模块、土壤侵蚀子模块、营养物迁移子模块等；论述了 SWAT 模型数据库构建，主要包括数字高程模型（DEM）数据、土地利用数据库、土壤数据库及农业管理数据、水文气象数据等，重点论述了 SWAT 模型的构建过程。

（2）以南方典型小流域江门市泗合水流域为研究区域，以遥感（RS）和地理信息系统（GIS）为支撑，将野外监测与数值模拟等多种研究手段相结合，集合环境、水文、地理等多学科交叉研究优势，构建研究区域非点源污染基础数据库和 SWAT 模型，开展非点源污染形成机理、迁移转化特征、时空规律以及污染负荷定量化、控制等问题研究，为泗合水流域生态环境治理提供一定理论依据。

（3）介绍江门市四堡水库流域的地形地貌、水文气象条件、土地利用状况、水利工程、社会经济情况等，在四堡水库布设多处监测断面进行水质监测，分析水质因子时空变化规律，分别采用单因子评价法、BP 神经网络法、主成分分析法及指数法等对四堡水库水质和富营养化状况进行综合评价。

（4）构建四堡水库健康综合评价体系，利用模糊综合评价法和集对分析法对水库进行健康综合评价；根据四堡水库的水质和生态健康综合评估结果，提出四堡水库非点源污染控制措施，包括污染源控制、水库周边污染控制、水库监测和管理、相关法律政策等，多策并举，更好地保护四堡水库水环境，保障水源安全健康。

（5）选择飞来峡水库库区内社岗小流域进行降雨径流非点源污染监测，收集包括社岗小流域的 DEM、土地利用类型数据、土壤类型数据、水文气象数据、径流水质数据、化肥农药施用及农田管理措施数据等，获取水量水质同步监测数据，进行污染物和径流量特征规律及相关性分析，深入了解社岗小流域的降雨径流污染物特征及规律，构建社岗小流域 SWAT 模型，对社岗小流域的泥沙、总氮和总磷等污染物进行模拟和验证。

（6）收集飞来峡流域 DEM、土地利用数据、土壤类型数据、水文气象数据、水量水质数据、化肥农药施用和农业管理措施数据等，构建基于 SWAT 模型的水量水质模型，对飞来峡流域的氨氮和总氮情况进行模拟分析及验证，定量识别流域内非点源污染情况，开展流域水环境优先控制区域识别研究，为实现飞来峡流域非点源污染标靶、定向治理奠定基础。

（7）对人工湿地植物水葫芦、旱伞竹和废弃木料等生物质原材料进行不同的预处理，在不同热解温度下制备不同的生物碳，进行生物碳结构表征分析，研究生物碳对氨氮的去除效果；对比分析生物质种类和热解温度对生物碳的碳化特征、微结构的影响，以水葫芦生物碳、旱伞竹生物碳和废弃木料生物碳为吸附剂，进行一系列等温吸附、吸附动力等实验，探究不同生物碳对氨氮的吸附效果。

（8）将生物碳与常用的人工湿地基质材料混合，研究生物碳对湿地基质的影响；构建室内模拟人工湿地基质实验柱装置，研究生物碳混合基质对氨氮的去除效果。以飞来峡水库库区边上的排洪河流的河水为实验水源，构建生态塘-生物碳潜流型人工湿地净化系统，研究生态塘-生物碳潜流型人工湿地净化系统对污染物的去除效果。

第2章 SWAT 模 型

2.1 SWAT模型概述

SWAT模型由美国农业部农业研究中心于1994年开发，是基于GIS的一个长时段分布式流域水文模型，它具有很强的物理基础，可以利用RS和GIS提供的空间信息模拟多种不同的水文物理化学过程，如分布式径流模拟、非点源污染负荷估算、水土流失、土地利用和农业管理等方面的研究，其适用于具有不同土壤类型、不同土地利用类型、不同管理条件下的复杂大流域，是一个综合性流域水文模型（冯麒宇等，2016；陈晓丽和黄国如，2017；吕乐婷等，2017；赖格英等，2018；刘吉开等，2018；欧阳威等，2018；张晓晗等，2018）。

2.2 SWAT模型原理

SWAT模型主要包括水文过程子模块、土壤侵蚀子模块和营养物迁移子模块。以下分别介绍三个子模块的原理。

2.2.1 水文过程子模块

由于大尺度流域气候及下垫面等因素均存在时空变异性，为了提高模拟精度，SWAT模型基于流域-子流域-水文响应单元（hydrological response unit，HRU）的离散方式，对流域内多种不同的水文物理过程进行模拟。水文过程子模块大体可分为两个阶段的模拟：陆面阶段（产流和坡面汇流部分）和水面阶段（河道汇流部分），如图2-1所示。

SWAT模型水文模拟的基础是水量平衡，其方程式如下：

$$\mathrm{SW}_t=\mathrm{SW}_0+\sum_{i=1}^{t}\left(R_{\mathrm{day}}-Q_{\mathrm{surf}}-E-W_{\mathrm{seep}}-Q_{\mathrm{gw}}\right)_i \tag{2-1}$$

式中，SW_t为末期土壤含水量，mm；SW_0为前期土壤含水量，mm；t为时间，d；R_{day}为第i天的降水量，mm；Q_{surf}为第i天的地表径流量，mm；E为第i天的蒸发量，mm；W_{seep}为第i天透过土壤层的渗漏量和旁侧流量，mm；Q_{gw}为第i天的地下水回归量，mm。

水文过程陆面部分包括地表径流、蒸散发、土壤水以及地下水等部分，具体如下。

1）地表径流

通常情况下，地表径流计算有两种方法：一种为Green Ampt方法，另一种为SCS曲线数法。Green Ampt方法适用于有详细降水过程资料的情况，可根据实测资料推算地表径

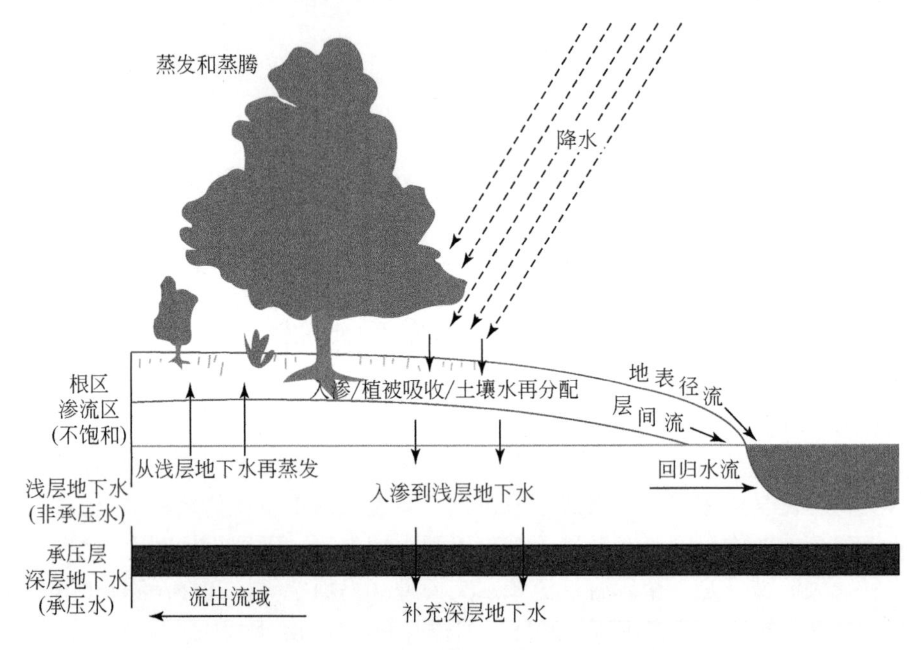

图 2-1　SWAT 模型水文循环示意图

流量及下渗量。SCS 曲线数法适用于无降水过程资料而只有降水总量的情况，属于经验方法。SCS 曲线数法引入反映降水前流域特征的无量纲参数 CN（curve number）值，CN 值是根据美国一些地区的流域实测资料得出的，是反映降水前流域特征的一个综合参数，它与流域前期土壤湿润度、坡度、植被类型、土壤类型和土地利用现状有关，因此，CN 值要综合土地利用方式和土壤质地与类型来确定。SCS 曲线数法的产流公式如下：

$$Q_{\text{surf}} = \frac{\left(R_{\text{day}} - I_{\text{a}}\right)^2}{R_{\text{day}} - I_{\text{a}} + S} \tag{2-2}$$

式中，Q_{surf} 为地表径流量，mm；R_{day} 为降水量，mm；I_{a} 为初损，即产生地表径流之前的降雨损失，mm；S 为流域当时可能的最大滞留量，mm。

$$S = \frac{25400}{\text{CN}} - 254 \tag{2-3}$$

为了表达流域空间的差异性，SWAT 模型引入了 SCS 模型 CN 值的土壤水分校正。为反映流域土壤水分对 CN 值的影响，SCS 模型根据前期降水量的多少将前期水分条件划分为干旱、正常和湿润三个等级，不同的前期土壤水分取不同的 CN 值，干旱的 CN_1 值和湿润的 CN_3 值分别由正常等级的 CN_2 值进行计算：

$$\text{CN}_1 = \text{CN}_2 - \frac{20 \times \left(100 - \text{CN}_2\right)}{100 - \text{CN}_2 + \exp\left[2.533 - 0.0636 \times \left(100 - \text{CN}_2\right)\right]} \tag{2-4}$$

$$\text{CN}_3 = \text{CN}_2 \times \exp 0.0636 \times \left(100 - \text{CN}_2\right) \tag{2-5}$$

式中，CN_1、CN_2 和 CN_3 分别为干旱、正常和湿润等级的 CN 值。

另外，SCS 模型也提供坡度大约为 5%的 CN 值，可用式（2-6）对 CN 值进行坡度校正：

$$CN_{2s} = \frac{CN_3 - CN_2}{3} - \left[1 - 2 \times \exp\left(-13.86 \times SLP\right)\right] + CN_2 \tag{2-6}$$

式中，CN_{2s} 为经过坡度校正后的 CN_2 值；SLP 为子流域平均坡度。

2）蒸散发

蒸散发是指所有地表水转化为水蒸气的过程，是水分转移出流域的主要途径，SWAT 模型考虑的蒸散发包括冠层截流的水分蒸发、蒸腾、升华及土壤水蒸发。准确地评价蒸散发量是估算水资源量的关键，也是研究气候和土地覆盖变化对河川径流影响的关键。

潜在蒸发量：SWAT 模型提供了三种计算潜在蒸发量的方法，分别为 Penman-Monteith 方法、Priestley-Taylor 方法和 Hargreaves 方法，另外也可以使用实测资料或已经计算出的逐日潜在蒸散发资料。最常用的计算潜在蒸发量的方法为 Penman-Monteith 方法，Penman-Monteith 方法需要输入的变量有温度、湿度、风速及太阳辐射，Priestley-Taylor 方法需要输入温度、湿度和太阳辐射，Hargreaves 方法仅需要输入温度。

实际蒸发量：在潜在蒸发量的基础上，计算实际蒸发量。在 SWAT 模型中，首先从植被冠层截留的蒸发开始计算，然后计算最大蒸腾量、最大升华量和最大土壤水分蒸发量，最后计算实际的升华量和土壤水分蒸发量。采用土壤厚度和含水量的指数关系式来计算土壤水分蒸发量。

3）土壤水

下渗到土壤中的水分以不同的方式运动着，或被植物吸收或蒸腾而损耗，或渗漏到土壤底层最终补给地下水，或在地表形成径流，即壤中流。SWAT 模型采用动态存储模型（kinematic storage model）方法计算壤中流，具体如下。

相对饱和区厚度 H_0 的计算公式为

$$H_0 = \frac{2 \times SW_{ly,excess}}{1000 \times \Phi_d \times L_{hill}} \tag{2-7}$$

式中，$SW_{ly,excess}$ 为土壤饱和区内可流出的水量，mm；Φ_d 为土壤可出流的孔隙率，为土壤层总孔隙度 Φ_{soil} 与土壤层水分含量达到田间持水量的孔隙度 Φ_{fc} 之差；L_{hill} 为山坡坡长，m。

山坡出口的断面净水量为

$$Q_{lat} = 24 \times H_0 \times v_{lat} \tag{2-8}$$

式中，v_{lat} 为出口断面处的流速，mm/h，其计算公式为

$$v_{lat} = K_{sat} \times slp \tag{2-9}$$

式中，K_{sat} 为土壤饱和导水率，mm/h；slp 为坡度。

因此，在 SWAT 模型中，壤中流的最终计算公式为

$$Q_{\text{lat}} = 0.024 \times \frac{2 \times \text{SW}_{\text{ly,excess}} \times K_{\text{sat}} \times \text{slp}}{\Phi_{\text{d}} \times L_{\text{hill}}} \tag{2-10}$$

4）地下水

SWAT 模型将地下水分为两层：浅层地下水汇入流域内河流，深层地下水汇入流域外河流。

浅层地下水的水量平衡方程式如下：

$$Q_{\text{gw},i} = Q_{\text{gw},i-1} \times \exp\left(-\alpha_{\text{gw}} \times \Delta t\right) + w_{\text{rchrg}} \times \left[1 - \exp\left(-\alpha_{\text{gw}} \times \Delta t\right)\right] \tag{2-11}$$

式中，$Q_{\text{gw},i}$ 和 $Q_{\text{gw},i-1}$ 分别为第 i 天和第 $i-1$ 天进入河道的地下水补给量，mm；Δt 为时间步长，d；w_{rchrg} 为第 i 天蓄水层的补给量，mm；α_{gw} 为基流退水系数。

补给流量计算公式如下：

$$w_{\text{rchrg},i} = \left[1 - \exp\left(-1/\delta_{\text{gw}}\right)\right] \times W_{\text{seep}} + \exp\left(-1/\delta_{\text{gw}}\right) \times w_{\text{rchrg},i-1} \tag{2-12}$$

式中，$w_{\text{rchrg},i}$ 和 $w_{\text{rchrg},i-1}$ 分别为第 i 天和第 $i-1$ 天蓄水层补给量，mm；δ_{gw} 为补给滞后时间，d；W_{seep} 为第 i 天通过土壤剖面底部进入地下含水层的水分通量，mm/d。

水文过程水面部分，即河道的汇流部分，主要包括河道洪水过程演算，河道泥沙演算，河道营养物和农药、杀虫剂等在河网中的输移过程。

河道汇流包括主河道和水库、池塘、湿地等的汇流计算，主河道汇流演算采用 Muskingum 流量演算方法或动态存储模型，水库、池塘和湿地等的汇流演算主要根据水量平衡，包括入流、出流、表面的降水、蒸发以及库底的渗流引水等。

2.2.2 土壤侵蚀子模块

SWAT 模型根据修正的通用土壤流失方程（modified universal soil loss equation，MUSLE）来预测流域内泥沙的侵蚀量。其计算公式如下：

$$m_{\text{sed}} = 11.8 \times \left(Q_{\text{surf}} \times q_{\text{peak}} \times A_{\text{hru}}\right)^{0.56} \times K_{\text{USLE}} \times C_{\text{USLE}} \times P_{\text{USLE}} \times \text{LS}_{\text{USLE}} \times \text{CFRG} \tag{2-13}$$

式中，m_{sed} 为土壤侵蚀量，t；Q_{surf} 为地表径流，mm/h；q_{peak} 为洪峰流量，m^3/s；A_{hru} 为水文响应单元的面积，hm^2；K_{USLE} 为土壤侵蚀因子；C_{USLE} 为植被覆盖和管理因子；P_{USLE} 为水土保持措施因子；LS_{USLE} 为地形因子；CFRG 为粗碎屑因子。

土壤侵蚀因子 K_{USLE} 反映不同类型土壤抵抗侵蚀力的高低，它与土壤的物理性质，如机械组成、有机质含量、土壤结构以及土壤渗透性等有关。当土壤颗粒粗、渗透性大时，值就低，反之则高，一般情况下 K_{USLE} 取值为 0.02～0.75。

植被覆盖和管理因子 C_{USLE} 表示植被覆盖和作物栽培措施对防止土壤侵蚀的综合效益，其含义是在地形、土壤、降水等条件相同的情况下，种植作物或林草地的土地与不种植任何作物的土地土壤流失量的比值，其最大取值为 1.0，由于植被覆盖受植物生长期的影响，因此，SWAT 模型采用式（2-14）对 C_{USLE} 进行调整：

$$C_{\mathrm{USLE}} = \exp\left\{\left[\ln 0.8 - \ln\left(C_{\mathrm{USLE,mn}}\right)\right] \times \exp\left(-0.00115 \times \mathrm{rsd}_{\mathrm{surf}}\right) + \ln\left(C_{\mathrm{USLE,mn}}\right)\right\} \quad (2\text{-}14)$$

式中，$C_{\mathrm{USLE,mn}}$ 为最小植被覆盖和管理因子值；$\mathrm{rsd}_{\mathrm{surf}}$ 为地表作物残留量，$\mathrm{kg/hm^2}$。

$C_{\mathrm{USLE,mn}}$ 可由式（2-15）求得

$$C_{\mathrm{USLE,mn}} = 1.463 \times \ln\left(C_{\mathrm{USLE,aa}}\right) + 0.1034 \quad (2\text{-}15)$$

式中，$C_{\mathrm{USLE,aa}}$ 为不同植被覆盖的年平均 C_{USLE} 值。

水土保持措施因子 P_{USLE} 是指有水土保持措施的地表土壤流失与不采取任何措施的地表土壤流失的比值，水土保持措施包括等高耕作、带状种植和梯田等。

地形因子 $\mathrm{LS}_{\mathrm{USLE}}$ 的计算公式如下：

$$\mathrm{LS}_{\mathrm{USLE}} = \left(\frac{L_{\mathrm{hill}}}{22.1}\right)^m \times \left(65.41 \times \sin^2 \alpha_{\mathrm{hill}} + 4.56 \times \sin \alpha_{\mathrm{hill}} + 0.065\right) \quad (2\text{-}16)$$

式中，L_{hill} 为坡长，m；m 为坡长指数；α_{hill} 为坡度。

$$m = 0.6 \times \left[1 - \exp\left(-35.835 \times \tan \alpha_{\mathrm{hill}}\right)\right] \quad (2\text{-}17)$$

粗碎屑因子 CFRG 的计算公式如下：

$$\mathrm{CFRG} = \exp\left(-0.053 \times \mathrm{rock}\right) \quad (2\text{-}18)$$

式中，rock 为第一层土壤中砾石的百分比，%。

2.2.3 营养物迁移子模块

SWAT 模型可以对不同形态的氮、磷元素在土壤和水体中的各种迁移转化过程进行动态模拟，如地表径流流失、入渗淋失、化肥输入等物理过程，有机氮矿化、反硝化等化学过程以及作物吸收等生物过程，从而实现流域尺度上营养负荷输出的定量模拟和估算。

氮可分为溶解态氮和吸附态氮。

溶解态氮主要随地表径流、侧向流或渗流在水体中迁移，要计算随水体迁移的硝态氮必须先计算自由水中的硝态氮浓度，用这个浓度乘以各个水路流动水的总量，即可得到土壤中流失的硝态氮总量。

自由水部分的硝态氮浓度可用式（2-19）计算：

$$\rho_{\mathrm{NO_3,mobile}} = \frac{\rho_{\mathrm{NO_3 ly}} \times \exp\left[\dfrac{-w_{\mathrm{mobile}}}{\left(1-\theta_{\mathrm{e}}\right) \times \mathrm{SAT_{ly}}}\right]}{w_{\mathrm{mobile}}} \quad (2\text{-}19)$$

式中，$\rho_{\mathrm{NO_3,mobile}}$ 为自由水中硝态氮浓度，kg/mm；$\rho_{\mathrm{NO_3 ly}}$ 为土壤中硝态氮的量，$\mathrm{kg/hm^2}$；w_{mobile}

为土壤中自由水的量，mm；θ_e 为孔隙度；SAT_{1y} 为土壤饱和含水量。

因此，通过地表径流、侧向流及渗流流失的溶解态氮的计算公式分别如式（2-20）～式（2-23）所示：

$$\rho_{NO_3surf}=\beta_{NO_3}\times\rho_{NO_3,mobile}\times Q_{surf} \tag{2-20}$$

$$\rho_{NO_3lat,ly}=\beta_{NO_3}\times\rho_{NO_3,mobile}\times Q_{lat,ly}\ \text{（地表 10mm 土层）} \tag{2-21}$$

$$\rho_{NO_3lat,ly}=\rho_{NO_3,mobile}\times Q_{lat,ly}\ \text{（10mm 以下土层）} \tag{2-22}$$

$$\rho_{NO_3perc,ly}=\rho_{NO_3,mobile}\times w_{perc,ly} \tag{2-23}$$

式中，ρ_{NO_3surf} 为通过地表径流流失的溶解态氮，kg/hm^2；β_{NO_3} 为硝态氮渗流系数；Q_{surf} 为地表径流，mm；$\rho_{NO_3lat,ly}$ 为通过侧向流流失的溶解态氮，kg/hm^2；$Q_{lat,ly}$ 为侧向流，mm；$\rho_{NO_3perc,ly}$ 为通过渗流流失的溶解态氮，kg/hm^2；$w_{perc,ly}$ 为渗流，mm。

吸附态氮通常吸附在土壤颗粒上随径流迁移，这种形式的氮负荷与土壤流失量密切相关，土壤流失量直接反映了有机氮负荷，有机氮的流失量按式（2-24）计算：

$$\rho_{orgN_{surf}}=0.001\times\rho_{orgN}\times\frac{m}{A_{hru}}\times\varepsilon_N \tag{2-24}$$

式中，$\rho_{orgN_{surf}}$ 为有机氮流失量，kg/hm^2；ρ_{orgN} 为有机氮在表层（10mm）土壤中的浓度，kg/t；m 为土壤流失量，t；A_{hru} 为水文响应单元的面积，hm^2；ε_N 为氮富集系数，为随土壤流失的有机氮浓度和土壤表层有机氮浓度的比值，其计算公式如下：

$$\varepsilon_N=0.78\times\rho_{surq}^{-0.2468} \tag{2-25}$$

式中，ρ_{surq} 为地表径流中的泥沙含量，其计算公式如下：

$$\rho_{surq}=\frac{m}{10\times A_{hru}\times Q_{surf}} \tag{2-26}$$

磷的迁移过程与氮相似，也可分为溶解态磷和吸附态磷。

溶解态磷在土壤中的迁移主要是通过扩散作用实现的，由于土壤中磷的浓度存在梯度差，且磷的移动性较差，仅地表 10mm 土层中的溶解态磷可在扩散作用下随地表径流汇流。其输移公式可由式（2-27）计算：

$$P_{surf}=\frac{P_{solution,surf}\times Q_{surf}}{\rho_b\times h_{surf}\times k_{d,surf}} \tag{2-27}$$

式中，P_{surf} 为通过地表径流流失的溶解态磷，kg/hm^2；$P_{solution,surf}$ 为土壤中（表层 10mm）的溶解态磷，kg/hm^2；ρ_b 为土壤容质密度，mg/m^3；h_{surf} 为表层土壤深度，mm；$k_{d,surf}$ 为土壤磷分配系数，是表层土壤中溶解态磷与地表径流中溶解态磷浓度的比值。

吸附态磷通常吸附在土壤颗粒上通过径流迁移，这种形式的磷负荷与土壤流失量密切相关，土壤流失量直接反映了有机磷和矿物质磷，其负荷函数如下：

$$m_{P_{surf}} = 0.001 \times \rho_P \times \frac{m}{A_{hru}} \times \varepsilon_P \tag{2-28}$$

式中，$m_{P_{surf}}$ 为吸附态磷流失量，kg/hm^2；ρ_P 为吸附态磷在表层土壤中的浓度，kg/t；m 为土壤流失量，t；A_{hru} 为水文响应单元的面积，hm^2；ε_P 为磷富集系数。

2.3 SWAT 模型数据库的建立

SWAT 模型作为基于物理机制的大型分布式水文模型，其运行所需数据主要包括流域空间数据、属性数据、雨量数据、流域气象站点数据和流域水文站点数据。其中，空间数据包括流域数字高程模型（digital elevation model，DEM）、流域土地利用/土地覆被类型数据和流域土壤类型数据，属性数据包括流域土壤物理属性数据。流域空间数据输入前，首先在 ArcGIS 软件平台下，为保证各类数据具有统一的投影坐标，应选取统一的地理坐标系统和投影坐标系统。

2.3.1 DEM 数据

DEM 是由美国麻省理工学院 Chaires 教授于 1956 年提出的，它是对地球表面地形地貌的一种离散的数字表示。SWAT 模型可以根据流域 DEM 生成流域坡向、水流流向、流域分水线，进而自动提取流域河网水系，建立河道结构拓扑关系等，因此，DEM 是流域划分、水系生成、子流域生成和流域地形因子（坡度、坡长）等提取的依据。

2.3.2 土地利用数据库

在 SWAT 模型中，土地利用类型对于非点源污染模拟尤其重要，土地类型编码也是 SWAT 模型进行非点源污染计算的依据。为了合理控制最终 HRU 生成的数量，SWAT 模型规定输入的土地利用类型尽量不超过 10 种，如果原始土地类型超过 10 种，则需借助 ArcGIS 进行重分类。SWAT 模型所需土地利用数据包括土地利用栅格图及土地利用类型索引表。

2.3.3 土壤数据库及农业管理数据

SWAT 模型的土壤数据库主要用于存储模型模拟所需的土壤数据，包括土壤类型空间数据和土壤属性数据。土壤类型空间数据主要存储流域土壤空间类型，而土壤属性数据用于存储不同土壤类型各土层的物理属性。SWAT 模型土壤数据库分为两类：物理属性库和化学属性库。其中，物理属性库为必要的，化学属性库是可选的。土壤剖面中气、水的运动情况与水文响应单元中的水循环属于物理属性，而类似氮、磷等污染物的浓度赋值则属于化学属性。

土壤物理属性数据库的参数众多，需要的信息量非常大，各参数情况详见表 2-1。将

SWAT 模型土壤数据库划分为 3 类，第 1 类为可从中国土壤数据集（HWSD）直接获取的参数，第 2 类为可借助其他方法间接计算的参数，第 3 类为难于获取而采用模型默认值的参数。

表 2-1 土壤物理属性数据库参数

分类	参数名	含义
可从 HWSD 直接获取	SOL_Z	土壤表层到底层的深度
	SOL_CBN	土壤有机碳含量
	CLAY	黏土，直径＜0.002mm
	SILT	壤土，直径为 0.002～0.05mm
	SAND	沙土，直径为 0.05～2.0mm
	ROCK	砾石，直径＞2.0mm
	SOL_EC	土壤电导率
	SOL_PH	酸碱度
可间接计算得到	HYDGRP	土壤水文单元组
	SOL_BD	土壤湿密度
	SOL_AWC	土壤可利用水量
	SOL_K	饱和水力传导度
	SOL_ALB	地表反射率
	USLE_K	土壤侵蚀 K 因子
难于获取，采用模型默认值	ANION_EXCL	阴离子交换孔隙度
	SOL_CRK	土壤最大可压缩量

第 1 类参数可从 HWSD 直接获取，此处不再赘述。第 2 类参数中，土壤湿密度（SOL_BD）、土壤可利用水量（SOL_AWC）和饱和水力传导度（SOL_K）采用华盛顿州立大学开发的土壤水特性模型 SPAW 计算得出。将已知的第 1 类参数输入 SPAW 软件，可计算出凋萎系数（WP）、田间持水量（FC）、土壤湿密度（SOL_BD）、饱和水力传导度（SOL_K）等，而土壤可利用水量则由田间持水量和凋萎系数计算得到，即 SOL_AWC=FC−WP。土壤水文学分组（HYDGRP）则根据饱和水力传导度（SOL_K）的大小分为四类，分别为 A（SOL_K≥144mm/h）、B（36mm/h≤SOL_K＜144mm/h）、C（3.5mm/h≤SOL_K＜36mm/h）和 D（SOL_K＜3.5mm/h）；地表反射率（SOL_ALB）采用经验公式计算：

$$\text{SOL\_ALB} = \frac{0.6}{\exp\left(0.4 \times \text{SOL\_CBN}\right)} \tag{2-29}$$

土壤侵蚀 K 因子是表征土壤抗水侵蚀能力的综合指标，K 值越大则抗水侵蚀能力越小。一般利用 Williams 方程计算 USLE_K 值，需要 CLAY、SILT、SAND 及 SOL_CBN 4 个第 1 类参数。第 3 类参数中 ANION_EXCL 和 SOL_CRK 在我国均较难获取，且为可选参数，一般均采用模型默认值。

农业管理数据库包括流域内的农作物种植种类、耕种方式和肥料及农药的施用情况等农业管理措施资料。

2.3.4　水文气象数据

气象数据主要包括流域内或者流域周边气象站点的逐日温度（最高、最低）、湿度、风速和太阳辐射数据，数据来自于中国气象数据网；水文数据主要包括流域内各水文站点的日雨量数据和流域出口或子流域出口的逐日径流数据，数据来自于当地水文部门；水质数据主要来源于当地环保部门或由项目组监测所得。上述数据主要用于 SWAT 模型参数率定和校核。

2.4　小　　结

SWAT 模型是一个具有很强物理机制、可进行连续长时段模拟的分布式流域尺度水文模型，其时间上可进行年、月、日尺度的模拟，可用于径流模拟、土壤侵蚀、蒸散发、非点源污染、土地利用/覆被和管理措施变化以及气候变化对上述各水文过程的影响等研究。本章着重介绍了 SWAT 模型的原理，主要包括水文过程子模块、土壤侵蚀子模块、营养物迁移子模块等，论述了 SWAT 模型数据库构建，主要包括 DEM 数据、土地利用数据库、土壤数据库及农业管理数据、水文气象数据等。

第 3 章　潭江流域非点源污染及农业管理措施

3.1　流 域 概 况

泗合水流域地处广东省江门市潭江最大支流镇海水的上游，呈西北往东南方向倾斜，流域面积 117.7km^2，山峦重叠，森林覆盖率 81.5%，主河长约 26km，河床比降 2.81‰。该流域属亚热带季风气候，雨量充足，多年平均气温 23°C，多年平均降水量 1661.1mm，主要集中在 4～9 月，多年平均径流量 1.1453 亿 m^3，多年平均蒸发量 877.7mm。该流域内土地利用类型大致分为林地、耕地、草地、建设用地等。

双桥水文站是泗合水流域的出口控制站，建于 1958 年 7 月，地理坐标为 112°34′34″E，22°35′20″N，位于鹤山市双合镇双桥村。自建站以来，其一直系统地收集水位、流量、降水量、蒸发量、水质等水文资料。该流域内还设有吉塘、棠密、板村、布尚 4 个雨量站点。泗合水流域位置及流域水文站点分布如图 3-1 和图 3-2 所示。

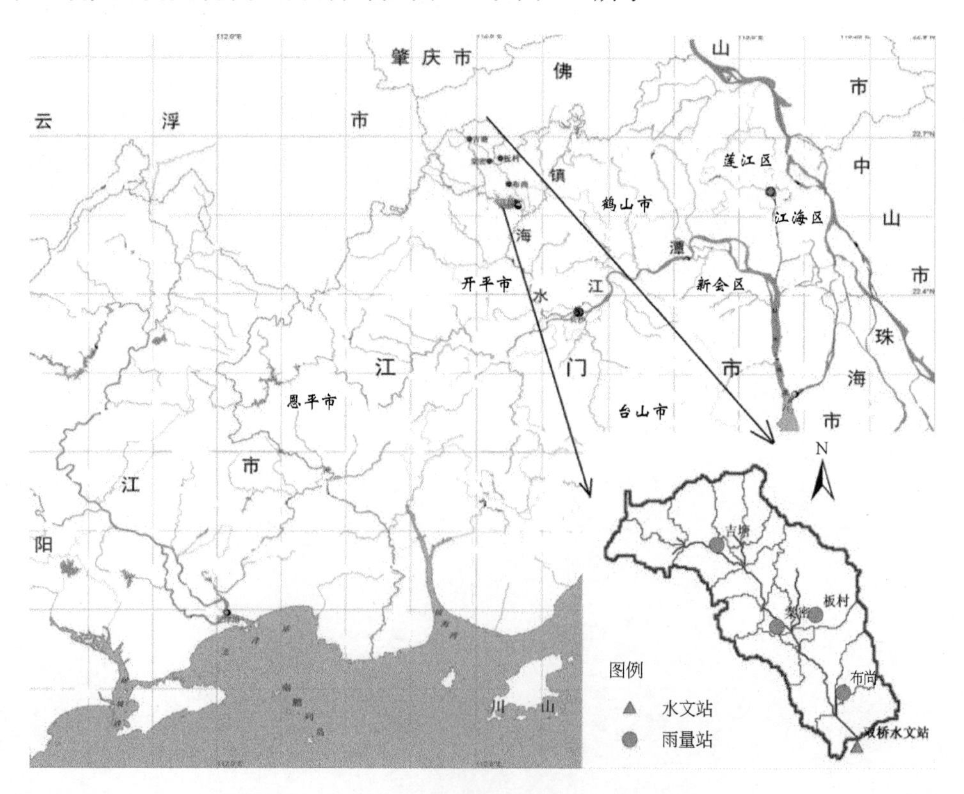

图 3-1　泗合水流域位置及水文站点分布图

图 3-2　双桥水文站和泗合水流域

3.2　场次降雨径流非点源污染特征分析

氮、磷作为农田周边水体富营养化的驱动因子，国内外学者很早就强调其在控制农业非点源污染方面的重要性，但是针对南方地区特别是广东沿海一带的典型流域，大多数研究是基于模型模拟或者负荷核算，有关野外监测的非点源污染流失规律的研究并不多，尤其是针对总悬浮物含量（TSS）、五日生化需氧量（BOD_5）、高锰酸盐指数（COD_{Mn}）、TP、TN 和 NH_3-N 6 种污染物进行全面分析的研究更为少见。本书以泗合水流域为典型研究对象，对该流域 2014 年 5 月两场降雨事件进行水量水质同步监测，结合前人在类似流域的研究成果，分析降雨径流中主要污染物的浓度及通量与径流量、降雨等环境因素的关系，总结降雨径流条件下非点源污染物的输出机理和时空变化规律，为流域非点源污染治理提供科学依据（冯麒宇等，2016）。

3.2.1　水样监测及采集

在泗合水流域出口双桥水文站处设立监测断面，于 2014 年汛期对流域场次降雨过程进行水位、流量、降水量、各污染物输出浓度的同步监测。

1）采样前的准备

所需器材：水质采样瓶若干个、计时器、胶头滴管、浓硫酸若干瓶、标签、笔等。

采集的样品可直接装入采样瓶（需提前清洗干净），或先倒入桶里再用勺子装到采样瓶，采样瓶为 1000ml 的聚乙烯瓶。

2）采样方法

根据天气预报准备采样，记录降雨起始时刻和结束时刻，降雨数据可采用流域内的雨量站提供的雨量数据。

采样装样方法：注意每次采样前需用河流水冲流采样器，按布线原则和正规采样程序进行采样。同时，桶勺以及采样瓶也都要取少量所采的水样进行润洗。将每次取得的水样在现场混合均匀后分 A、B 两个采样瓶保存，A 瓶需装满不留气泡，B 瓶中需加入浓硫酸做预处理（使得 pH 小于 2）。每个采样瓶都应贴上标签（填写采样时刻或次序、是否加酸等）；要塞紧瓶塞，必要时还要密封。

A 瓶的水样用于溶解氧（DO）、BOD_5 和固体悬浮物（SS）的监测，B 瓶的水样用于 COD_{Mn}、TN、NH_3-N、TP 浓度的监测。

3）采样频率

降雨前采集一次，降雨过程中 1h 采集一次，若强度较大，则加密采样（如半小时采集一次），到降雨后期洪水回落时可适当延长采样间隔（如 2h 采集一次）。采样开始时刻为降雨开始后不久水位起涨时，采样持续至降雨结束后的若干小时，以流域出水口径流量基本恢复正常水平为准。

4）水样的运输与保存

样品采集后按照《水和废水监测分析方法》（第四版）（国家环境保护总局，2002）进行预处理、保存和分析。

水样采集后，需尽快送回实验室。根据采样点的地理位置和测定项目最长可保存时间，选用适当的运输方式，并做到以下两点。

（1）防止水样在运输过程中剧烈震动或碰撞，最好可以装箱运输并贴上标签。

（2）若不能马上进行测定，则需将样品放入冰箱保存。需冷藏的样品，应采取制冷保存措施。

5）各污染物的测定方法

（1）TSS 的测定方法：《水质悬浮物的测定重量法》（GB/T 11901—89）；

（2）BOD_5 的测定方法：差压法；

（3）COD_{Mn} 的测定方法：《水质高锰酸盐指数的测定》（GB/T 11892—1989）；

（4）TN 的测定方法：《水质总氮的测定碱性过硫酸钾消解紫外分光光度法》（GB11894-1989）；

（5）NH_3-N 的测定方法：《水质氨氮的测定纳氏试剂分光光度法》（HJ 535—2009）；

（6）TP 的测定方法：《水质总磷的测定钼酸铵分光光度法》（GB 11893—1989）。

通过监测，共获取两场（洪号分别为 20140504、20140520）较为完整的暴雨径流水质分析数据，监测降雨情况见表 3-1。

表 3-1　降雨事件各要素特征

降雨场次	径流发生时段	累积降水量（mm）	径流深（mm）	历时（h）
20140504	2014 年 5 月 4 日 23：40 至 2014 年 5 月 6 日 2：10	61.1	13.4	26.5
20140520	2014 年 5 月 20 日 14：10 至 2014 年 5 月 21 日 13：00	33.3	9.8	22.8

3.2.2　数据分析方法

1）平均浓度法

一般采用 EMC（event mean concentration）来表示污染物浓度，即降雨径流过程中污染物的平均浓度。用径流中某种污染物的质量（M）除以总的径流量（V）可得到平均浓度，用式（3-1）表示（Verworn，1979）：

$$\mathrm{EMC}=\frac{M}{V}=\frac{\int_0^T C_t Q_t \mathrm{d}t}{\int_0^T Q_t \mathrm{d}t}\cong\frac{\sum_0^T C_t Q_t \Delta t}{\sum_0^T Q_t \Delta t} \tag{3-1}$$

式中，M 为整个径流过程某种污染物的总量，g；V 为某场降雨的总径流量，m^3；T 为总径流时间，h；t 为径流过程某时刻；Q_t 为随时间 t 变化的流量，m^3/s；C_t 为随时间 t 变化的某种污染物浓度，mg/L。因此，EMC 表示整个径流过程中流量加权平均浓度，mg/L。

2）通量分析

假定某时段内的水质和水量不变，用某时段的污染物浓度乘以径流量可得到该时段内的污染物输出通量，即

$$M=\sum Q_i \times C_i \tag{3-2}$$

式中，M 为计算时段内各类污染物的输出通量，g；Q_i 为第 i 小时内的流量，m^3/s；C_i 为第 i 小时内的污染物浓度，mg/L。

3.2.3 结果与分析

1）降雨径流污染物含量水平

获得两场降雨事件过程中污染物输出浓度值，见表 3-2。两场降雨事件地表径流主要污染物 BOD_5、COD_{Mn}、TSS、TP、TN 和 NH_3-N 的平均浓度分别为 12.4mg/L、5.8mg/L、145mg/L、0.55mg/L、3.13mg/L 和 1.44mg/L。当地表水 TP 含量达 0.9～1.8mg/L、TN 含量达 0.9～3.5mg/L 时，可造成水生生物生长旺盛，所以泗合水流域径流污染物含量已影响到该流域水环境质量。

表 3-2 降雨事件径流污染物输出浓度

降雨场次	平均雨强（mm/h）	前一天降雨深度（mm）	浓度	BOD_5（mg/L）	COD_{Mn}（mg/L）	TSS（mg/L）	TP（mg/L）	TN（mg/L）	NH_3-N（mg/L）
20140504	12.2	0.6	EMC	14.7	6.3	112	0.51	3.44	1.57
			最小值	9.6	4.1	10	0.31	2.89	1.17
			最大值	17.6	7.9	327	0.84	4.95	3.59
20140520	8.3	8	EMC	10.1	5.3	179	0.58	2.82	1.30
			最小值	4.1	4.1	14	0.16	1.96	0.84
			最大值	21.4	7.1	376	1.66	3.92	2.13
降雨事件径流污染物平均输出浓度				12.4	5.8	145	0.55	3.13	1.44

从表 3-2 可以看出，20140520 场降雨事件中大部分污染物（BOD_5、COD_{Mn}、TN 和 NH_3-N）的平均输出浓度比 20140504 场降雨事件小。分析可能原因，20140520 场降雨事件中前期影响雨量更大，先前累积的地表污染物经前期降雨径流冲刷已部分流失，且此次降雨的平均雨强较前一场小，地表冲刷力减弱，所以污染物平均输出浓度更小。此外，TSS 的平均输出浓度表现出相反的结果，参考姚锡良（2012）于该流域所测的五场降雨数据，TSS 浓

度值在暴雨径流中均表现出较大的波动性，由于非溶解性小颗粒在河道中呈悬浮式迁移，其过程受径流量、降雨冲刷力和水环境等因素的多重影响，不能仅凭平均雨强来判断泥沙输出多少。

2）污染物浓度与流量变化特征

选取 20140504 场降雨事件来分析降雨径流过程的污染物输出特征。该流域出口流量与降水量变化过程之间的关系如图 3-3 所示。由图 3-3 可知，20140520 场降雨事件的降雨从 5 月 20 日 13：00 开始，14：00 达到最大值，相应的流量在 17：00 左右达到峰值，比最大降水量滞后 3h 出现。分别制作流量与各种污染物浓度变化关系曲线，如图 3-4 所示。

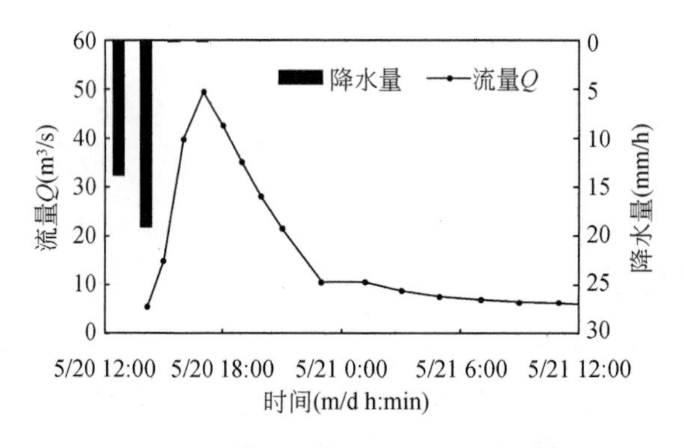

图 3-3　20140520 场降雨事件出口流量与降水量变化过程

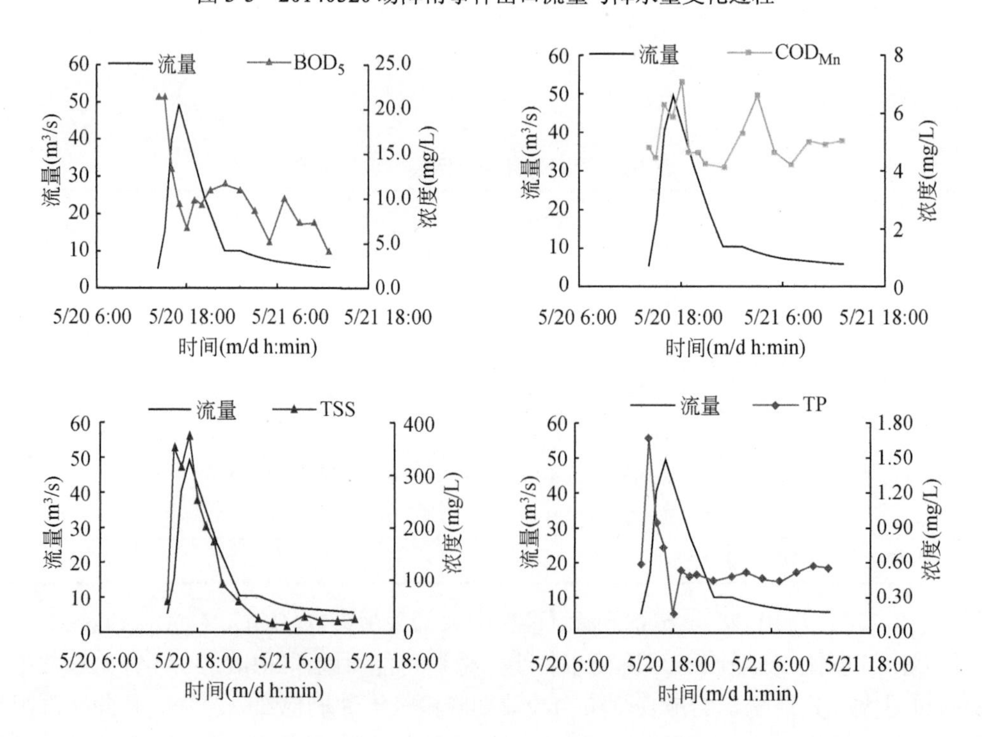

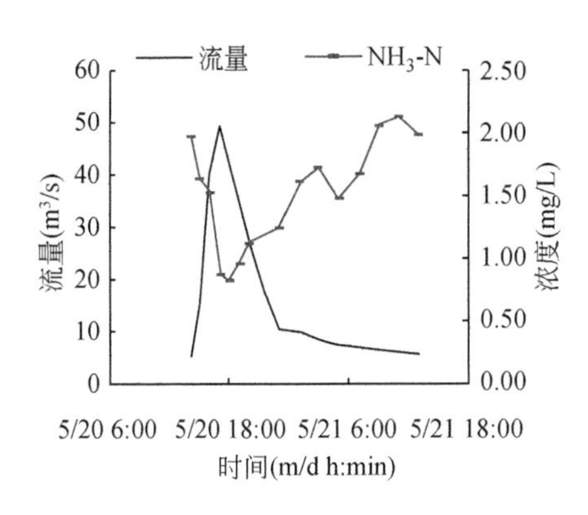

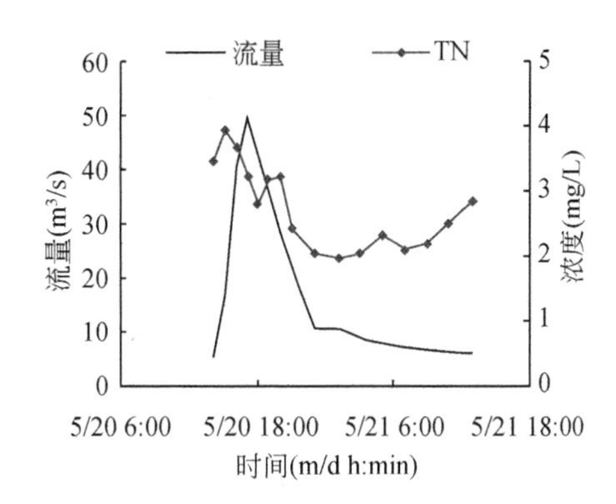

图 3-4　20140520 场降雨事件流量与各类污染物浓度变化过程

由降雨前在双桥水文站处所测常规监测数据可知，降雨前河道流量为 $3.75m^3/s$，污染物 BOD_5、COD_{Mn}、TSS、TP、TN 和 NH_3-N 的平均浓度分别为 7.8mg/L、4.3mg/L、33mg/L、0.13mg/L、2.76mg/L 和 1.18mg/L。从图 3-4 可以看出，20140520 场降雨事件中的 BOD_5、TP 和 TN 浓度随时间变化趋势大体相同，具有明显的初期冲刷效应，其浓度最大值均出现在降雨发生后 1～2h，且比最大流量值出现时间提前 1h 左右。其原因可能是前期地表污染物累积量大，径流对污染物的侵蚀和冲刷使其浓度升高并迅速达到峰值，随着径流量增大其稀释作用又占据了主导地位，使污染物浓度逐渐降低。

其中，BOD_5 初期冲刷现象与姚锡良（2012）在该流域做过的类似研究明显不一致，分析可知，姚锡良（2012）所测的 20110516 场降雨前期影响雨量较大且降雨强度不高，所以前期累积 BOD_5 不多，冲刷效果不够明显，BOD_5 浓度变化过程呈波浪状，没有表现出明显的初期冲刷效应。图 3-4 中 TP 浓度在 18：00 左右出现一个急剧下滑点，该点也正是流量的峰值点，参考李开明等（2013）利用 AnnAGNPS 模型在该流域模拟的 TP 负荷空间分布，由于流域中下游人口密度大，集中了绝大部分的 TP 负荷，而该区域土地经常翻耕、施肥，表层磷含量高，再加上地形相对较缓，产流带走的泥沙较少，故可溶性磷比例较大，这与盛海峰等（2010）在宜兴梅林小流域得出的结论类似。加之大部分可溶性磷在降雨前期就已随表层径流进入河道，当流量迅速达到峰值时，其流失、扩散速度陡增，浓度值就会出现凹点。

对于 NH_3-N 的浓度变化，不仅发现其前半段具有明显的初期冲刷效应，还发现其后半段与流量呈明显的负相关关系，这与姚锡良（2012）在该流域所得到的结论不完全一致。其可解释为前期河道中的 NH_3-N 大部分来自于浅层地表且较早进入河道，因为“冲洗”及“稀释”作用表现出初期冲刷效应；但到了后期，雨水对泥沙的持续侵蚀使得土壤中的 NH_3-N 也流失于河道中，加之径流量减小，所以 NH_3-N 浓度在后期明显上升，这与闫瑞等（2014）在岔口小流域所得到的 NH_3-N 变化规律类似。TN 浓度在后期上升也是受到 NH_3-N 浓度上升的影响。

TSS 浓度变化的总体趋势与径流量基本保持一致，流量和 TSS 输出浓度同时达到峰值，然后随径流量减少而降低，说明径流量对泥沙的输出具有主导作用。COD_{Mn} 的浓度呈波浪锯齿状变化，这与李定强等（1998）在广东省东江流域做过的类似研究不一致，通常情况下，COD_{Mn} 在各场降雨中峰值出现的时间和随径流变化的规律受到土地利用类型、人类活动等因素的复杂影响，很难表现出统一性；而本次降雨后期 COD_{Mn} 浓度再次出现高值应该与壤中流主导退水过程有关，较高的森林覆盖率使得该流域土壤中有机物含量较高，土壤中较高的有机物含量对 COD_{Mn} 浓度后期的变化产生了影响。

3）污染物通量负荷与径流变化特征

通过对各污染物通量进行计算，进一步分析污染物通量负荷与流量的关系。从图 3-5 中可以看出，BOD_5、COD_{Mn}、TP、TN 和 NH_3-N 污染物通量随时间的变化趋势和流量变化趋势大体相同，其同步性优于污染物浓度与流量变化过程；而且各污染物通量峰值几乎与径流量峰值同时达到，说明污染物通量过程主要由流量过程所控制。20140520 场降雨事件中 TP 的通量变化曲线存在一个较大的锯齿状波动，分析可知，TP 通量受到流量和浓度的共同影响，TP 浓度在 18：00 左右出现一个急剧下滑点，这造成了 TP 通量的显著波动。

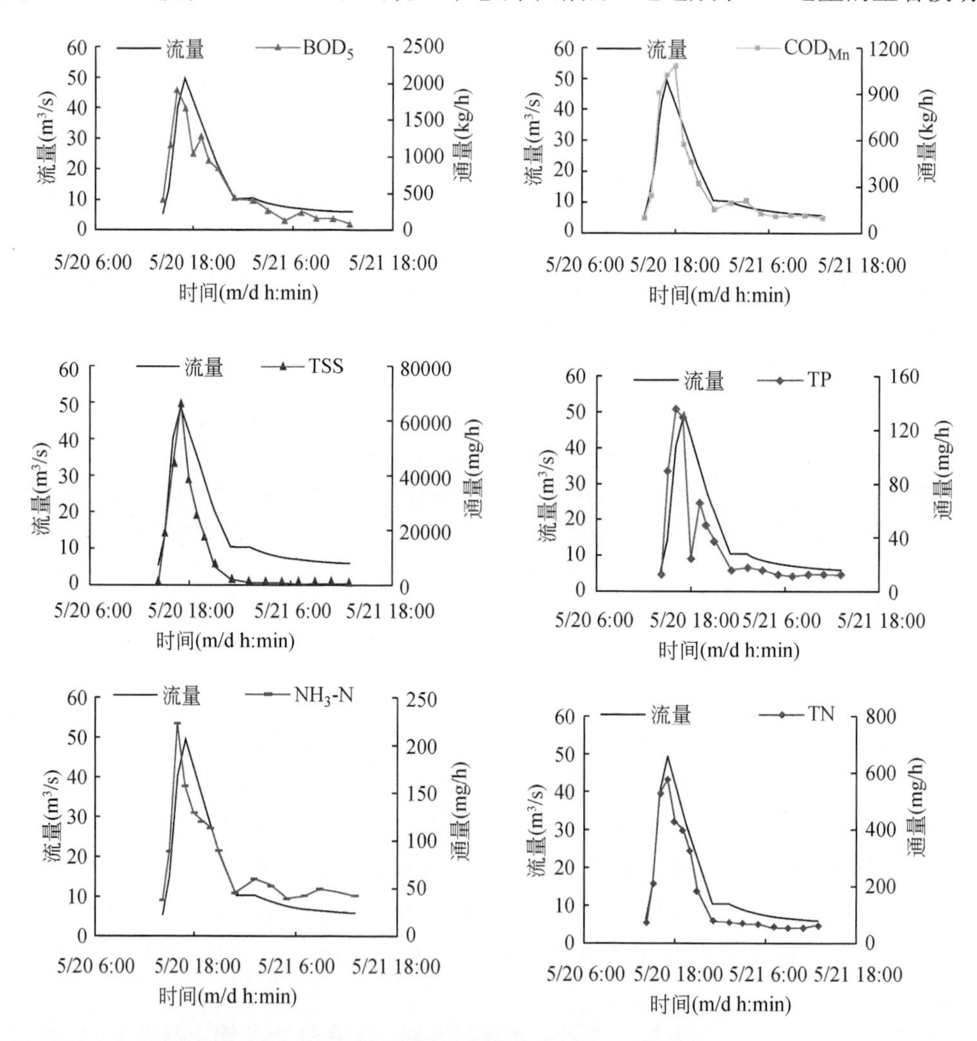

图 3-5　20140520 场降雨事件流量与各类污染物通量变化过程

4）污染物浓度及通量与流量相关性分析

利用 Pearson 相关性分析法，对两场降雨事件的流量与污染物浓度和通量进行相关性分析，结果见表 3-3。从表 3-3 可以看出，两场降雨事件中，污染物 TSS 的浓度与流量的相关性较好，其次是 NH_3-N 和 TN，污染物 BOD_5、COD_{Mn} 和 TP 的浓度与流量的关系不明显。此外，各污染物通量与流量的相关系数大部分大于 0.9，且均为正数，表明两者的相关性显著，流量对污染物通量的变化起着重要作用。

表 3-3　污染物浓度及通量与流量相关性分析

降雨场次	指标	BOD_5	COD_{Mn}	TSS	TP	TN	NH_3-N
20140504	流量与浓度	−0.253	0.153	0.575**	0.4	−0.599**	−0.652**
	流量与通量	0.986**	0.972**	0.690**	0.924**	0.993**	0.971**
20140520	流量与浓度	−0.028	0.479	0.835**	0.046	0.504*	−0.801**
	流量与通量	0.902**	0.974**	0.947**	0.768**	0.985**	0.909**

*表示显著性水平 $p<0.05$；**表示显著性水平 $p<0.01$。

5）各污染物浓度与 TSS 浓度相关性分析

利用 Pearson 相关性分析法，分析两场降雨事件地表径流中 BOD_5、COD_{Mn}、TP、TN、NH_3-N 与 TSS 浓度的相关性，结果见表 3-4。从表 3-4 可以看出，20140520 场降雨事件中，TN、NH_3-N 和 TP 与 TSS 浓度具有一定的相关性，但相关系数不高，BOD_5、COD_{Mn} 与 TSS 浓度的关系不明显。20140504 场降雨事件中，各污染物的浓度与 TSS 浓度无明显的相关性，表明 TSS 对 BOD_5、COD_{Mn}、TN、NH_3-N、TP 浓度的贡献相对较小。由于降雨期间流域污染物的分布与构成具有空间差异性，加之流域中不同地点同一时刻形成的径流汇集到监测断面所需的汇流时间也不同，以及一些人为和非人为因素的影响，各污染物浓度之间的关系变得更为复杂。

表 3-4　降雨事件污染物浓度与 TSS 浓度的相关系数

降雨场次	BOD_5	COD_{Mn}	TP	TN	NH_3-N
20140504	−0.138	0.408	0.363	−0.444	−0.406
20140520	0.362	0.31	0.557*	0.778**	−0.577*

*表示显著性水平 $p<0.05$；**表示显著性水平 $p<0.01$。

3.3　SWAT 模型构建

3.3.1　数据采集

SWAT 模型运行所需数据主要为空间数据库和属性数据库，空间数据库包括地图投影、DEM、土地利用现状图、土壤类型分布图及流域内的水系图、监测站位置等，属性数据库包括土壤属性数据库、气象资料数据库、水文数据、农业管理措施数据等，数据来源及数据格式见表 3-5。

表 3-5　模型所需数据格式及来源

数据	分辨率	格式	来源
DEM	90m	ESRI Grid	http：//srtm.csi.cgiar.org/
土地利用现状图	90m	ESRI Grid	广东省国土资源厅（2006 年）
土壤类型分布图	90m	ESRI Grid	广东省生态环境与土壤研究所
气象数据	—	.xls	广东省水文信息网

3.3.2　数据处理

1. 地图投影

SWAT 模型运行需要具有统一地理坐标系统及地图投影的空间数据，结合研究区域地理位置，建立接近我国传统 1954 坐标系的 Albers 椭球克拉索夫斯基（Krasovsky）双标准纬线等积割圆锥投影统一坐标系，设定中央经线为 113.5°，标准纬线 $\varphi1$＝21.5°N、$\varphi2$＝24.5°N。

2. DEM 数据

DEM 是描述地表起伏及其形态特征的空间数据模型，由地面规则的网格点高程值构成矩形，形成栅格结构数据集。本研究区域的 DEM 数据来源于国家地理空间信息中心，分辨率为 90m×90m，泗合水流域 DEM 示意图如图 3-6 所示，由图 3-6 可以看出，泗合水流域 DEM 介于 19～618m。

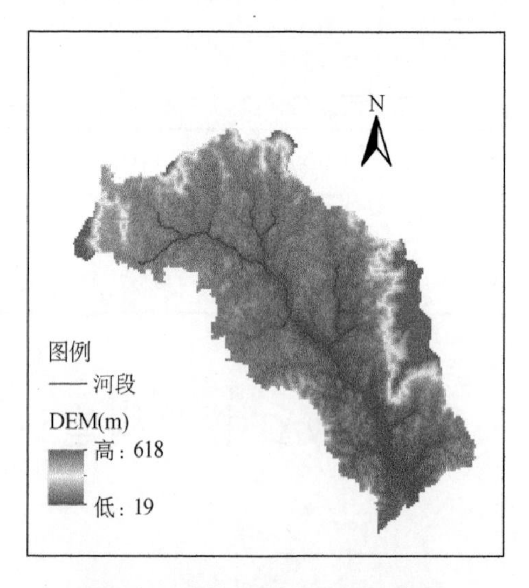

图 3-6　泗合水流域 DEM 示意图

3. 土地利用数据库

土地利用类型对于非点源污染模拟尤其重要，土地利用类型编码也是 SWAT 模型进行非点源污染计算的依据。为了合理控制最终HRU生成的数量，输入模型的土地利用类型尽量不超过10种，如果原始土地利用类型超过10种，则需借助ArcGIS进行重分类。SWAT模型所需土地利用数据包括土地利用类型栅格图及土地利用类型索引表。

本研究区域的土地利用数据来源于广东省国土资源厅(2006年)，分辨率为90m×90m，在ArcGIS软件中对其进行重分类，划分为耕地（AGRL）、林地（FRST）、草地（PSAT）、水域（WATR）、建设用地（URBN）五种类别，结果如图3-7所示。由图3-7可以看出，耕地和林地在土地利用类型中占主要比例，主要分布在流域中下游以及河网附近水资源丰富的区域。

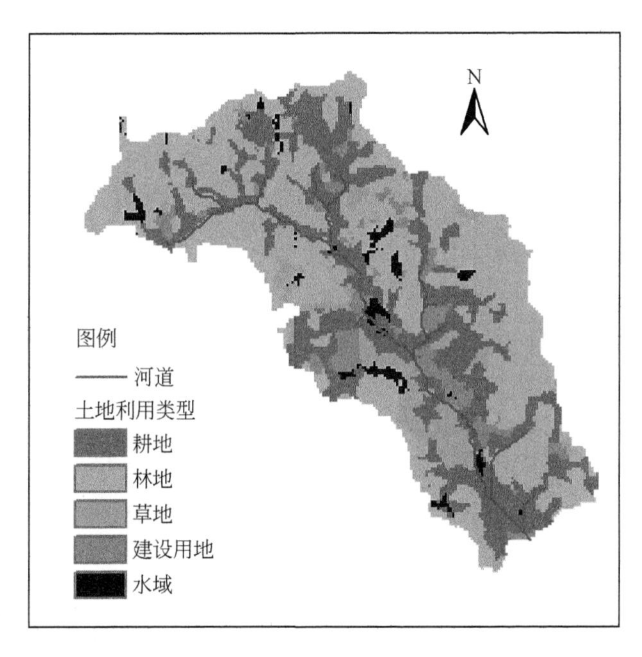

图3-7　泗合水流域土地利用类型示意图

土地利用类型分布图的属性数据中必须含有说明图层中土地利用类型的字段，并且每种分类后的土地利用类型必须与模型landcover/plant数据库中的某条记录一一对应，建立研究区域土地利用类型索引，见表3-6。

表3-6　研究区土地利用类型和SWAT代码对应关系

土地利用类型	SWAT分类	SWAT分类代码
耕地	agricultural land-generic	AGRL
林地	forest-mixed	FRST
草地	pasture	PAST
水域	water	WATR
建设用地	residential	URBN

4. 土壤数据库及农业管理数据

SWAT 模型是在美国数据属性的基础上构建的，因此当模型应用于中国流域时，需要对模型的数据库进行部分修改来适应当地实际情况，所以需建立泗合水流域土壤属性数据库，同时调查作物耕作方式和施肥管理措施等情况。SWAT 模型中用到的土壤数据分为物理属性数据和化学属性数据两大类。土壤的物理属性决定了土壤剖面中水和气的运动情况，并且对 HRU 中的水文响应过程起着重要作用，所以土壤物理属性对模型精度具有决定性作用；土壤的化学属性主要用来给模型赋初始值，模型在运行之后会自动对化学属性值进行修正，所以可选择性地在模型中输入化学属性值。

土壤水文、水传导等物理属性参数在模型中输入，其分为按土壤类型输入和按土壤层输入两大类。按土壤类型输入的参数包括：①每类土壤所属的水文单元组；②最大根系埋藏深度；③土壤表层到底层的深度；④土壤孔隙比等。按土壤层输入的参数包括：①土壤表层到各土壤层深度；②土壤容重；③土壤可利用水量；④饱和水力传导度；⑤每层土壤中的黏土、壤土、沙土、砾石含量；⑥USLE 方程中的土壤可蚀性 *K*；⑦田间土壤反照率；⑧土壤电导率。参数具体代码及其物理意义见表 3-7。

表 3-7　土壤重要物理参数及其意义

参数名	最小值	最大值	参数定义
FIELD	MIN	MAX	DEF
SNAM	0	0	土壤名字
HYDGRP	0	0	土壤水文单元组（A/B/C/D）
SOL-ZMX	0	3500	最大根系埋藏深度（mm）
SOL-CRK	0	1	土壤最大可压缩量
SOL-Z	0	3500	土壤表层到底层的深度（mm）
SOL-BD	1	3	土壤湿密度（mg/m^3，g/m^3）
SOL-AWC	0	1	土壤可利用有效水
SOL-K	0	2000	饱和水力传导度（mm/h）
SOL-CBN	0	10	土壤有机碳含量
SOL-ALB	0	1	地表反射率
SOL-EC	0	100	土壤电导率
ANION-EXCL	0	1	阴离子交换孔隙度
TEXTURE	0	0	土壤层结构
CLAY	0	100	黏土，直径＜0.002mm
SILT	0	100	壤土，直径为 0.002～0.05mm
SAND	0	100	沙土，直径为 0.05～2.0mm
ROCK	0	100	砾石，直径＞2.0mm
USLE-K	0	1	土壤侵蚀 *K* 因子
NLAYERS	1	10	土壤层数
NUMLAYERS	1	10	现实的土壤层数

参数获得的方法主要有以下四种：

（1）土壤层数（NLAYERS）、最大根系埋藏深度（SOL-ZMX）、土壤最大可压缩量（SOL-CRK）、土壤表层到底层的深度（SOL-Z）和土壤有机碳含量（SOL-CBN）均可在中国土壤数据集（HWSD）中查得。

（2）土壤质地（CLAY、SILT、SAND、ROCK）的计算。

土壤质地表示土壤中不同直径颗粒大小的土壤组合情况。国际上通用的土壤质地分类标准主要为国际制、美国制等。SWAT 模型内置的是美国制分类标准，虽然 HWSD 采用的土壤质地分类标准与美国制的稍有不同，但不影响数据在 SWAT 模型中的使用。所以，黏土（CLAY）含量、壤土（SILT）含量、沙土（SAND）含量、砾石（ROCK）含量可直接参照 HWSD 中所给的参数。

（3）土壤湿密度（SOL-BD）、土壤可利用有效水（SOL-AWC）、饱和水力传导度（SOL-K）可通过 SPAW 软件计算得到，SPAW 是由美国华盛顿州立大学开发的，是通过对土壤数据库中土壤物理属性和土壤质地含量进行统计分析研发的，软件界面如图 3-8 所示。要计算出上述参数，不但需要前面所计算的土壤各粒径含量，还需要 Organic Matter、Salinity、Gravel 等参数，它们均可在 HWSD 数据库中得到。另外，水文单元组、地表反射率、土壤侵蚀因子等参数可通过已知公式计算得到。

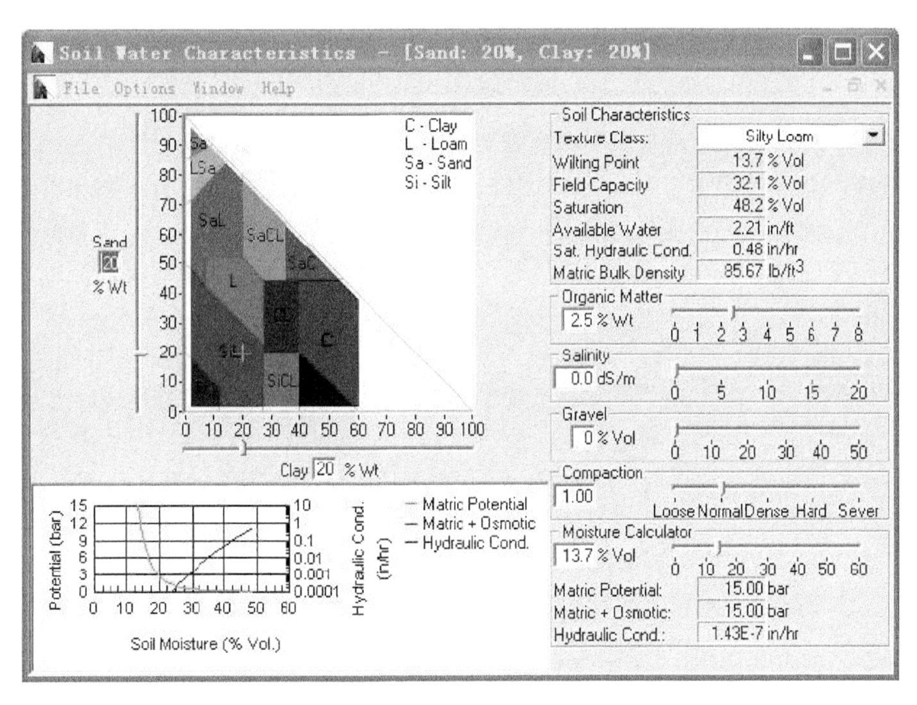

图 3-8　土壤属性参数计算 SPAW 软件

（4）使用 SWAT 模型的默认值：阴离子交换孔隙度、土壤最大可压缩量、土壤电导率等参数可直接使用 SWAT 模型的默认值。

最后得到的土壤物理属性存放于用户数据库（usersoil），土壤化学属性存放于土壤输入文件（.chm）；土壤分布栅格图来源于广东省国土资源厅（2006 年），分辨率为 90m×90m，如图 3-9 所示。

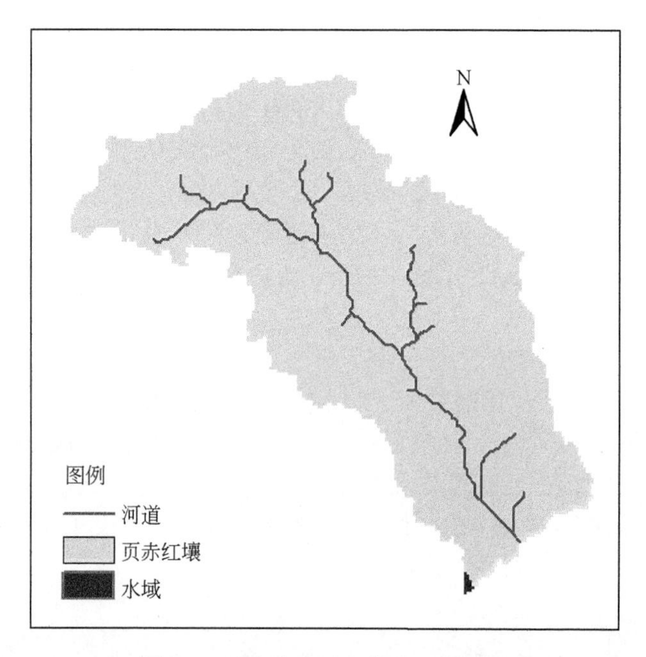

图 3-9　泗合水流域土壤分布栅格图

为了模拟泗合水流域农业生产活动对非点源污染的影响，还需收集该流域内耕种、施肥、农药等农业管理措施资料。通过调查，该流域内农作物可概化为水稻和粉葛两种，所施化肥主要为氮肥和磷肥，农作物一年两熟，施肥量、施肥深度、氮磷百分比的确定参照模型施肥文件（.fert）；该流域属于天然小流域，基本排除点源污染对流域出口污染负荷的影响。

5. 水文气象数据

SWAT 模型所需的气象数据包括气温数据（日平均气温、最高气温和最低气温）、太阳辐射量、风速、相对湿度、降水数据，所有数据均为日尺度。降水量、平均气温和太阳辐射量等参数对流域的水量平衡、蒸散发、农作物生长以及污染物降解和转化都有重要影响。所以，连续的日降水量、日气温等数据对模型的模拟效果至关重要，但是如果遇到数据年份或者月份缺失、站点不齐等情况，则需建立天气发生器。天气发生器可以利用 20 年以上的多年逐月气象统计资料模拟生成逐日气象数据，但该数据库要求输入的参数较多，主要包括月日均最高气温（TMPMX）、月日均最低气温（TMPMN）、月日最高气温标准偏差（TMPSTDMX）、月日最低气温标准偏差（TMPSTDMN）、月均降水量（PCPMM）、月日均降水量标准偏差（PCPSTD）、月日均降水量偏度系数（PCPSKW）、月内干日系数（PR_W1）、月日均露点温度（DEWPT）、月日均太阳辐射量（SOLARAV）等资料。

本书的研究利用邻近流域台山气象站 1980～2000 年的气象统计资料构建天气发生器，由于参数计算程序复杂，借助北京师范大学自主开发程序 SWATWeather 计算月均最高气温、最高气温标准偏差等气象统计数据，如图 3-10 所示。

图 3-10　SWATWeather 自主开发程序

降雨资料从流域内吉塘、棠密、板村、布尚和双桥 5 个雨量站点获得，径流数据采用流域出口处双桥水文站实测数据；实测气象数据（气温、太阳辐射量、风速、相对湿度）由邻近流域阳江气象站监测得到。模拟时段为 2010～2014 年，其中 2014 年下半年的气象资料由天气发生器模拟得到，研究区内水文气象站点坐标数据见表 3-8，位置示意图如图 3-11 所示。

表 3-8　研究区水文气象站点坐标数据表

站点	高程（m）	经度（°E）	纬度（°N）	X（m）	Y（m）
台山	22	112.802	22.296	−71908.3752834	2407425.284950
吉塘	59	112.495	22.690	−103235.977781	2451252.093300
棠密	30	112.530	22.649	−99671.1802180	2446686.086140
板村	37	112.552	22.655	−97406.0094490	2447336.009040
布尚	42	112.568	22.616	−95789.6146820	2443005.123170
双桥	23	112.576	22.589	−94974.8824430	2439996.651540
阳江	89	111.580	21.520	—	—

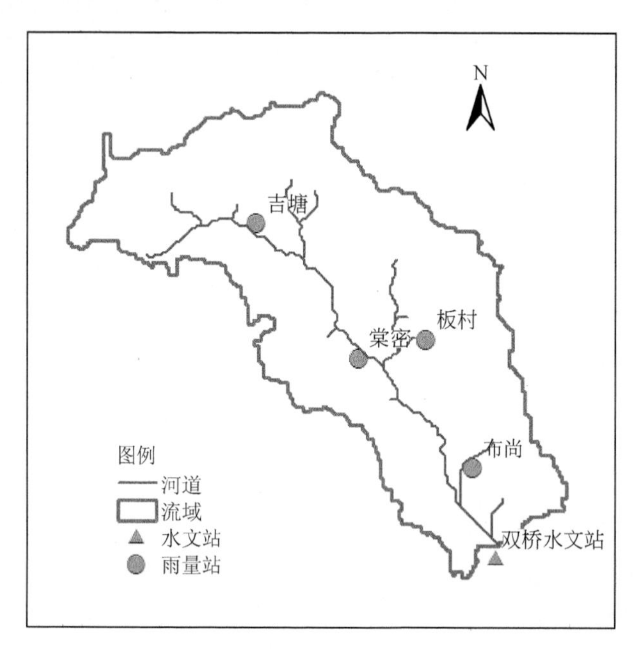

图 3-11　水文气象站点位置示意图

3.3.3　模型运行

1. 子流域和 HRU 划分

SWAT 模型以流域 DEM 图、土地利用分布图、土壤类型分布图、坡度图作为子流域划分的依据，采用 HRU 的空间离散方法，详细反映子流域内不同土壤类型和土地利用方式的空间组合情况。流域通过子流域的划分实现空间离散化，模型在每个 HRU 上单独运行，然后将成果通过河道演算的方法汇集到流域总出口。

子流域阈值设定得越小，流域划分得越详细，河网越密集，形成的 HRU 也就越多。但是模拟精度提高的同时，计算量和计算时间也会大大增加，所以不合理的阈值不但不会对模型有实际意义，还会降低模型的计算效率，选择合适的阈值对模型流畅运行尤其重要。综合考虑泗合水流域子流域的实际情况，设定集水面积划分阈值为 400hm^2（即 4km^2），最终在泗合水流域生成 23 个子流域，如图 3-12 所示。

HRU 是 SWAT 模型中最小的计算单元，其以子流域的划分为基础，通过土地利用图、土壤类型图及坡度图叠加运算而成。本次研究将研究区域划分为 3 种坡度，分别为 0°～10°（缓坡）、10°～30°（中陡坡）、30°以上（陡坡），设定土地利用类型、土壤类型和坡度类型分别占子流域面积 3%、5%、5%以上的部分参与生成 HRU，即当每个子流域中某种土地利用类型或土壤类型或坡度类型的面积比率低于 3%、5%、5%时，模型会对其忽略不计。最终生成 127 个 HRU。

2. 运行模型

当上述空间数据和属性数据生成后，就可加载气象数据；然后在 SWAT 模型中自动写入输入文件。模型的输入文件包括流域配置文件（.fig）、土壤数据文件（.sol）、气象文件

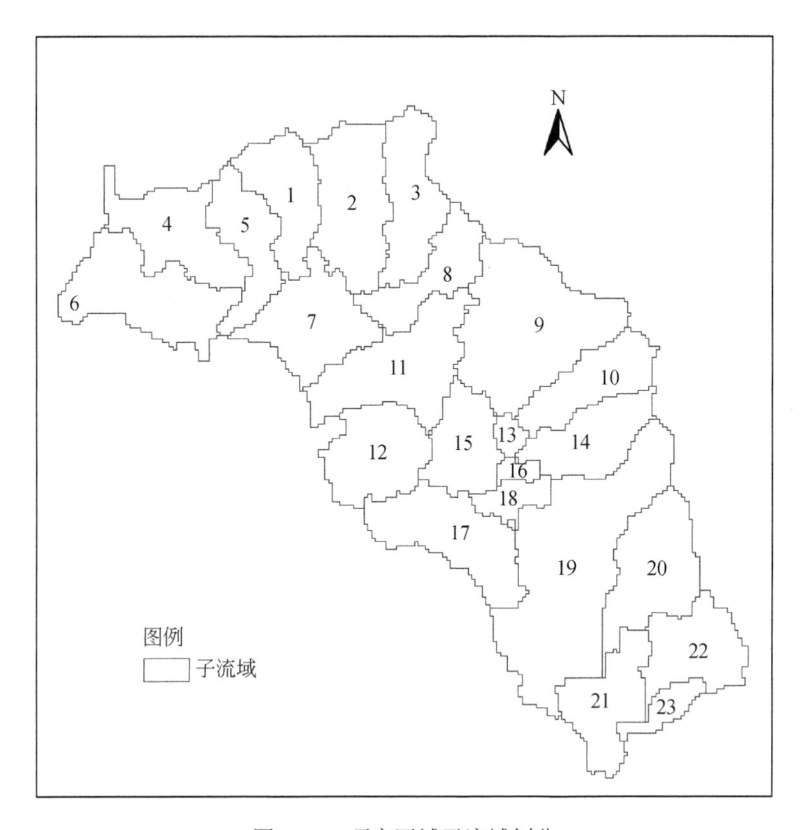

图 3-12　研究区域子流域划分

(.wgn)、子流域文件（.sub）、水文响应单元文件（.hru）、地下水文件（.gw）、农业管理措施文件（.mgt）以及主河道文件（.rte）等。当模型的输入文件输入完成后，可以根据研究区实际情况，编辑输入文件，修改基础数据库、水库数据、点源数据及子流域的相关数据，之后开始运行模型，按输出要求输出模拟结果。

3.4　SWAT 模型参数率定及验证

SWAT 模型参数繁多且复杂，每个参数对模型运行均起不同程度的作用，所以确定研究流域的敏感参数对模型的校准至关重要。模型参数的敏感性分析就是利用数学方法，对当前模型进行参数评估，通过敏感性排序找出需要重点调整的模型参数。

3.4.1　研究方法

SWAT-CUP 是由 SWAT 官网提供的可以被自由下载、使用和复制的公共程序，是最近几年在 SWAT 参数敏感性分析等方面应用较广的一种软件。该程序包含多种敏感性分析方法，分别为 GLUE、ParaSol、SUFI-2 和 MCMC 等，SWAT-CUP 将此类分析方法与 SWAT 模型连接起来，对拉丁超立方（LH）抽样法的目标函数进行多元回归分析，评价模型参数的敏感度，其对于目标函数有多种选择，具有操作界面简单明了、算法多且运行效率高等优点。

本书的研究选用 SWAT-CUP 软件中的 SUFI-2（sequential uncertainty fitting version-2）算法，这种算法提供两种方法得到参数敏感性。第一种方法是“one-at-a-time”（OAT），这种方法每次仅计算一个参数的敏感性，同时把其他参数视为不变。第二种方法是“全局敏感性分析”，这种方法评估的敏感性是对各个参数改变引起目标函数平均变化的估计，同时其他所有参数也在改变。此处基于线性近似给出了相对敏感性，提供了目标函数对模型参数敏感性的部分信息。

基于对模型整体性的考虑，选择“全局敏感性分析”方法确定模型敏感参数。参数敏感性取决于下面的多元回归系统计算，其对拉丁超立方生成参数与目标函数值进行回归：

$$g = \alpha + \sum_{i=1}^{m} \beta_i b_i \tag{3-3}$$

该方法用 t 检验确定每一个参数 b_i 的相对显著性，p-value 值是 t 检验值查表所对应的 p 概率值，采用 p-value 代表参数的显著性，p 值越接近 0，参数越敏感。

3.4.2 常见径流参数及物理意义

参考 SWAT 模型在国内外的应用经验以及该流域的基本情况，选取 11 个参数，分析其在该流域径流模拟中的敏感性，分别为 CN_2、ALPHA_BF、GWQMN、SOL_K、SOL_AWC、ESCO、GW_REVAP、EPCO、GW_DELAY、REVAPMN 和 SURLAG。参数的主要物理意义以及参数变化对模型结果的影响如下。

SCS 径流曲线系数（CN_2）：主要用来描述流域内的降雨-径流关系，反映正常湿润状态下流域下垫面的产流能力。当降雨处于一定情况下时，CN_2 值增加，地表径流增大，随之也会对产沙量和非点源污染负荷产生影响。

基流退水系数（ALPHA_BF）：对水文过程线的形状有决定作用，能够影响径流基流，但是对径流量、产沙量、污染负荷量的影响较小。

浅层地下水径流系数（GWQMN）：与浅层地下水径流对降水的敏感度呈正相关，该系数的高低对浅层地下水对河流的补给有很大影响。

饱和水力传导度（SOL_K）：会影响土壤的导水能力，其值增加会使土壤的下渗率以及对地下水的补给量增加。

土壤可利用水量（SOL_AWC）：能反映土壤的蓄水能力，指土壤从田间含水量到植物永久凋萎点时释放的水分，对流域的产流产沙特性有重要影响；该系数越大，土壤蓄水能力越强，产流量、产沙量降低，非点源污染负荷也会降低。

土壤蒸发补偿系数（ESCO）：反映了土壤中的毛细作用、土壤裂隙等对各土层蒸发量的影响，代表土壤水的蒸发能力。土壤水的蒸发量随土壤蒸发补偿系数的增大而变小，径流量、产沙量、污染负荷量随它的增大而增大。

地下水再蒸发系数（GW_REVAP）：反映地下水的蒸发情况，其值越大，地下水蒸发越多，径流越少。

植物吸收补偿系数（EPCO）：影响植物蒸腾作用，一般情况下与径流量呈负相关关系。

地下水滞后系数（GW_DELAY）：影响流域的地下水退水过程，与径流量呈正相关关系。

浅层地下水再蒸发系数（REVAPMN）：主要指具有深度根系的植物引起的蒸发导致浅层地下水的变化，其决定含水层中的水向相对非饱和地区流动的强度。

地表径流滞后时间（SURLAG）：决定洪峰出现的时间，其也会对水文过程线产生影响。

3.4.3 常见水质参数及物理意义

除了 3.4.2 节中提及的 CN_2、SOL_AWC、ESCO 会对流域产沙和非点源污染负荷产生影响外，以下参数对流域的水质也有重要影响。

植被覆盖和管理因子（USLE_C）：指在降水、地形、土壤条件相同的情况下，种植作物的土地与连续修整地土壤流失量的比值，反映了植被对地表的保护作用。该值越大，产沙量越高，相应的营养物负荷也越大。

水土保持措施因子（USLE_P）：指采取管理措施后土壤流失量与顺坡种植土壤流失量的比值，其值越大，产沙量、污染负荷也越大。

水文响应单元的坡度（HRU_SLP）和坡长（SLSUBBSN）：对流域的产沙和产污有明显影响，其中与坡度呈正相关，与坡长呈负相关。

河道侵蚀系数（CHERO）：表示河道中单位降雨侵蚀力在标准小区上所造成的土壤流失量。河道侵蚀系数越高，河道冲刷越严重，使得河道泥沙负荷越大。

氮下渗系数（NPERCO）：表示径流中氮含量和下渗水流中氮含量的比值，对非点源污染氮负荷有重要影响。该值越大，径流中的氮含量越高。

磷下渗系数（PPERCO）：表示径流中磷含量和下渗水流中磷含量的比值，该值越大，径流中的磷负荷越高。

磷的土壤分离系数（PHOSKD）：指表层 10mm 土壤中可溶性磷的浓度和地表径流中可溶性磷的浓度之比。为了表示土壤颗粒对可溶性磷的吸附作用而引入，该值越大，表明土壤对可溶性磷的吸附能力越强，所以可溶性磷的污染负荷量越低。

BC1：指在 20℃时氨氮生物氧化速度常数（d^{-1}），BC1 值越大，氨氮负荷量越小。

BC2：指在 20℃时亚硝酸盐氮的生物氧化速度常数（d^{-1}），其控制亚硝氮到硝态氮的氧化速度，BC2 值越大，亚硝氮污染负荷越小，而硝态氮污染负荷越大。

BC3：在 20℃时有机氮转化为氨氮的速度常数（d^{-1}），BC3 值越大，氨氮负荷量越高，有机氮负荷量越小。

BC4：在 20℃时有机氮的矿化速度常数（d^{-1}），BC4 值越大，有机氮负荷越小。

此外，土地利用类型的初始营养物浓度 SOL_NO_3、SOL_MINP 等，施肥参数 FRT_LY1 等都会对模型非点源污染的输出造成影响。

3.4.4 敏感性分析结果

1. 径流参数敏感性分析

利用 SWAT-CUP 软件分析模型径流参数的全局敏感性，其操作界面如图 3-13 所示。

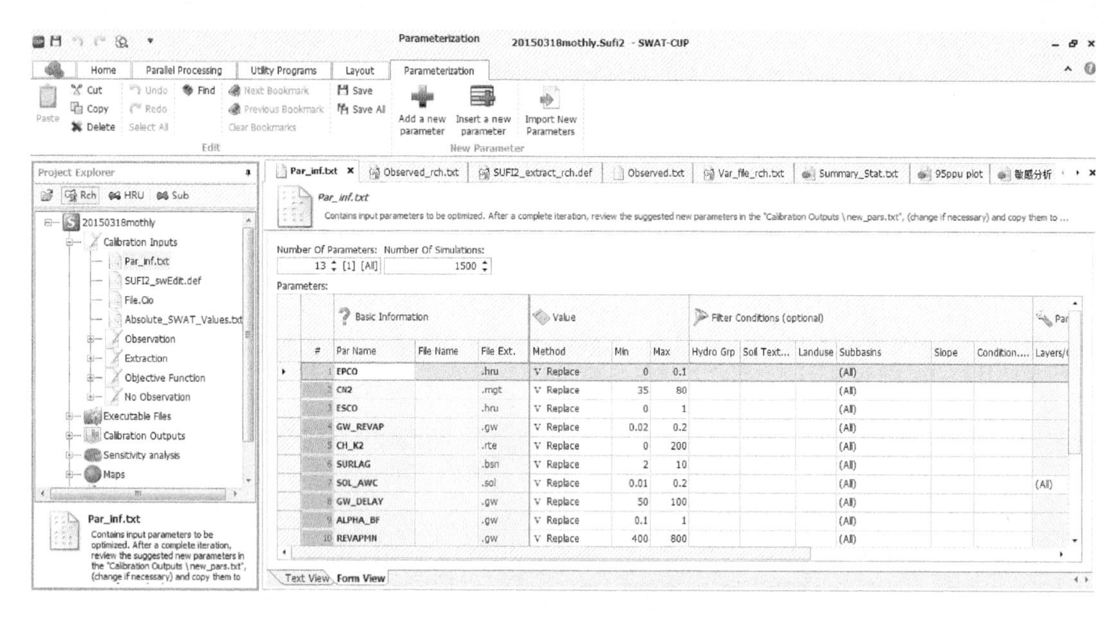

图 3-13 SWAT-CUP 操作界面

通过在 SWAT-CUP 中设置模型运行 1000 次，得到模型径流参数全局敏感性分析结果，见表 3-9。其中，*p*-value 是 *t* 检验值查表对应的概率值，*p* 值体现了 *t* 统计量的显著性，其值越接近 0，参数越敏感。从分析结果可以看出，显著影响该流域的径流参数依次是 SOL_AWC、CN_2、GW_REVAP、ESCO、GW_DELAY、GWQMN。此外，ALPHA_BF 对该流域影响不明显可能与泗合水流域位于湿润地区、地下水拥有较为稳定的补给来源、地下水位能保持平稳状态相关，所以 ALPHA_BF 对该流域的径流量影响不大。

表 3-9 径流参数全局敏感性分析结果

敏感性排序	参数	*p*-value
1	SOL_AWC	0.000
2	CN_2	0.001
3	GW_REVAP	0.002
4	ESCO	0.004
5	GW_DELAY	0.008
6	GWQMN	0.009
7	SOL_K	0.047
8	EPCO	0.075
9	REVAPMN	0.155
10	SURLAG	0.313
11	CH_N_2	0.318
12	ALPHA_BF	0.888

2. 水质参数敏感性分析

因为水质部分涉及参数较少，而且影响目标函数的变量比较容易控制，所以采用试错调整法确定敏感参数，即控制其他参数不变，逐个调整单一参数，分析其对输出结果的影响。试错调整法较为实用，无须前期准备工作，但每改变一次参数就需重新运行 SWAT 模型，还需多次评价模拟效果，所以工作量较大、耗时较长。

通过分析得到影响泥沙、非点源污染输出的重要敏感参数依次为 USLE_C、USLE_P、HRU_SLP、SLSUBBSN、NPERCO、PPERCO、BC1、FRT_LY1 等。

3.4.5　径流参数率定及验证

1. 适用性评价指标

SWAT 模型在初始模拟阶段许多参数值默认为 0，所以本次研究设定 2008～2009 年为模型的预热期，用于对模型的各种参数进行前期预热；设定 2010～2012 年为模型校准期，用于对敏感参数进行率定；设定 2013～2014 年为模型验证期，验证 SWAT 模型在研究流域的适用性。

评价指标方面，本书的研究选用纳什 NS（Nash-sutcliffe）系数和相对误差 Re（relative error）两个指标作为模型适用性评价的标准，评价指标的计算方法如下：

$$\mathrm{NS}=1-\frac{\sum_{i=1}^{n}\left(Q_{\mathrm{obs},i}-\overline{Q_{\mathrm{sim},i}}\right)^{2}}{\sum_{i=1}^{n}\left(Q_{\mathrm{obs},i}-\overline{Q_{\mathrm{obs},i}}\right)^{2}} \tag{3-4}$$

$$\mathrm{Re}=\frac{\sum_{i=1}^{n}Q_{\mathrm{sim},i}-\sum_{i=1}^{n}Q_{\mathrm{obs},i}}{\sum_{i=1}^{n}Q_{\mathrm{obs},i}}\times 100\% \tag{3-5}$$

式中，n 为模拟序列长度；$Q_{\mathrm{obs},i}$ 为第 i 个时段内实测流量，$\mathrm{m^3/s}$；$\overline{Q_{\mathrm{obs},i}}$ 为模拟序列长度内平均实测流量，$\mathrm{m^3/s}$；$Q_{\mathrm{sim},i}$ 为第 i 个时段内模拟流量，$\mathrm{m^3/s}$；$\overline{Q_{\mathrm{sim},i}}$ 为模拟序列长度内平均模拟流量，$\mathrm{m^3/s}$。

NS 反映了模拟值和实测值在量上的统计差异程度，NS 值越高，模型的适用性越好。NS 取值越接近于 1，代表模拟结果越接近于实测值；Re 值越低说明模型模拟效果越好，Re 值为正值说明模拟值大于实测值，Re 值为负值说明模拟值小于实测值。

2. 总径流率定

对模型总径流进行率定的思路是：结合参数敏感性分析成果，依次从年、月、日三种尺度对模型参数进行调整。首先，根据 2010～2012 年实测年径流数据对模型结果进行粗调，初步确定敏感参数的取值范围；其次，根据月实测径流数据调整模拟值在年内的分配过程，使评价指标满足相关要求；最后，分析、对比日径流实测、模拟数据，综合确定模型参数。通过不断调试，得到模型主要径流参数取值，见表 3-10。

表 3-10　参数取值表

参数	含义	取值
ESCO	土壤蒸发补偿系数	0.08125
CN_2	SCS 径流曲线系数	耕地：65 林地、建设用地：61 草地：63 水域：68
GW_REVAP	地下水再蒸发系数	0.067
SOL_AWC	土壤可利用水量	0.065
EPCO	植物吸收补偿系数	0.8675
ALPHA_BF	基流系数	0.6597
GW_DELAY	地下水滞后系数	88.29
GWQMN	浅层地下水径流系数	628.8
REVAPMN	浅层地下水再蒸发系数	691
SURLAG	地表径流滞后时间	8.87
CH_N2	主河道曼宁系数	0.025
SOL_K	饱和水力传导度	4.74

运行校准后的 SWAT 模型，得到率定期年实测径流与年模拟径流结果（表 3-11），从中可看出，模拟年径流量与实测值相对误差控制在 20%以内，年径流模拟效果良好。

表 3-11　年径流率定结果

年份	实测流量（m^3/s）	模拟流量（m^3/s）	相对误差 Re（%）
2010	3.94	4.12	4.4
2011	1.66	1.38	−16.8
2012	2.97	3.49	17.3

在 SWAT 模型中输出月径流模拟结果，得到评价指标见表 3-12，可以看出率定期月径流 NS 值为 0.83，相对误差 Re 为 4.64%，模拟效果良好。模拟值与实测值对比如图 3-14 所示。

表 3-12　月径流率定结果与评价

时间段	实测流量（m^3/s）	模拟流量（m^3/s）	相对误差 Re （%）	NS
2010～2012 年	2.86	2.99	4.64	0.83

在 SWAT 模型中提取日径流模拟结果，得到率定期日径流模拟效果如图 3-15 所示。此外，提取的日径流数据也是 3.4.6 节非点源污染日负荷校准的基础数据。

3. 总径流验证

径流参数率定完成后，需要对率定后的模型进行验证，检验研究区的径流模拟是否与实测结果基本保持一致，且精度达到预期要求。选取 2013～2014 年流域出口双桥水文站的实测径流数据，分别对模型的年径流和月径流模拟结果进行验证。

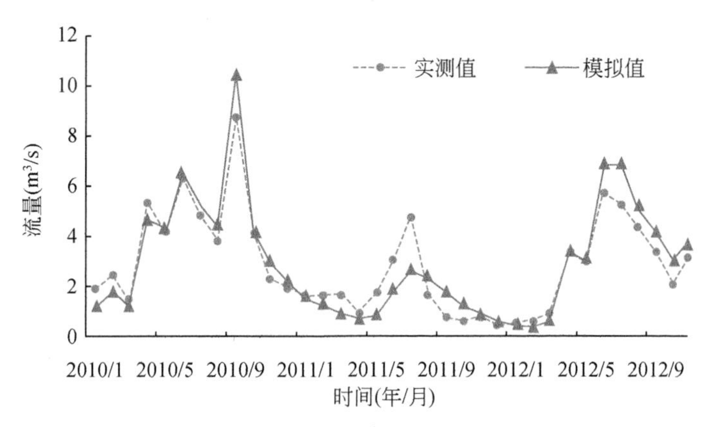

图 3-14　率定期月径流模拟值与实测值对比图

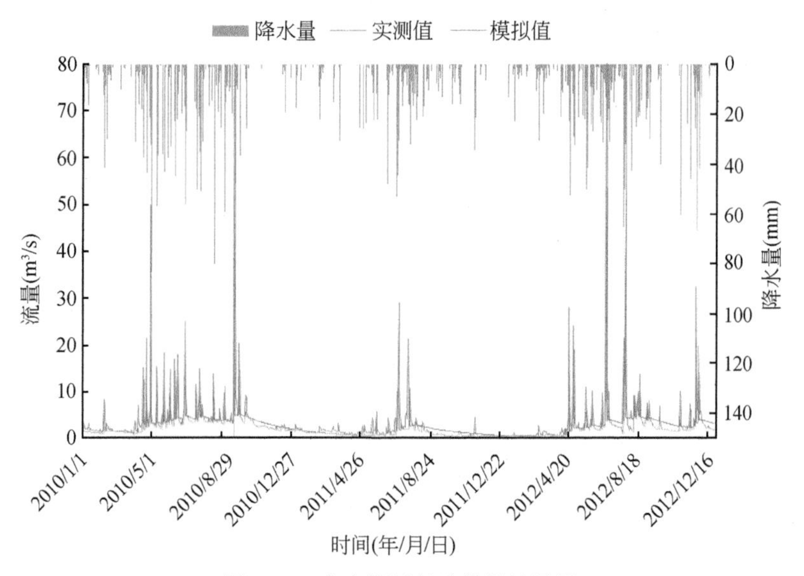

图 3-15　率定期日径流模拟效果图

同理，在 SWAT 模型中提取运行结果，得到验证期（2013～2014 年）年实测径流和年模拟径流结果，见表 3-13，可以看出模拟误差控制在 15%以内，模拟效果良好。

表 3-13　年径流验证结果与评价

年份	实测流量（m^3/s）	模拟流量（m^3/s）	相对误差 Re（%）
2013	4.61	4.87	5.5
2014	2.34	2.68	14.4

验证期月径流模拟值及评价结果见表 3-14，可以看出验证期月径流 NS 值为 0.92，相对误差 Re 为 7.95%，月径流模拟效果优良，模拟值与实测值对比如图 3-16 所示。

表 3-14 月径流验证结果与评价

时间段	实测流量（m^3/s）	模拟流量（m^3/s）	相对误差 Re（%）	NS
2013～2014 年	3.48	3.77	7.95	0.92

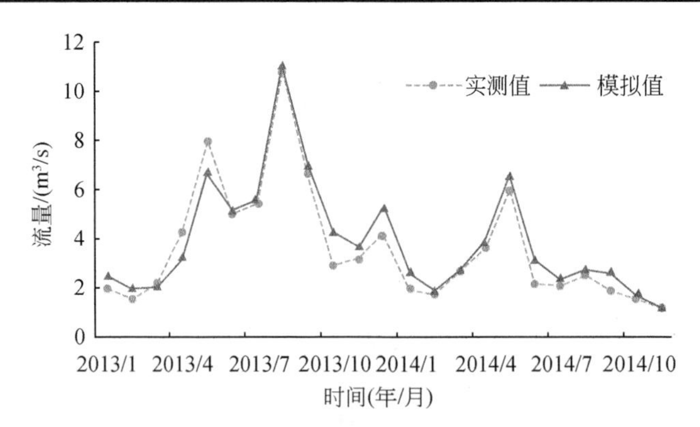

图 3-16 验证期月径流模拟值与实测值对比图

同理，在 SWAT 模型中提取日径流模拟结果，得到验证期日径流模拟效果如图 3-17 所示。得到的日径流数据也是 3.4.6 节非点源污染日负荷校准的基础数据。

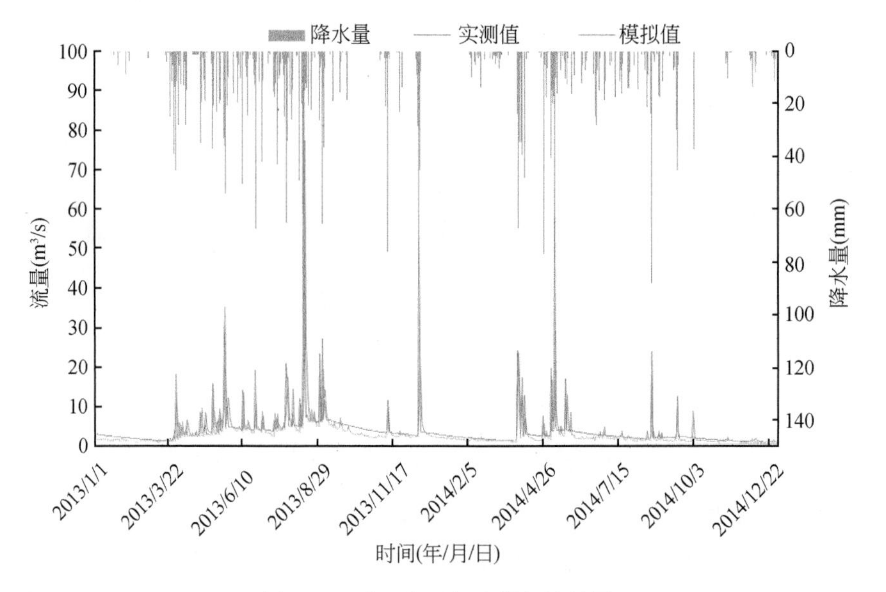

图 3-17 验证期日径流模拟效果图

3.4.6 水质参数率定及验证

我国许多中小流域受地理条件或经济条件限制，往往缺乏水质常规观测资料，这使模型参数产生较大的不确定性，影响流域非点源污染的定量化研究。本书的研究考虑到场次降雨水质数据在率定日尺度模型上产生的尺度不匹配以及率定周期太短等问题，基于 2011 年、2014 年共 8 场降雨水质监测数据，利用平均浓度法估算得到非点源污染年负荷、典型月负荷、典型日负荷，从年、月、日三种尺度对 SWAT 模型水质参数进行率定及验证。

1. 2011 年、2014 年非点源污染负荷估算

1）估算方法

有限资料条件下非点源污染负荷估算的方法主要有污染分割法、平均浓度法、降水量插值法、相关关系法等。当水质同步监测有困难或资料不充足时，可选用此类方法，虽然也需要部分监测调查资料，但无须监测不同土地利用类型流域的水质，也无须进行逐日长期监测，只需在非点源污染出口断面处进行特殊时期的监测。

平均浓度法可根据有限水质资料估算非点源污染负荷量，其也称为水文分割法，本次研究采用该方法估算 2011 年和 2014 年的年度非点源污染负荷。利用 2011 年与 2014 年在流域出口双桥水文站的场次洪水水质水量监测数据，求出各场次暴雨径流非点源污染加权平均浓度，将其近似作为年地表径流的平均浓度，则该流域非点源污染年负荷量为该加权平均浓度乘以年地表径流量。

单次暴雨径流过程非点源污染平均浓度的计算公式为

$$C = W_{\mathrm{L}} / W_{\mathrm{A}} = \sum_{i=1}^{n} (Q_{\mathrm{T}i} \cdot C_{\mathrm{T}i} - Q_{\mathrm{B}i} \cdot C_{\mathrm{B}i}) \Delta t_i / \sum_{i=1}^{n} (Q_{\mathrm{T}i} - Q_{\mathrm{B}i}) \Delta t_i \tag{3-6}$$

式中，W_{L} 为该场暴雨挟带的负荷量，g；W_{A} 为该场暴雨产生的径流量，m^3；$Q_{\mathrm{T}i}$ 为 t_i 时刻的实测流量，m^3/s；$C_{\mathrm{T}i}$ 为 t_i 时刻的实测污染物浓度，mg/L；$Q_{\mathrm{B}i}$ 为 t_i 时刻的枯季流量，m^3/s（即非本次暴雨形成的流量，也称基流流量）；$C_{\mathrm{B}i}$ 为 t_i 时刻的基流浓度（枯季浓度），mg/L；$i=1,2,\cdots,n$，为该场暴雨径流过程中流量与水质浓度的同步监测次数；$\Delta t_i = (t_{i+1} - t_{i-1})/2$。

多次暴雨非点源污染物的加权平均浓度为

$$C_m = \sum_{i=1}^{m} C_i W_{\mathrm{A}i} / \sum_{i=1}^{m} W_{\mathrm{A}i} \tag{3-7}$$

则非点源污染年负荷量（W_{n}）为

$$W_{\mathrm{n}} = W_{\mathrm{s}} \cdot C_m \tag{3-8}$$

式中，W_{s} 为年地表径流总量，m^3；$W_{\mathrm{A}i}$ 为第 i 场暴雨产生的径流量，m^3；C_i 为第 i 场暴雨产生的非点源污染负荷平均浓度，mg/L；m 为场次暴雨次数。

2）数据处理

利用 2011 年 5～7 月以及 2014 年 5 月、8 月、9 月共计 8 场实测降雨径流水质水量监测数据，分别计算 2011 年和 2014 年非点源污染负荷。8 场降雨数据洪水编号依次为：20110516、20110522、20110629、20110712、20140504、20140520、20140820、20140916。

平均浓度法的计算过程需将年径流量分割为地表径流量和地下水径流量，利用地表径流量乘以年内径流污染物加权平均浓度，即可得到该年的非点源污染负荷量。在 SWAT 模型中可以输出不同时间步长的地下水径流量，其计算表达式如下：

$$Q_{\mathrm{gw},i} = Q_{\mathrm{gw},i-1} \cdot \exp(-\alpha_{\mathrm{gw}} \cdot \Delta t) + \omega_{\mathrm{rchrg}} \cdot [1 - \exp(-\alpha_{\mathrm{gw}} \cdot \Delta t)] \tag{3-9}$$

式中，$Q_{gw,i}$为第 i 天进入河道的地下水补给量，mm；$Q_{gw,i-1}$为第 i-1 天进入河道的地下水补给量，mm；Δt 为时间步长，d；ω_{rchrg}为第 i 天蓄水层的补给量，mm；α_{gw}为基流退水系数。

用总径流量减去地下水径流量即得到地表径流量。经过 3.4.5 节对 SWAT 模型的径流成果进行验证，认为其成果满足精度要求，所以直接提取 SWAT 模型的年地表径流成果（表 3-15），并将其作为计算依据。

表 3-15　年地表径流量模拟成果

年份	模拟地表径流深（mm）	面积（km^2）	模拟地表径流量（m^3）
2011	38.72	117.717	4558002
2014	150.67	117.717	17740000

计算单场暴雨径流过程的非点源污染物平均浓度时，还需已知同时刻的基流量（地下水径流量）及基流污染物浓度，所以在模型中另外提取单场暴雨所在月份的月平均基流量近似作为本次降雨时段的河道基流量，选取年内枯季实测污染物浓度作为基流污染物浓度，得到月基流及基流污染物浓度，见表 3-16 和表 3-17。

表 3-16　模拟月基流量

年份	月份	模拟地表径流深（mm）	模拟地表径流流量（m^3/s）	基流流量（m^3/s）
2011	5	5.11	0.225	0.569
	6	22.32	0.981	0.827
	7	9.88	0.449	2.223
2014	5	65.54	2.881	3.109
	8	19.19	0.843	1.627
	9	8.97	0.407	1.412

表 3-17　基流污染物浓度

年份	泥沙（mg/L）	总氮（mg/L）	总磷（mg/L）
2011	10	1.75	0.11
2014	39	1.89	0.26

3）估算结果

利用 2011 年、2014 年共计 8 场降雨径流的实测水质水量监测数据，根据式（3-6），结合上述所得计算成果，可得到每场降雨径流的非点源污染物浓度，见表 3-18。

表 3-18　场次降雨污染物平均浓度

年份	洪水编号	场次降雨地表径流量（m^3）	泥沙平均浓度（mg/L）	总氮平均浓度（mg/L）	总磷平均浓度（mg/L）
2011	20110516	351163	11.98	5.03	0.360
	20110522	216176	21.38	3.31	0.320
	20110629	1563336	92.56	4.24	0.214
	20110712	167210	34.58	3.25	0.576

续表

年份	洪水编号	场次降雨地表径流量（m^3）	泥沙平均浓度（mg/L）	总氮平均浓度（mg/L）	总磷平均浓度（mg/L）
2014	20140504	1450080	126.14	3.81	0.569
	20140520	1053324	212.92	3.08	0.663
	20140820	1452996	561.45	4.33	0.797
	20140916	644580	403.18	缺测	0.737

根据表 3-18 中各场次降雨污染物平均浓度计算成果，利用式（3-7），可得到 2011 年、2014 年的非点源污染物加权平均浓度（表 3-19）。

表 3-19　年度径流非点源污染物加权平均浓度

年份	泥沙平均浓度（mg/L）	总氮平均浓度（mg/L）	总磷平均浓度（mg/L）
2011	69.33	4.278	0.272
2014	322.29	3.807	0.686

最后利用年度径流污染物平均浓度乘以当年地表径流量，即可得到 2011 年、2014 年的非点源污染负荷，见表 3-20。利用该数据，即可从年尺度对 SWAT 模型水质模块进行参数校准。

表 3-20　年度非点源污染负荷

年份	泥沙负荷（t）	总氮负荷（kg）	总磷负荷（kg）
2011	793.3	19500	1241
2014	7903.7	67532	12171

2. 典型月污染负荷估算

基于平均浓度法，利用场次降雨径流水质水量监测数据，同理可估算出有监测降雨月份的非点源污染输出负荷。首先在 SWAT 模型中提取出估算月份的地表径流量，见表 3-21，然后根据单场降雨污染物平均浓度估算出降雨所在月份的污染物加权浓度，最后两者相乘便可得到有监测降雨月份的非点源污染负荷量。

表 3-21　典型月模拟地表径流量

年份	月份	流量（m^3/s）	径流量（m^3）
2011	5	0.23	602640
	6	0.98	2542752
	7	0.45	1202602
2014	5	2.88	7716470
	8	0.84	2257891
	9	0.41	1054944

分析可知，2011 年 5 月以及 2014 年 5 月均有两场降雨水质监测数据，故 5 月污染物平均浓度按式（3-7）取两场降雨的加权平均浓度，其余月份的污染物平均浓度均取该月所监测场次洪水的污染物平均浓度，缺测数据由全年平均值近似代替，从而得到典型月污染物平均浓度，见表 3-22。

表 3-22　典型月污染物平均浓度

年份	月份	泥沙平均浓度（mg/L）	总氮平均浓度（mg/L）	总磷平均浓度（mg/L）
2011	5	15.56	4.37	0.345
	6	92.56	4.24	0.214
	7	34.58	3.25	0.576
2014	5	162.65	3.50	0.609
	8	561.45	4.33	0.797
	9	403.18	3.81	0.737

将表 3-21 数据与表 3-22 数据相乘，得到 2011 年、2014 年典型月的非点源污染输出负荷，见表 3-23。利用该数据，即可从月尺度对 SWAT 模型水质参数进行校准。

表 3-23　典型月非点源污染输出负荷

年份	月份	泥沙负荷（t）	总氮负荷（kg）	总磷负荷（kg）
2011	5	83.37	2573.65	163.85
	6	231.47	10878.85	692.59
	7	198.80	5141.94	327.36
2014	5	2811.34	29370.0	5293.34
	8	897.96	8599.49	1549.88
	9	483.11	4019.67	724.46

3. 典型日污染负荷估算

利用场次洪水降雨径流监测资料，可直接提取完整一日的水质水量实测数据。由于洪水采样频率为 1～2h，所以获得水质数据的时间间隔也为 1～2h（视降雨强度而定）。由此可较精确地计算出典型日非点源污染负荷，其计算方法与年负荷、月负荷估算方法类似，首先得到典型日非点源污染物平均浓度，见表 3-24，然后将当日实测流量值与当日基流相减得到日地表径流，两者相乘即可得到典型日非点源污染输出负荷，见表 3-25。

表 3-24　典型日非点源污染物平均浓度

典型日（年/月/日）	泥沙平均浓度（mg/L）	总氮浓度（mg/L）	总磷浓度（mg/L）	实测流量（m^3）
2011/5/16	46.66	4.706	0.345	3.83
2011/5/22	20.40	3.173	0.305	5.71
2011/6/29	60.56	4.382	0.219	16.30

续表

典型日（年/月/日）	泥沙平均浓度（mg/L）	总氮浓度（mg/L）	总磷浓度（mg/L）	实测流量（m^3）
2014/5/5	114.36	3.419	0.507	16.66
2014/5/20	227.47	3.015	0.6124	11.91
2014/8/20	611.98	3.955	0.788	17.42
2014/9/16	392.65	4.007	0.732	10.52

表 3-25　典型日非点源污染输出负荷

典型日（年/月/日）	泥沙负荷（t）	总氮负荷（kg）	总磷负荷（kg）
2011/5/16	15.4	1557.5	114.0
2011/5/22	10.1	1565.4	148.9
2011/6/29	85.3	6171.6	308.0
2014/5/5	164.7	4923.0	729.6
2014/5/20	233.9	3101.7	629.9
2014/8/20	921.1	5953.1	1185.7
2014/9/16	356.9	3642.2	665.1

4. 非点源污染负荷率定

由于实测水质资料有限，本书的研究主要利用 2011 年非点源污染负荷估算数据对模型水质参数进行率定，然后利用 2014 年非点源污染估算数据进行验证。

率定的总体思路是：利用试错调整法，首先对模型的泥沙输出进行校准，然后对影响总氮和总磷的其他敏感参数进行调试，所有污染物负荷的率定都采用年、月、日的尺度顺序进行。虽然每改变一次参数就需重新运行一次 SWAT 模型，其工作量较大、耗时较长，但是采用试错调整法无须前期准备工作，该方法简单实用。

通过调试，得到模型产沙敏感参数的取值大致如下：植被覆盖和管理因子（USLE_C）参考相关文献，耕地取 0.12、林地取 0.018、草地取 0.045；水土保持措施因子（USLE_P），耕地取 0.07、林地取 0.04、建设用地取 1.00、草地取 0.06；水文响应单元的坡度（HRU_SLP）和坡长（SLSUBBSN）以及河道侵蚀系数（CHERO）均取模型的默认值。

模型污染模块敏感参数的取值大致如下：氮下渗系数（NPERCO）为 0.2，磷下渗系数（PPERCO）为 10，磷的土壤分离系数（PHOSKD）为 175，20℃时氨氮生物氧化速度常数（d^{-1}）BC1 取 0.1，20℃时有机氮转化为氨氮的速度常数（d^{-1}）BC3 取 0.38，其他关于土地利用初始营养物浓度以及施肥量等管理措施参数采用模型默认值。

运行率定后的 SWAT 模型，输出 2011 年污染负荷模拟值，与 2011 年负荷估算值对比，见表 3-26。由表 3-26 可以看出，泥沙、总氮、总磷年负荷模拟相对误差控制在 25%以内，率定效果良好，令人满意。

表 3-26　2011 年污染负荷率定结果

项目	泥沙（t）	总氮（kg）	总磷（kg）
估算年负荷	793.3	19500	1241.5
模拟年负荷	972.9	15320	1459
相对误差 Re（%）	22.6	−21.4	17.5

同理，在 SWAT 模型中输出 2011 年 5～7 月非点源污染负荷模拟值，其与估算值对比，见表 3-27。由表 3-27 可以看出，泥沙、总氮、总磷典型月负荷模拟相对误差基本控制在 60%以内，率定效果良好。

表 3-27　2011 年典型月污染负荷率定结果

月份	泥沙			总氮			总磷		
	估算负荷（t）	模拟负荷（t）	相对误差 Re（%）	估算负荷（kg）	模拟负荷（kg）	相对误差 Re（%）	估算负荷（kg）	模拟负荷（kg）	相对误差 Re（%）
5	83.4	137.6	65.1	2573.7	2301	−10.6	163.9	188.7	15.2
6	231.5	478.5	106.7	10878.9	4646	−57.3	692.6	751.2	8.5
7	198.8	285.1	43.4	5141.9	2351	−54.3	327.4	373.4	14.1

在 SWAT 模型中输出 2011 年 5 月 16 日、5 月 22 日、6 月 29 日非点源污染负荷模拟值，其与估算值对比，见表 3-28。

表 3-28　2011 年典型日污染负荷率定结果

时间(月/日)	泥沙			总氮			总磷		
	估算负荷（t）	模拟负荷（t）	相对误差 Re（%）	估算负荷（kg）	模拟负荷（kg）	相对误差 Re（%）	估算负荷（kg）	模拟负荷（kg）	相对误差 Re（%）
5/16	15.4	37.43	142.4	1557.4	189.5	−87.8	114.0	43.97	−61.4
5/22	30.1	71.02	136.1	1565.4	421.9	−73.0	148.9	102	−31.5
6/29	85.3	156.7	83.7	6171.6	1998	−67.6	308.0	221.7	−28.0

总体来说，在模型率定期，从年尺度看，SWAT 模型对泥沙、总氮、总磷的模拟相对误差均控制在 25%以内；从月尺度看，除个别月份相对误差超过 100%外，其余月份相对误差基本控制在 60%以内；对于典型日污染负荷的率定，除个别日相对误差超过 130%外，其余日相对误差基本控制在 100%以内。考虑到 2011 年为枯水年，SWAT 模型应用于枯水年份时存在精度普遍低于丰水年的问题，加之常规监测、采样、基础数据、模型内部等产生的误差，认为该模型的参数率定符合要求。

5. 非点源污染负荷验证

利用 2014 年非点源污染负荷估算数据对模型进行验证。输出 2014 年非点源污染负荷模拟值，与 2014 年非点源污染负荷估算值对比，见表 3-29。由表 3-29 可以看出，泥沙、总氮、总磷年负荷相对误差基本控制在 30%以内，验证效果良好，令人满意。

表 3-29　2014 年非点源污染负荷验证结果

项目	泥沙（t）	总氮（kg）	总磷（kg）
估算年负荷	7903	67532	12171
模拟年负荷	8870	85140	11320
相对误差 Re（%）	12.2	26.1	-6.9

同理，在 SWAT 模型中输出 2014 年 5 月、8 月、9 月非点源污染负荷模拟值，其与估算值对比，见表 3-30。由表 3-30 可以看出，泥沙、总氮、总磷典型月负荷相对误差基本控制在 50%以内，验证效果优良。

表 3-30　2014 年典型月非点源污染负荷验证结果

月份	泥沙			总氮			总磷		
	估算负荷（t）	模拟负荷（t）	相对误差 Re（%）	估算负荷（kg）	模拟负荷（kg）	相对误差 Re（%）	估算负荷（kg）	模拟负荷（kg）	相对误差 Re（%）
5	2811.3	3506	24.7	29370	17630	-39.9	5293.3	3758	-29.0
8	897.9	763	-15.0	8599.5	5998	-30.3	1549.5	1009	-34.9
9	483.1	240	-50.5	4019.6	2738	-31.9	724.5	361.6	-50.1

在 SWAT 模型中输出 2014 年 5 月 5 日、5 月 20 日、8 月 20 日、9 月 16 日非点源污染负荷模拟值，与估算值对比，见表 3-31。由表 3-31 可以看出，泥沙、总氮、总磷典型日负荷相对误差除 5 月 20 日泥沙负荷相对误差超过 100%外，其余均控制在 80%以内，验证效果良好。2014 年典型日非点源污染负荷模拟效果明显优于 2011 年，这也证明了 SWAT 模型在丰水年比枯水年拥有更好的模拟效果。

表 3-31　2014 年典型日非点源污染负荷验证结果

时间（月/日）	泥沙			总氮			总磷		
	估算负荷（t）	模拟负荷（t）	相对误差 Re（%）	估算负荷（kg）	模拟负荷（kg）	相对误差 Re（%）	估算负荷（kg）	模拟负荷（kg）	相对误差 Re（%）
5/5	464.6	827.2	78.0	4923.0	3220	-34.6	729.6	838.3	14.9
5/20	233.9	554.5	136.9	3101.7	2259	-27.2	629.9	564.3	-10.4
8/20	921.1	675.1	-26.7	5953.0	4103	-31.1	1185.7	881.2	-25.7
9/16	356.9	204.7	-42.6	3642.2	1378	-62.1	665.1	306.1	-53.9

总体来说，在验证期，SWAT 模型不管是年、月还是日尺度，对流域的非点源污染模拟均取得了良好效果，其中泥沙、总氮、总磷年负荷模拟相对误差基本控制在 30%以内，

月尺度模拟所有指标相对误差基本控制在 50%以内，而日尺度模拟除极个别指标误差超过 100%外，其余相对误差均控制在 80%以内。可以得出，经过校准后的 SWAT 模型对流域内泥沙、总氮、总磷的模拟均达到了不错的效果，能够反映非点源污染负荷的实际变化趋势，该模型可以用于潭江泗合水流域非点源污染状况的描述及预测。

3.5 非点源污染负荷时空分布特征

3.5.1 非点源污染负荷年内分布

利用校准后的 SWAT 模型对潭江泗合水流域 2010～2014 年的泥沙量、总氮和总磷负荷进行模拟，得到泗合水流域 2010～2014 年泥沙、总氮、总磷的输出总量分别为 45575.2t、364288kg、61713.3kg。从年内变化来看，泥沙、总氮和总磷的年内变化与降水量年内变化表现出很强的一致性，各年的月负荷输出分布如图 3-18 所示。

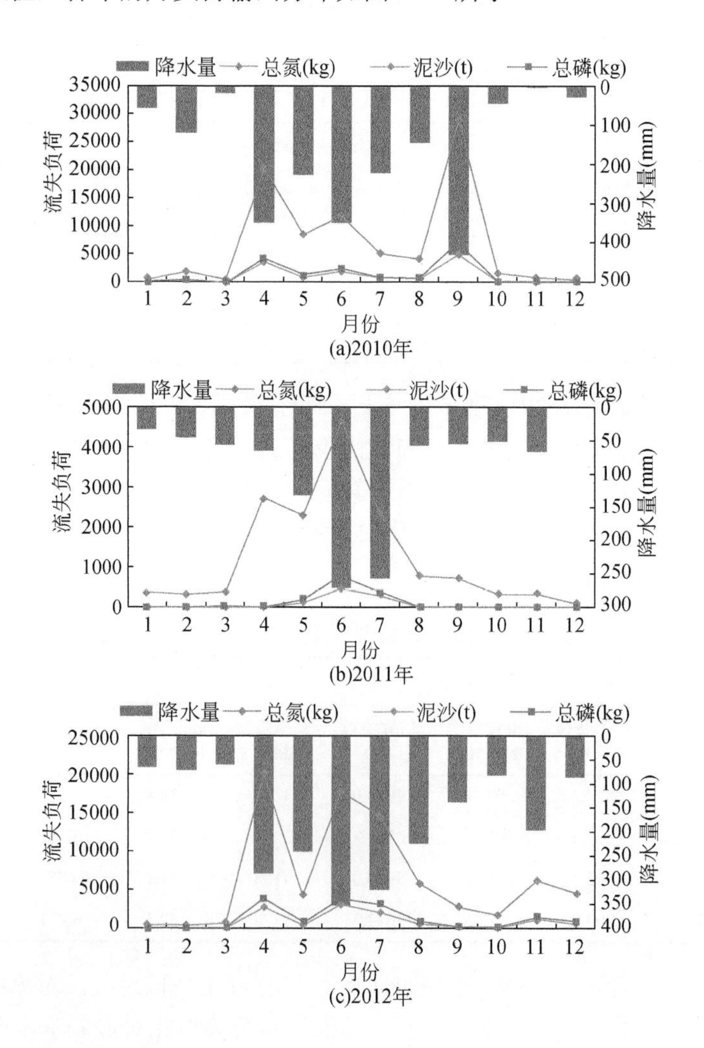

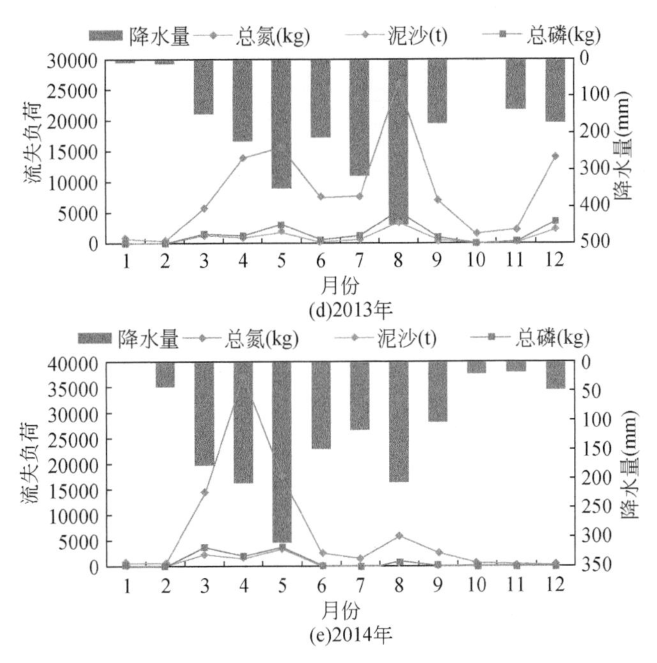

图 3-18　2010～2014 年各年月负荷输出分布图

从图 3-18 中可以看出，非点源污染的负荷输出多集中在雨季 4～9 月，2010～2014 年 4～9 月的污染物输出总量占全年的比例见表 3-32，可以看出，流域汛期集中了全年 80%左右的污染负荷，降雨对流域非点源污染输出具有决定性作用，是污染产生的直接驱动力。

表 3-32　2010～2014 年汛期污染物输出总量占全年比例

项目	泥沙（t）	总氮（kg）	总磷（kg）	降水量（mm）
汛期负荷（4～9 月）	36692.5	302203.3	49353.8	6928
全年负荷	45575.2	364288	61713.3	8783.9
比例（%）	80.8	82.9	79.9	78.8

3.5.2　非点源污染负荷空间分布

在模型输出文件（.rch）中提取每一河段非点源污染输出负荷量，然后根据子流域空间衔接关系及相应面积计算得到每一子流域的单位面积输出负荷，其计算成果如图 3-19～图 3-21 所示。从图 3-19～图 3-21 中可以看出，2010～2014 年五年期间，泗合水流域总泥沙负荷的单位面积输出范围为 0.52～9.57t/hm^2，总氮输出范围为 13.05～65.61kg/hm^2，总磷输出范围为 1.66～10.66kg/hm^2 。

泥沙、总氮和总磷在空间分布上表现出明显的区域性：总体来说，流域中上游单位面积产生污染负荷较少，流域东北部的污染负荷高于上游其他区域，这是由该区村落富集以及耕地比例较大所致；流域下游单位面积污染负荷产量普遍较大，主要是由于研究区下游人口密度较大，人类活动影响显著；总氮、总磷的空间输出特征受到农业活动影响，并且具有一定的相似性，泥沙的输出除与土地利用相关外，还受到地形和坡度的影响。

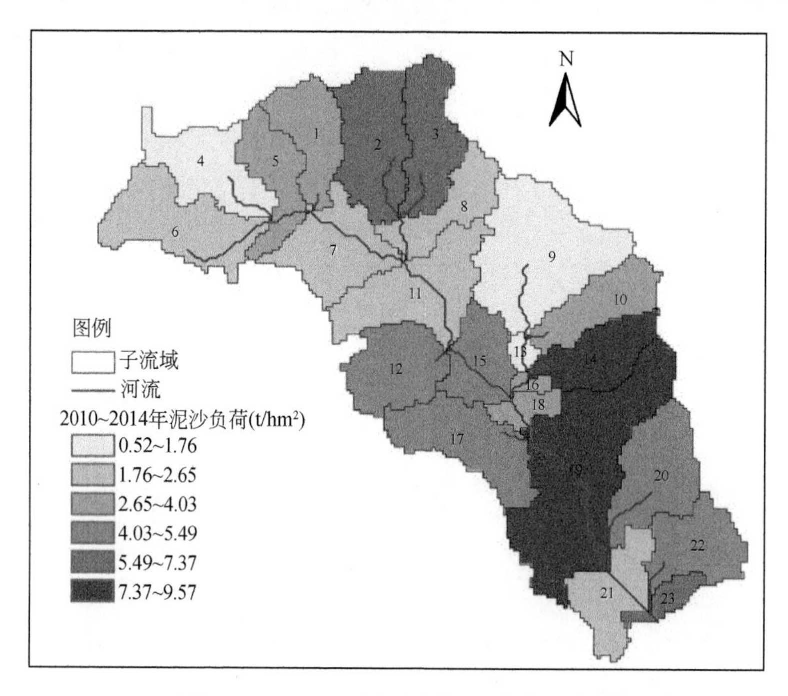

图 3-19 2010～2014 年泥沙负荷空间分布

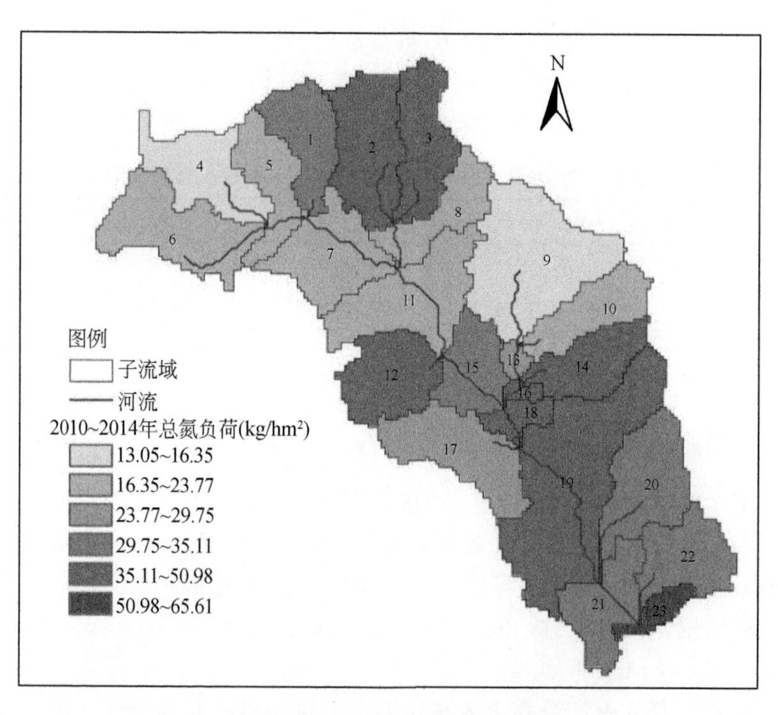

图 3-20 2010～2014 年总氮负荷空间分布

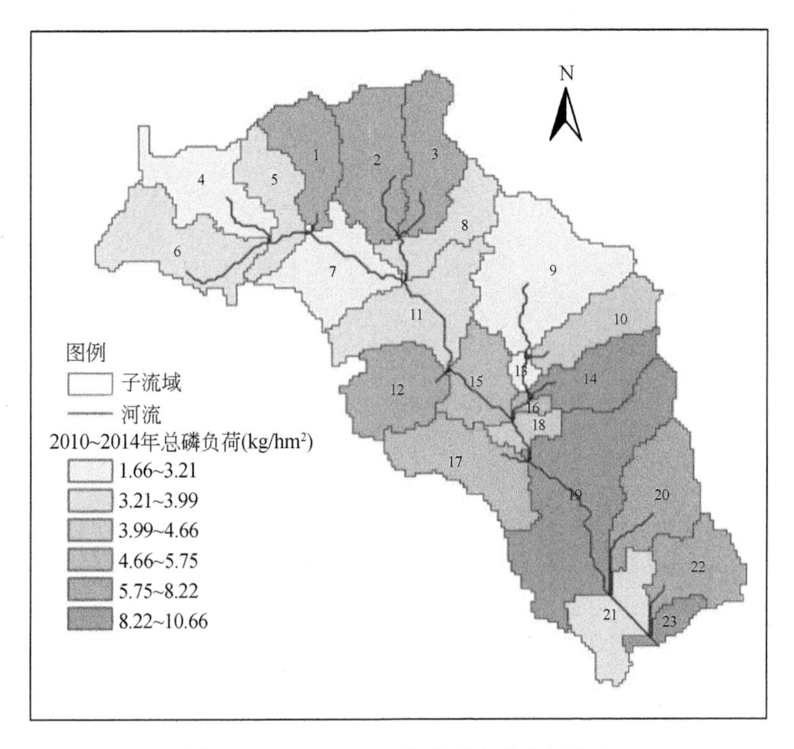

图 3-21　2010～2014 年总磷负荷空间分布

3.5.3　不同土地利用类型对污染输出的影响

在模型输出文件（.hru）中提取每一个 HRU 的输出成果，可得到流域内不同土地类型更加详细的污染物输出数据。SWAT 模型将总氮划分为有机氮和无机氮（硝基氮、亚硝基氮、氨氮）；将总磷划分为有机磷和无机磷，还可模拟溶解磷在流域的流失强度。分析可知，流域内耕地、林地、建设用地、草地的面积之和占流域总面积的 98.98%，整理得到研究区四种土地利用类型的典型污染物负荷流失强度，见表 3-33，直观柱状图如图 3-22 所示。

表 3-33　不同土地利用类型污染物负荷流失强度

土地利用类型	面积（km^2）	泥沙流失强度（kg/hm²）	有机氮流失强度（kg/hm²）	硝基氮流失强度（kg/hm²）	有机磷流失强度（kg/hm²）	无机磷流失强度（kg/hm²）	溶解磷流失强度（kg/hm²）
耕地	40.5	8.23	37.13	26.74	5.26	4.82	0.36
林地	66.71	1.07	5.03	3.48	0.73	0.91	0.43
草地	7.5	8.19	32.43	3.30	4.12	4.46	0.18
建设用地	1.81	1.68	12.24	48.14	2.03	1.15	0.73

由此可以看出，研究区泥沙单位面积流失负荷由高到低依次为：耕地＞草地＞建设用地＞林地，其中耕地和草地的泥沙输出远大于建设用地和林地，建设用地泥沙输出较小，与其他类似研究不一致，主要是由于该区域城市化程度不高，建设用地不透水率较低，所以泥沙流失程度相对较小；从模型中提取有机氮和硝基氮的不同土地类型污染负荷流失强

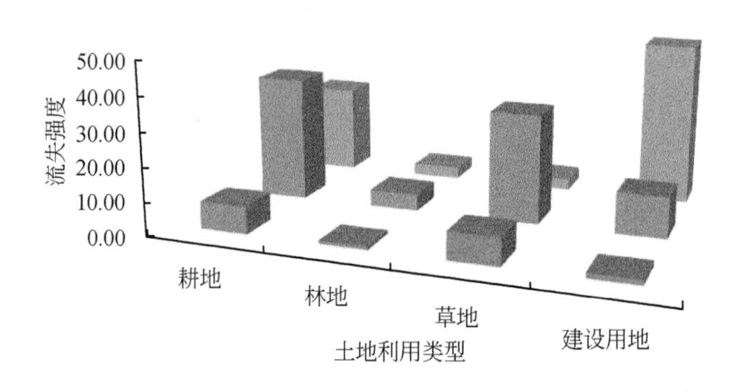

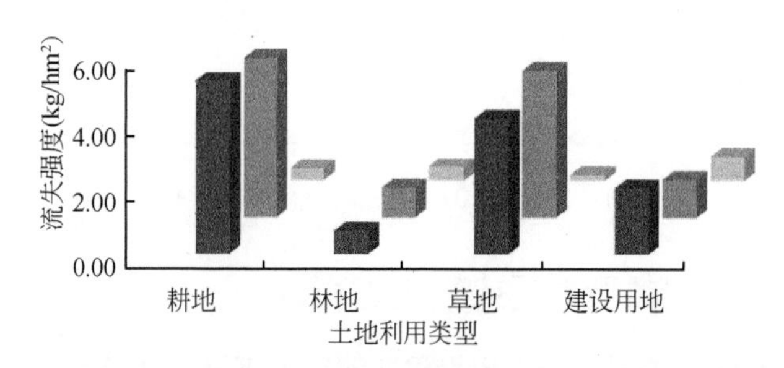

图 3-22　不同土地利用类型污染物负荷流失强度柱状图

度，发现有机氮输出规律与泥沙一致，而硝基氮流失强度则是建设用地＞耕地＞林地＞草地，说明人类生产活动对该流域氮素的影响主要表现在硝基氮负荷的增加；从磷素方面分析，有机磷和无机磷的输出与泥沙类似，均表现为耕地＞草地＞建设用地＞林地，而溶解磷的特征却表现为建设用地、林地、耕地的流失强度略大于草地，分析原因可能是溶解磷流失强度普遍偏低，加之其流失方式受植被覆盖及自身溶解性等环境影响比较大，所以四种土地类型呈现出的流失强度差别不大。

3.6　农业非点源污染管理措施分析

针对农业非点源污染的防治、管理与控制问题，国内外学者一般采用综合措施进行研究，目前最具有代表性的是美国学者提出的最佳管理措施（best management practices，BMPs），即采用非工程措施（管理措施）与工程措施相结合的办法进行控制体系研究，其重点在于控制污染的“源头”，具有符合生态保护要求、投资少、工艺简单等优点。

对于最佳管理措施研究，目前最常用的是情景分析法，即通过模型进行不同情景条件的设置，寻求流域的最佳管理措施。目前，常用的工程措施主要包括人工湿地、植被、缓冲区等，管理措施主要包括养分管理、耕作管理和景观管理。

本书的研究主要从耕作管理和养分（施肥）管理两个角度对泗合水流域农业非点源污染进行情景模拟。

3.6.1　耕作措施对污染控制的影响

根据研究区非点源污染空间分布特征以及不同土地利用类型对污染的贡献率可以看出，耕地对流域泥沙、总氮和总磷负荷的产出均占据主导地位，研究区内耕地面积 40.5km^2、林地面积 66.7km^2、草地面积 7.5km^2，因此其具备足够的管理空间在流域内采取退耕还林或者退耕还草措施，以此改良土壤、改善水土流失、控制有机污染。

控制模型基本参数不变，通过对目标土地类型进行情景替换来模拟退耕还林以及退耕还草两种情景，评估其在农业非点源污染控制方面达到的效果，得到 2010～2014 年各年在改变耕作措施后的污染削减率，结果见表 3-34～表 3-38。

表 3-34　耕作措施改变对 2010 年污染输出的影响

项目	初始情景	退耕还林	削减率（%）	退耕还草	削减率（%）
泥沙负荷	12430t	6926t	44.3	9328t	24.9
总氮负荷	83020kg	44860kg	45.9	54060kg	34.9
总磷负荷	16150kg	9461kg	41.4	11890kg	26.4
流量	4.12m^3	3.98m^3	3.4	3.98m^3	3.4

表 3-35　耕作措施改变对 2011 年污染输出的影响

项目	初始情景	退耕还林	削减率（%）	退耕还草	削减率（%）
泥沙负荷	972.9t	491.9t	49.4	654.1t	32.8
总氮负荷	15320kg	9387kg	38.7	10110kg	34.0
总磷负荷	1459kg	873.4kg	40.1	1057kg	27.6
流量	1.38m^3	1.33m^3	3.5	1.33m^3	3.9

表 3-36　耕作措施改变对 2012 年污染输出的影响

项目	初始情景	退耕还林	削减率（%）	退耕还草	削减率（%）
泥沙负荷	11210t	6468t	42.3	8609t	23.2
总氮负荷	78760kg	44340kg	43.7	52370kg	33.5
总磷负荷	15290kg	9018kg	41.0	11110kg	27.3
流量	3.49m^3	3.37m^3	3.6	3.37m^3	3.4

表 3-37　耕作措施改变对 2013 年污染输出的影响

项目	初始情景	退耕还林	削减率（%）	退耕还草	削减率（%）
泥沙负荷	12100t	7940t	34.4	10880t	10.1
总氮负荷	102100kg	57130kg	44.0	67870kg	33.5
总磷负荷	17500kg	11340kg	35.2	14100kg	19.4
流量	4.87m^3	4.73m^3	2.9	4.73m^3	2.8

表 3-38　耕作措施改变对 2014 年污染输出的影响

项目	初始情景	退耕还林	削减率（%）	退耕还草	削减率（%）
泥沙负荷	8870t	7420t	16.3	10340t	-16.6
总氮负荷	85140kg	40530kg	52.4	49690kg	41.6
总磷负荷	11320kg	8958kg	20.9	11340kg	-0.18
流量	2.68m^3	2.60m^3	2.8	2.60m^3	3.1

可以看出，在流域内施行退耕还林及退耕还草措施均能有效控制非点源污染输出负荷，其是一种切实可行而且高效的流域管理措施。总体来说，2010～2014 年，退耕还林或退耕还草措施能使流域径流量平均每年减少 3.2%，而当流域施行退耕还林措施时，平均每年可减少泥沙输出 35.8%、减少总氮输出 46.1%、减少总磷输出 35.8%；施行退耕还草措施时，平均每年可减少泥沙输出 12.7%、减少总氮输出 35.7%、减少总磷输出 19.8%。

尽管情景分析中采取的管理措施一致，但 2010～2014 年各年份的污染削减率却不尽相同，甚至在 2014 年还会出现少数指标上升的情况，这充分说明流域非点源污染的产生、迁移、转化受到复杂因素的影响，降雨强度、前期雨量、降雨分布、土地利用类型等在流域内的空间分布都会对非点源污染输出造成不确定性影响。

3.6.2　施肥措施对污染控制的影响

耕地之所以拥有较高的污染流失率，主要是因为化肥的施用产生了大量的氮、磷化合物，因此减少化肥施肥量是削减农业非点源污染的重要途径之一。影响耕地化肥流失的因素包括：施用时间、施用量、施用方式等。从化肥施用量的角度看，泗合水流域主要施用氮素肥和磷素肥，现通过在施肥文件（.fert）中削减其用量来设置不同情景：氮肥施用量减少 50%、磷肥施用量减少 50%。

用率定好的 SWAT 模型对上述两种情景进行模拟，得到 2010～2014 年各年污染控制情况下的计算结果，见表 3-39～表 3-43。

表 3-39　施肥措施对 2010 年污染输出的影响

项目	初始情景	氮肥减少 50%	削减率（%）	磷肥减少 50%	削减率（%）
泥沙负荷	12430t	12400t	0.24	12420t	0.08
总氮负荷	83020kg	74810kg	9.9	81400kg	1.9
总磷负荷	16150kg	16150kg	0	14900kg	7.7
流量	4.12m^3	4.12m^3	0	4.12m^3	0

表 3-40　施肥措施对 2011 年污染输出的影响

项目	初始情景	氮肥减少 50%	削减率（%）	磷肥减少 50%	削减率（%）
泥沙负荷	972.9t	972.9t	0	972.8t	0.01
总氮负荷	15320kg	13000kg	15.1	15300kg	0.13
总磷负荷	1459kg	1461kg	-0.14	1382kg	5.3
流量	1.37m^3	1.379m^3	0	1.38m^3	0

表 3-41　施肥措施对 2012 年污染输出的影响

项目	初始情景	氮肥减少 50%	削减率（%）	磷肥减少 50%	削减率（%）
泥沙负荷	11210t	11190t	0.18	11200t	0.09
总氮负荷	78760kg	68920kg	12.5	78740kg	0.03
总磷负荷	15290kg	15290kg	0	13970kg	8.6
流量	3.49m^3	3.49m^3	0	3.49m^3	0

表 3-42　施肥措施对 2013 年污染输出的影响

项目	初始情景	氮肥减少 50%	削减率（%）	磷肥减少 50%	削减率（%）
泥沙负荷	12100t	12080t	0.17	12080t	0.17
总氮负荷	102100kg	87320kg	14.5	102000kg	0.09
总磷负荷	17500kg	17510kg	−0.06	15640kg	10.6
流量	4.87m^3	4.87m^3	0	4.87m^3	0

表 3-43　施肥措施对 2014 年污染输出的影响

项目	初始情景	氮肥减少 50%	削减率（%）	磷肥减少 50%	削减率（%）
泥沙负荷	8870t	8864t	0.07	8858t	0.14
总氮负荷	85140kg	54320kg	36.2	84980kg	0.19
总磷负荷	11320kg	11320kg	0	10290kg	9.1
流量	2.68m^3	2.68m^3	0	2.68m^3	0

分析可以看出，对于耕地类型所占比例较大的研究区域，削减施肥量能达到较为明显的污染控制效果。通常情况下，氮肥的减少不会对磷负荷产生明显影响，而磷肥的减少也不会对氮负荷产生明显影响，施肥量减少对流域产沙量影响较小，同样也基本不会影响到流域的径流量；2010～2014 年，当氮肥施用量减少 50%时，平均每年可减少总氮负荷 18.1%；当磷肥施用量减少 50%时，平均每年可以减少总磷负荷 8.9%。

尽管每年耕地的种植、施肥、灌溉等农业活动都是一致的，但 2010～2014 年各年份污染削减百分比却不尽相同，这充分说明影响化肥在流域中迁移、转化的因素也是多样且复杂的。温度、降水量大小、降水量月内分布以及氮磷化合物本身形态的多样性都会对化肥施用造成的污染负荷产生影响。

3.7　小　　结

本章以南方典型小流域泗合水流域为研究区域，以 RS 和 GIS 为支撑，将室内实验、野外监测和数值模型等多种研究手段相结合，集合环境、水文、地理等多学科交叉研究的优势，构建研究区域非点源污染基础数据库和 SWAT 模型，完成了对非点源污染形成机理、迁移转化特征、时空规律以及污染负荷定量化、控制等问题的研究，为泗合水流域生态环境治理提供一定理论依据，得到的主要结论如下。

（1）通过对 2014 年 5 月两场降雨事件的水质监测结果进行分析可知，降雨事件中前期影响雨量越小、平均雨强越大，径流污染物平均输出浓度越大；各污染物通量变化趋势与流量变化趋势大体相同，两者相关性显著；各污染物的输出浓度与TSS输出浓度无明显的相关性，表明TSS对其他污染物输出浓度的贡献相对较小。

（2）BOD_5、总磷和总氮表现出明显的初期冲刷效应，总磷浓度值在流量峰值处出现凹点；TSS输出过程主要受径流量主导；氨氮浓度在径流前半段表现出初期冲刷效应，后半段与流量呈负相关关系；COD_{Mn}浓度呈波浪锯齿状变化，其规律在各次降雨中很难表现出一致性，后期浓度变化会受到壤中流主导退水过程的影响。

（3）SWAT模型月径流NS值在率定期和验证期分别为0.83和0.92；基于平均浓度法估算得到流域出口非点源污染负荷，从年、月、日三种尺度对SWAT模型水质模块进行参数校准，得到模型在率定期的非点源污染年、月、日负荷误差分别控制在30%、60%、100%以内，验证期的年、月、日污染负荷误差分别控制在30%、50%、80%以内，说明SWAT模型在研究区域具有较高的适用性。

（4）流域汛期集中了全年80%左右的污染负荷，污染物与降水量年内变化表现出很强的一致性，降雨对流域非点源污染输出具有决定性作用；流域泥沙、总氮、总磷输出表现出明显的区域性，流域下游受人口密度影响污染负荷较大；总氮和总磷的输出具有一定相似性，泥沙的输出除与土地利用类型相关外，还受地形和坡度的影响。

（5）不同土地利用类型单位面积的泥沙、有机磷、有机氮流失负荷由高到低依次为耕地＞草地＞建设用地＞林地，硝基氮的流失强度则是建设用地＞耕地＞林地＞草地，溶解磷的特征表现为建设用地、林地、耕地的流失强度略大于草地。

（6）在流域内施行退耕还林措施时，平均每年可减少泥沙输出35.8%、减少总氮输出46.1%、减少总磷输出35.8%；施行退耕还草措施时，平均每年可减少泥沙输出12.7%、减少总氮输出35.7%、减少总磷输出19.8%；减少流域50%的氮肥施用量时，总氮负荷将减少18.1%；减少50%的磷肥施用量时，总磷负荷将降低8.9%。

第 4 章　江门市四堡水库健康评估及非点源污染控制措施

4.1　水 库 概 况

4.1.1　地理位置

四堡水库位于广东省江门鹤山市龙口镇，沙坪河龙口支流上游，属西江水系，地处 112°46′ E～112°52′ E，22°40′ N～22°46′ N，是一座以防洪灌溉为主的中型水库。水库距鹤山市沙坪城区约 13km，距龙口镇政府所在地约 7km，其东北与西江相望，南邻鹤城镇，西接佛山市高明区，北邻古劳镇，是目前鹤山市最大的水库，其位置如图 4-1 所示。水库南北走向呈“7”形，因库区在原德安、德良、迳心、狗头 4 个堡之间，故名四堡，其于 1962 年建成。水库总库容 3333 万 m^3，集水面积 27.3km^2，设计灌溉面积为 3.15 万亩[①]，现实际灌溉面积 2.55 万亩。所在龙口河的发源地大多来自附近五福、群丰两村的山坑水。

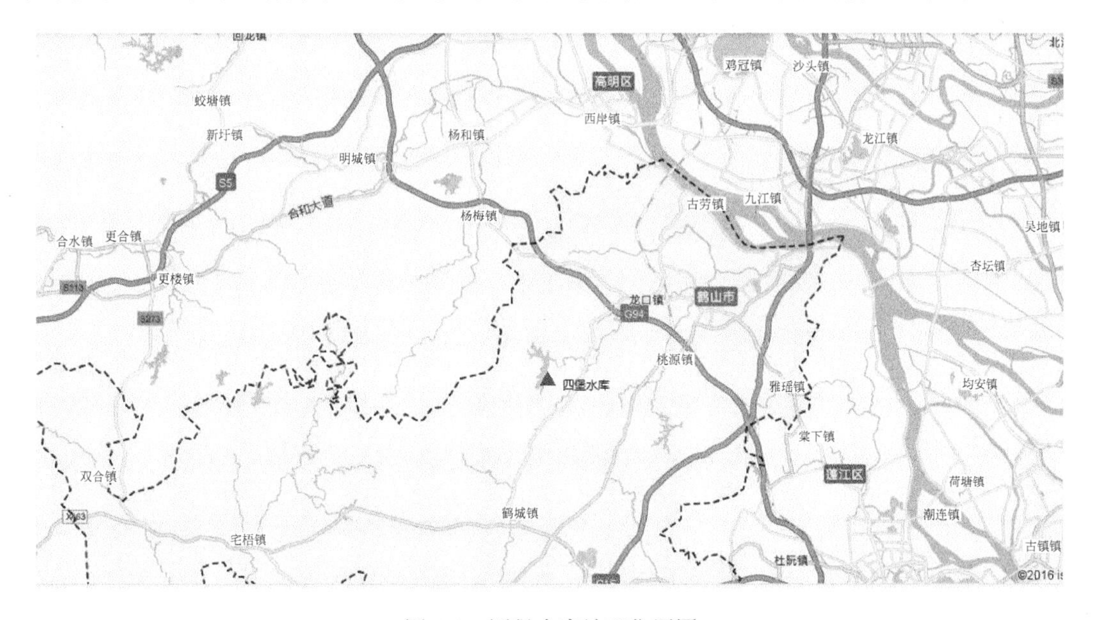

图 4-1　四堡水库地理位置图

① 1 亩≈666.7m^2。

4.1.2 地形地貌

四堡水库流域所在的鹤山市显露地层有寒武系八村群、泥盆系、侏罗系、白垩系、古近系、第四系等，其中以八村群分布最广。侵入岩分布广泛，多呈岩基产出，其属酸性花岗岩。地质构造属华南褶皱系粤中拗陷，断裂有恩平-新丰深断裂带、西江大断裂，其中恩平-新丰深断裂带在市内自南向北纵贯全境，为境内最重要的区域性断裂。地质基础刚性较差，褶皱、断裂密集，地壳升降幅度较小，加上气候湿热，侵蚀、剥蚀强烈，最终形成了山岭不高、平原不广、以低山丘陵为主的地貌格局，斜坡十分发育，多为15°～25°的斜坡，其为崩塌、滑坡等地质灾害的发生提供了有利的地形条件。

流域内高程为32～765m，地势自西略向东倾斜，东部低平，多以山峰、丘陵分布为主，山峰绵亘，丘陵起伏，土壤类型主要有红壤、赤红壤、棕红壤等。流域内植被良好，植被覆盖率在80%以上。

4.1.3 水文气象条件

四堡水库流域地处北回归线以南，位于广东省南部珠江三角洲腹地，属华南亚热带季风气候，冬无严寒，夏无酷暑，全年温和湿润，境内具有海洋气候特征，温、光、热、雨量充足，四季宜种。年平均降水量1700mm左右，降雨年内分配不均匀，汛期基本上在4～9月，雨量占全年的80%左右，夏秋多台风暴雨，降水强度大，雨势猛。无霜期为354d，冬春有冷空气侵袭和偶有奇寒，无霜期长，四季常青。

四堡水库流域内多年平均气温22.6℃，夏季受热带海洋风增强的影响，受副热高压带控制，较为闷热。年平均日照1789h，年日照率达40.1%的日照时数，使得太阳辐射热量大，年平均辐射量 104.08kcal/cm①。常年主导风向偏北风，次主导风向偏南风，多年平均风速为2m/s左右。

4.1.4 土地利用状况

四堡水库流域内大部分为丘陵山区，林地覆盖率达80%以上，生态敏感性较强，系统稳定性较差，对外来干扰抵抗力弱，生态恢复难，同时该区具有比较重要的自然生态服务功能和社会生态服务功能，它们在维持敏感区的良好功能及气候环境等方面起到重要作用，与整体生态维护密切相关。四堡水库流域常住居民很少，并且得到保护区管理部门的保护。四堡水库流域范围内林地面积为33019亩，其中原有商品林25103亩、生态林7916亩，商品林以桉树为主，生态林以杂树为主。植物群落多样性丰富，有马尾松群落、湿地松群落、尾叶桉群落、马尾松-桃金娘-芒萁群落、大叶相思＋马尾松群落、芦苇群落、簕竹林群落等。四堡水库已列为鹤山市重点备用水源地，为保护水库水资源，鹤山市已发布相关方案，将商品林逐步调整为生态公益林。

据统计，流域内土地利用类型可划分为耕地、有林地、草地、灌木林、建设用地、水域等，根据研究区域的土地利用类型图（图4-2），耕地、有林地、草地、灌木林、建设用

① 1kcal=4.19kJ

地及水域占总面积的比例分别为 2.95%、88.65%、0.21%、1.44%、0.17%和 6.58%。

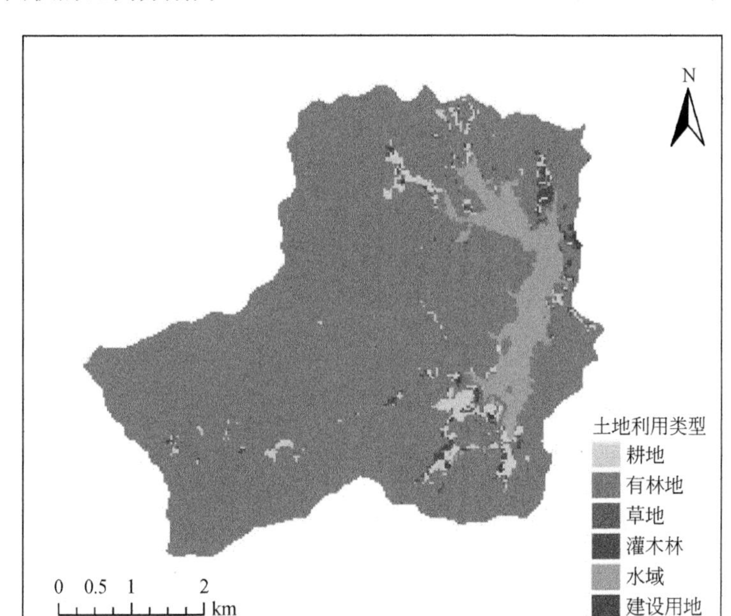

图 4-2　四堡水库土地利用类型

4.1.5　水利工程

四堡水库工程始建于 1958 年 10 月，1962 年 12 月基本建成并投入使用。鹤山市沙坪河上游多为丘陵地，梯田遍布，抗旱能力差，因缺乏灌溉设备，常造成减产或者失收；而沙坪河两岸的耕地，每逢冬季沙坪河枯水期，冬耕春种需水灌溉时却不能从河里引水上田，给农业生产带来很大的损失。1954 年和 1955 年的连续干旱令损失更加严重。中华人民共和国成立后，各级政府就一直希望在鹤山市龙口镇建立一座中型水库，以解决防洪灌溉问题，因而四堡水库应运而生。当时水库没有设置正常的溢洪道，水工建筑物包括均质土坝一座，输水涵管和坝后电站各一座。四堡水库设计洪水标准为 50 年一遇，校核洪水标准为 1000 年一遇。现状正常蓄水位 69.8m，对应库容 2570 万 m^3；死水位 46.62m，死库容 40 万 m^3；设计洪水位（2%）72.02m，对应库容 3079 万 m^3；校核洪水位（0.1%）72.96m，对应水库总库容 3333 万 m^3，最大库容 3670 万 m^3。四堡水库是一座以灌溉、防洪为主，结合发电、养殖等综合利用的中型水库，是沙坪河流域防洪体系“上蓄、中防、下排、外挡”中上蓄的骨干工程之一。

2000 年 11 月，广东省水利厅批复该水库加固达标工程可行性研究报告，2002 年，四堡水库加固达标工程被列入广东省重点水利基本建设项目，副坝和溢洪堤的建设成为加固达标工程的主要内容。2002 年 10 月四堡水库加固达标工程开工建设，增设溢洪道及副坝等工程设施，2004 年 12 月完工。其装设有一座发电站，年发电量约 110 万 kW・h，输入国家电网。目前，已建成通往库区的水泥公路，交通方便。四堡水库具体特征参数见表 4-1。

表 4-1　四堡水库特征参数

参数	数值	参数	数值
集水面积（km^2）	27.3	死水位（m）	46.62
总库容（10^4m^2）	3333	正常水位（m）	69.8
设计洪水标准 p（%）	2	坝（座）	2
校核洪水标准 p（%）	0.1	输水涵管（座）	1
设计库容（10^4m^3）	3079	坝后电站（座）	1
正常库容（10^4m^3）	2570	设计灌溉面积（万亩）	3.15
校核水位（m）	72.96	实际灌溉面积（万亩）	2.55
设计水位（m）	72.02		

4.1.6　社会经济情况

四堡水库流域位于龙口镇，邻近省道 S270 和珠三角环线高速 G94，毗邻广佛，靠近港澳，交通便利，景色优美。经调查，流域内主要有鹤仔尾村、粗石坑村、贤洞山庄、榄树士排村、大坪村、田心村、欢乐谷山庄、黄屋村等村落，常住人口有 614 人，平均人口密度较小，耕地有 360 亩。龙口镇农业为传统的种植业，农作物有水稻、花生、甘蔗等，盛产荔枝、龙眼等，2010 年以来大力生产花卉苗木，扩大花卉基地规模，推广龙船花种植。水库流域上游以种植生态林和商品林为主，正大力推进生态林改造工程，封山育林，建设生物防火林带。

4.1.7　水库水质目标

四堡水库是附近村镇的供水水源地，建成的四堡水厂生产能力为 4 万 t/d，其在突发情况下给城镇提供应急水。鹤山市将四堡水库列入控制性保护利用区；《鹤山市城乡总体规划（2007—2020）》将鹤山市划分为三大板块，其中四堡水库是北部板块的重要备用水源。2011 年《广东省地表水环境功能区划》对四堡水库水质目标进行了划定。其中，四堡水库水环境功能划定为渔业农业发电，水质目标为地表水 II 类。

4.2　四堡水库水质综合评价

4.2.1　概述

随着经济的飞速发展和人类生产活动规模的不断扩大，河湖水库饮用水水源地的水质污染和水体富营养化问题日趋严重，为有效控制水污染，需对河湖水库水质状况进行综合评价。20 世纪以来各种水质评价方法不断出现和发展完善，主要包括单因子评价法、BP 神经网络法、多元统计分析方法、模糊综合评价法、内梅罗污染指数法和水质指数法等（Kunwar et al.，2009；初海波等，2011；Koklu et al.，2010；张旋等，2010；王倩和邹志红，2014；Tabata et al.，2015；何晓丽等，2016；韩术鑫等，2017；刘玲花等，2016；吴易雯等，2017）。其中，初海波等（2011）以东辽河为例，比较 BP 神经网络法、Hopfield 神经网络法、模糊综合评价法、内梅罗污染指数法 4 种方法的水质评价结果；李清芳等（2016）利用多元统计分析方法，研究 3 个典型水源地水库的水质情况；高红杰等（2017）运用内梅罗污染指数法、均值法、水质指数法对城市地表水质进行综合评价，发现内梅罗污染指数法更适用于部分典型城市地表水质评价；杨永宇等（2017）对比灰色关联法和 BP 神经网络法两种方法，从不同层次分析黑河流域水质优劣，发现 BP 神经网络法的结果更加合理。上述各种方法都有其自身的特点和局限性，单因子评价法清晰易懂，可以直观地反映水质指标与对应标准值之间的关系，以所选水质指标中评价最差的某项指标类别作为水质类别；BP 神经网络法呈现较高的自适应性、自组织性和一定的容错性，使评价结果与实际情况较为相符；主成分分析法具有降维、简化变量的特点，可筛选出主要污染物指标；指数法则可以分析湖泊水库等水体的富营养化状况。本书的研究以江门市四堡水库为研究对象，在充分分析典型水质指标时空变化规律的基础上，采用单因子评价法、BP 神经网络法、主成分分析法和指数法等，从多维角度对水库水质和富营养化状况进行综合评价，为四堡水库水资源保护、水污染防控及生态良好发展提供支撑。

4.2.2　样品采集与测定

为开展研究，在四堡水库布设监测断面 13 处（图 4-3）。其中，W_1、W_7 靠近水库大坝，W_2～W_6 位于水库北部，W_8～W_{10} 位于水库中部，W_{11}～W_{13} 位于水库南尾部，以上监测断

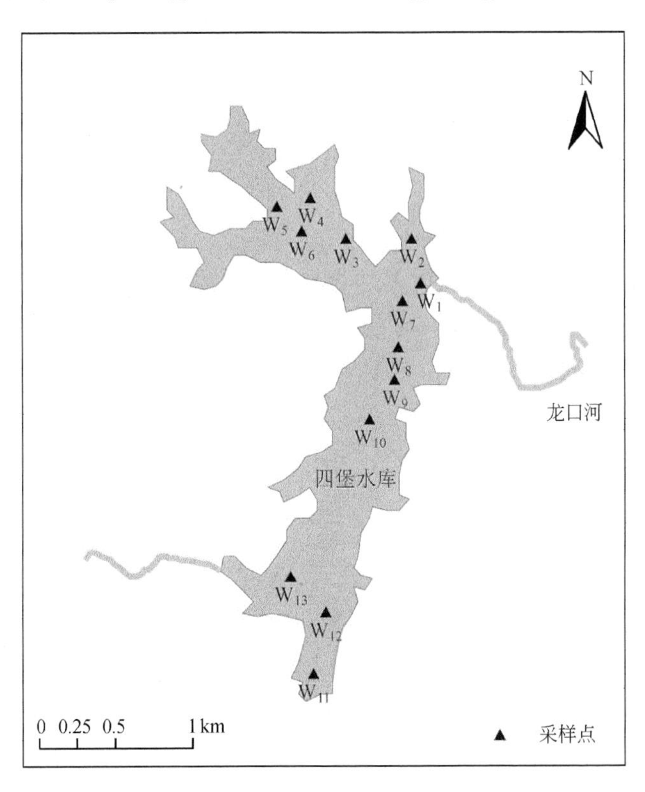

图 4-3　四堡水库水质采样点分布

面大体占据了四堡水库的整个范围，具有良好的代表性。于 2018 年 6～12 月组织了 7 次水质样本采集和检测工作，检测指标主要有水温、pH、透明度、溶解氧（DO）、五日生化需氧量（BOD_5）、化学需氧量（COD_{Cr}）、高锰酸盐指数（COD_{Mn}）、总磷（TP）、总氮（TN）、氨氮（NH_3-N）和叶绿素 a 等。

样品采集按照《水和废水监测分析方法》（第四版增补版）进行。各项指标测定方法、使用仪器见表 4-2。

表 4-2 指标测定表

指标	测定方法	使用仪器
水温	《水质水温的测定温度计或颠倒温度计测定法》（GB/T 13195—1991）	玻璃温度计
pH	《水质 pH 值的测定玻璃电极法》（GB/T 6920—1986）	pH 计
透明度	《水和废水监测分析方法》（第四版增补版）	透明度计
DO	《水质溶解氧的测定电化学探头法》（HJ 506—2009）	溶解氧测定仪
BOD_5	《水质五日生化需氧量的测定稀释与接种法》（HJ 505—2009）	生化培养箱
COD_{Cr}	《水质化学需氧量的测定重铬酸盐法》（HJ 828—2017）	滴定管
COD_{Mn}	《水质高锰酸盐指数的测定》（GB/T 11892—1989）	滴定管
TP	《水质总磷的测定钼酸铵分光光度法》（GB/T 11893—1989）	紫外可见分光光度计
TN	《水质总氮的测定碱性过硫酸钾紫外分光光度法》（HJ 636—2012）	紫外可见分光光度计
NH_3-N	《水质氨氮的测定纳氏试剂分光光度法》（HJ 535—2009）	紫外可见分光光度计
叶绿素 a	《水质叶绿素 a 的测定分光光度法》（HJ 897—2017）	可见分光光度计

4.2.3 评价方法

根据不同水质评价方法的特点和要求，选择 DO、BOD_5、COD_{Cr}、COD_{Mn}、TP、TN 和 NH_3-N 共 7 项评价指标，采用单因子评价法、BP 神经网络法和主成分分析法等，从多维角度对四堡水库水质状况进行评价和分析，选择透明度、TP、TN、NH_3-N 和叶绿素 a 共 5 项指标，采用指数法对四堡水库富营养化状况进行评价和讨论，具体方法简介如下。

1）单因子评价法

单因子评价法简单常见，是指对照各项水质指标的实测浓度与标准值，以评价最差的一项水质指标级别判定水质属于哪一级别。

2）BP 神经网络法

BP 神经网络包括输入层、输出层和隐含层，以误差反向算法训练网络模型。在水质评价方面，通过设计一个 BP 神经网络，训练设定的数据样本［参考《地表水环境质量标准》（GB 3838—2002）所选项目的标准限值］，得出与选定样本预期输出相符合的计算结果，再将实测数据输入训练好的 BP 神经网络，根据输出值进行水库水质评价。

3）主成分分析法

主成分分析利用降维，将多指标通过线性转换为少量主要指标（主成分）来解释原始数据信息。其原理是先将所选的 p 个指标分别设为 $X_1, X_2, X_3, \cdots, X_p$，这 p 个指标构成的矩阵设为 X，标准化得到 ZX，通过线性变换得到新的变量 F，之后通过综合评价函数对水质情况进行定量化描述，其计算公式为

$$F = \frac{\lambda_1}{\lambda} F_1 + \frac{\lambda_2}{\lambda} F_2 + \cdots + \frac{\lambda_n}{\lambda} F_m \tag{4-1}$$

式中，F 为主成分综合得分；λ_i 为特征值；λ 为特征值之和。F 得分越大说明水质状况越差，得分越小则说明水质状况越好。

4）指数法

指数法常用来衡量水库营养状态，水库水质状况除了进行常规的地表水水质评价外，还需采用水库营养状态指数来衡量其营养状况，其一般利用指数法计算，具体公式如下：

$$\mathrm{EI} = \sum_{n=1}^{N} E_n / N \tag{4-2}$$

式中，EI 为营养状态指数；E_n 为所选指标赋分值；N 为指标个数。

各评价指标赋分值计算标准参考《地表水资源质量评价技术规程》（SL 395—2007），具体步骤为先将每个指标浓度数值线性转换为赋分值，再利用式（4-2）计算 EI，确定营养状态分级，见表 4-3。

表 4-3　营养状态分级

营养状态指数	0≤EI≤20	20＜EI≤50	50＜EI≤60	60＜EI≤80	80＜EI≤100
分级	贫营养	中营养	轻度富营养	中度富营养	重度富营养

4.2.4　结果与分析

1. 水质因子时空变化规律

2018 年 6～12 月对四堡水库进行了 7 次水样采集和检测工作，部分检测结果如图 4-4 所示。

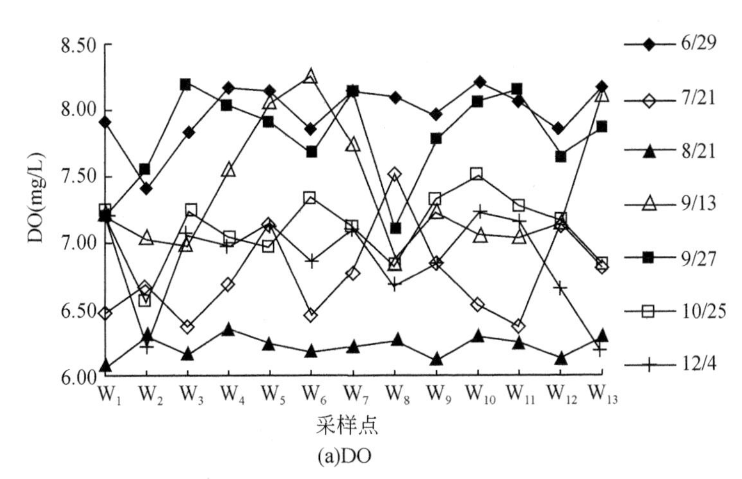

(a)DO

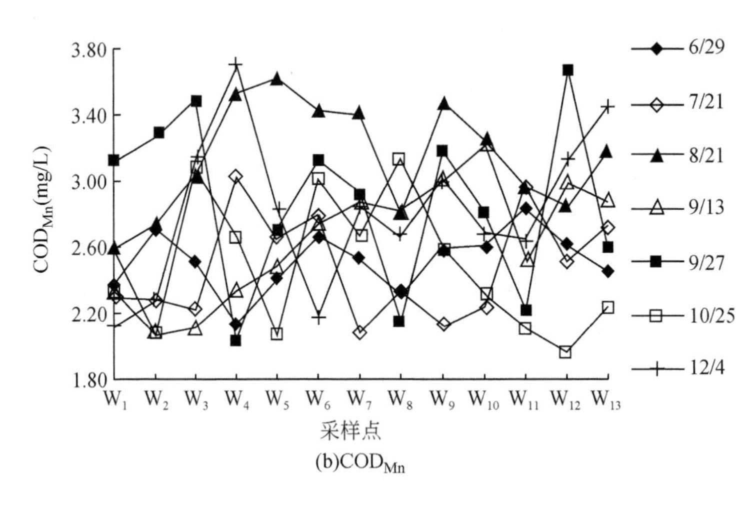

(b)COD_{Mn}

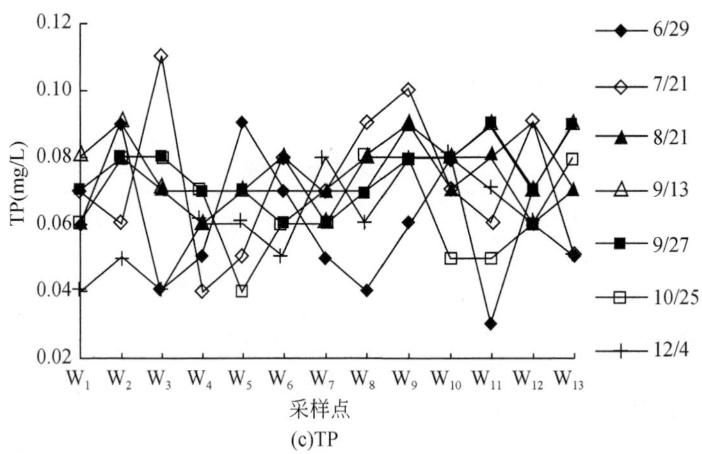

(c)TP

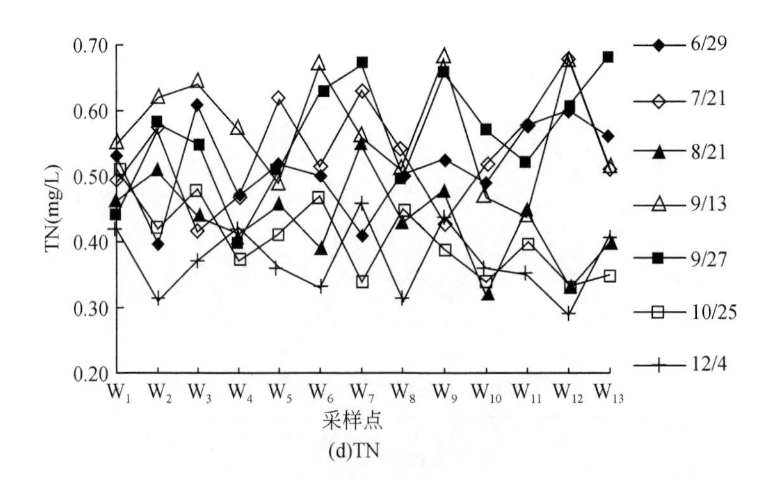

(d)TN

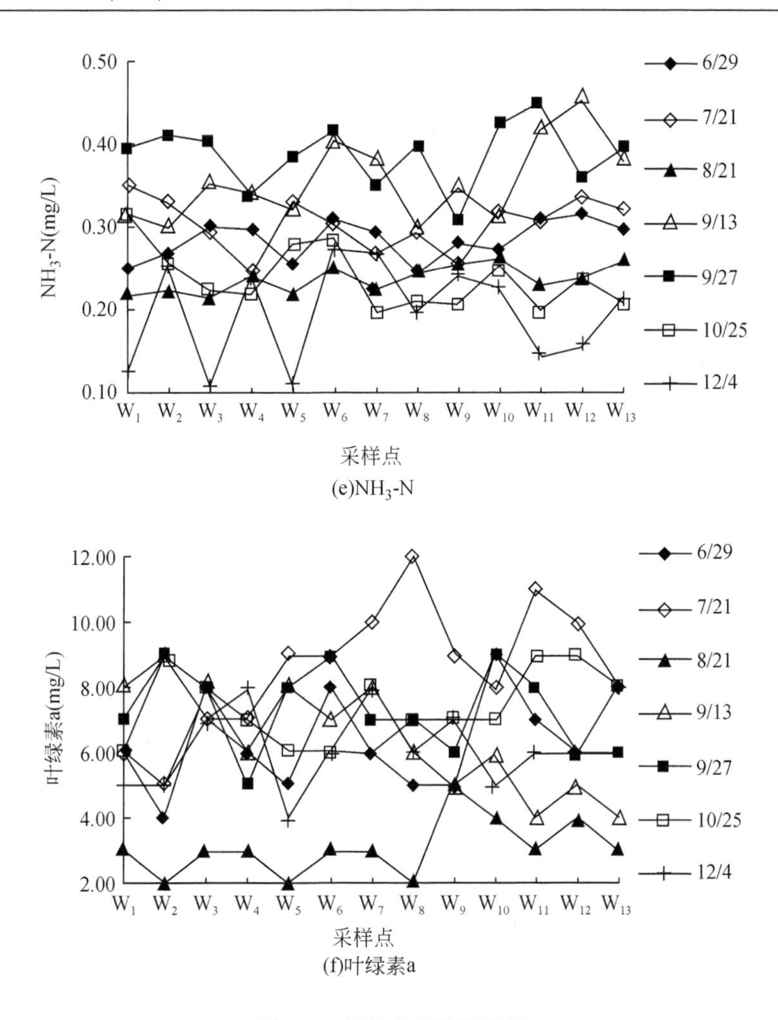

(e)NH_3-N

(f)叶绿素a

图 4-4　部分水质检测结果

从图 4-4 可知，DO 浓度在 6～9 月先降后升，到 8 月浓度最低，在 10～12 月 DO 浓度又开始减少。8 月温度较高，同时降雨较多，导致地表径流挟带营养盐进入水体，增大微生物耗氧量，另外底层有机质分解耗氧等，多种因素使得 DO 浓度下降；而冬季温度降低，浮游植物减少，光合作用减弱，水体 DO 浓度相对较低。COD_{Mn} 浓度在 6～7 月略微减少，到 8 月明显增加，之后又减少，变化规律较为复杂，浓度在 1.97～3.69mg/L 浮动。

TP 浓度整体均较高，6 月有 8 处断面 TP 浓度大于 0.05mg/L，到 7 月增加到 10 处，而 8～9 月浓度全处于 0.06～0.09mg/L，10 月有 3 处 TP 浓度降到 0.05mg/L 以下，12 月则有 5 处，从汛期到非汛期 TP 浓度变化较大，TP 浓度较高的有 W_9、W_{10}、W_{12} 等处。TN 浓度有增有减，在 0.29～0.68mg/L 浮动，最高值出现在 9 月，之后开始减少，在 12 月达到最低，TN 浓度较高的有 W_6、W_7、W_9、W_{12}、W_{13} 等处。N、P 元素明显超过国内外一致认可的 TN 达到 0.2mg/L、TP 达到 0.02mg/L 富营养化发生的浓度。藻类生长期水体中 N/P＜10，N 为可能的限制性营养盐；N/P＞10，则 P 为可能的限制性营养盐。四堡水库大部分点位的 N/P＜10，因此，N 为可能的限制性营养盐。

NH_3-N 浓度在 6～7 月有所增加，到 8 月又略微减少，9 月又有所增加，在 9 月后明显减少，12 月达到最低，浓度在 0.106～0.453mg/L 浮动，变化规律与 TN 浓度变化大体相似。其可能是因为 8 月气温较高，氨化作用减弱，硝化作用增强，NH_3 向 NO_3 转化，DO 浓度较低，微生物氨化作用较小，有机氮转化的 NH_3 也随之减少，使 8 月 NH_3-N 浓度较小；而 9 月后进入秋冬季节，降水量减少，流入水体的营养盐减少，10 月、12 月测得的 NH_3-N 浓度减少。NH_3-N 浓度较高的点位有 W_6、W_{10}、W_{11} 等处。

叶绿素 a 浓度在 6～7 月有所增加，到 8 月减少，之后又增加，8 月叶绿素 a 的浓度普遍较低，浓度主要集中在 4～9mg/L，W_{11}、W_{12}、W_{13} 等点位的叶绿素 a 浓度普遍较高。

2. 单因子评价结果

采用单因子评价法对四堡水库 2018 年的 7 次检测数据进行水质评价，结果见表 4-4。

表 4-4　2018 年各检测点单因子水质评价结果

时间（月/日）	W_1	W_2	W_3	W_4	W_5	W_6	W_7	W_8	W_9	W_{10}	W_{11}	W_{12}	W_{13}
6/29	IV	IV	III	III	IV	IV	III	III	IV	IV	III	IV	IV
7/21	IV	IV	V	III	III	IV	IV	IV	IV	IV	IV	IV	III
8/21	IV	IV	IV	IV	IV	IV	IV	IV	IV	IV	IV	IV	IV
9/13	IV	IV	IV	IV	IV	IV	IV	IV	IV	IV	IV	IV	IV
9/27	IV	IV	IV	IV	IV	IV	IV	IV	IV	IV	IV	IV	IV
10/25	IV	IV	IV	IV	III	IV	IV	IV	IV	III	III	IV	IV
12/4	III	III	III	IV	IV	III	IV	IV	IV	IV	IV	IV	III

由表 4-4 可知，6 月、7 月水库 13 处采样点基本处于 III～IV 类水，到 8～9 月全部处于 IV 类水，主要是由于 TP 浓度达到 IV 类标准，而到 10 月之后水质略有好转，恢复到 III～IV 类水。6 月 W_3、W_4、W_7、W_8、W_{11} 为 III 类水，其余为 IV 类水，III 类水和 IV 类水断面所占比例分别为 38.5%和 61.5%；7 月 W_4、W_5、W_{13} 为 III 类水，W_3 为 V 类水，其余为 IV 类水，III 类水和 IV 类水断面所占比例分别为 23.1%和 69.2%；8 月、9 月所有断面评价结果均为 IV 类水，水质达到最差；10 月 W_5、W_{10}、W_{11} 为 III 类水，其余为 IV 类水，III 类水和 IV 类水断面所占比例分别为 23.1%和 76.9%；12 月 W_1、W_2、W_3、W_6、W_{13} 为 III 类水，其余为 IV 类水，III 类水和 IV 类水断面所占比例分别为 38.5%和 61.5%。由此可见，夏季处于汛期，降雨较多，N、P 营养盐随径流进入水库，使水库的 TN、TP 浓度较高，水质相对较差。

3. BP 神经网络评价结果

BP 神经网络法为获取足够的训练样本，利用 MATLAB 软件的 RAND 函数，在各级水质标准间随机生成训练样本，输出层设定的期望值与每级水质对应，小于 I 级标准输出为 1，I、II 级标准之间输出为 2，其余类推。在 MATLAB 平台上构建 3 层 BP 神经网络，输入层有 7 个节点，隐含层、输出层的节点分别设为 10 和 1，后两层分别选择 tansig、purelin 函数，训练次数定为 1000 次，误差设为 0.000001。将 7 次检测数据利用 PREMNMX 函数归一化，输入训练好的 BP 神经网络，输出与评价结果见表 4-5。

表 4-5　2018 年各检测点 BP 神经网络输出结果

时间（月/日）		W_1	W_2	W_3	W_4	W_5	W_6	W_7	W_8	W_9	W_{10}	W_{11}	W_{12}	W_{13}
6/29	输出	3.00	4.00	4.18	3.00	4.00	4.00	3.98	2.84	4.00	4.00	4.00	4.79	4.00
	类别	III	IV	IV	III	IV	IV	IV	III	IV	IV	IV	V	IV
7/21	输出	4.00	4.00	4.00	3.26	4.00	4.00	3.21	3.97	3.00	4.00	4.00	4.00	4.00
	类别	IV	IV	IV	IV	IV	IV	IV	IV	III	IV	IV	IV	IV
8/21	输出	3.00	3.00	3.16	3.63	4.00	4.00	4.00	4.00	5.00	4.00	4.00	3.00	4.03
	类别	III	III	IV	IV	IV	IV	IV	IV	V	IV	IV	III	IV
9/13	输出	3.43	4.00	4.00	3.00	3.00	5.00	4.00	4.00	4.01	3.96	4.00	4.00	3.00
	类别	IV	IV	IV	III	III	V	IV	IV	IV	IV	IV	IV	III
9/27	输出	3.75	4.00	4.00	2.00	3.96	4.00	4.00	4.00	4.00	4.05	4.00	4.00	4.00
	类别	IV	IV	IV	II	IV	IV	IV	IV	IV	IV	IV	IV	IV
10/25	输出	4.00	4.00	4.00	3.97	3.00	4.00	3.00	4.00	3.00	2.00	3.00	3.00	3.00
	类别	IV	IV	IV	IV	III	IV	III	IV	III	II	III	III	III
12/4	输出	2.09	3.00	3.00	4.00	3.00	3.00	4.00	3.00	4.17	4.00	3.00	3.07	4.91
	类别	II	III	III	IV	III	III	IV	III	IV	IV	III	III	V

由表 4-5 可知，从时间变化上来看，6～9 月水质相对较差，9 月后又有所恢复，不同时期水质变化影响较大。有些点位结果异常偏大，可能是相对于其他点位一些指标值偏大，导致归一化后的输入值偏大，从而使输出值也偏大。W_1、W_4 输出值大部分在 3 左右，水质为 III～IV 类水，更偏于 III 类水，而其余各处输出值大部分在 4 左右，更偏于 IV 类水；W_6、W_{10}、W_{11} 为 IV 类水，输出值基本在 4 以上，进一步说明处于水库出水口或者下游非汇水区域的水质较好，而水库汇水区的水质较差。另外，表 4-4 和表 4-5 对比可知，BP 神经网络评价结果与单因子评价结果基本一致。

4. 主成分分析评价结果

对水库 7 次检测数据标准化处理，计算相关系数及其矩阵的特征值、特征向量以及主成分贡献率、累计贡献率，最后得出主成分载荷和主成分得分。其中，确定主成分个数的原则为取特征值大于 1 且累计贡献率大于 70%。由于篇幅所限，选择汛期和非汛期两次有代表性的主成分污染物负荷计算结果（表 4-6），其累计贡献率分别达到 68.10%和 75.80%，达到或接近要求，说明使用该方法可以反映大部分数据信息，表 4-7 为该方法计算所得的水质综合评价结果。

表 4-6　主成分载荷矩阵表

主成分载荷矩阵（8/21）				主成分载荷矩阵（12/4）			
项目	F_1	F_2	F_3	项目	F_1	F_2	F_3
DO	0.27	0.25	0.41	DO	−0.30	0.55	0.28
BOD_5	0.08	0.59	−0.24	BOD_5	−0.30	0.51	−0.07
COD_{Cr}	0.47	−0.06	0.07	COD_{Cr}	0.53	0.23	−0.38

续表

主成分载荷矩阵（8/21）				主成分载荷矩阵（12/4）			
项目	F_1	F_2	F_3	项目	F_1	F_2	F_3
COD_{Mn}	0.33	0.23	0.64	COD_{Mn}	0.58	0.26	−0.19
TP	−0.34	0.63	−0.16	TP	0.32	0.08	0.56
TN	−0.52	0.18	0.51	TN	0.22	0.44	0.36
NH_3-N	0.45	0.33	−0.28	NH_3-N	0.22	−0.35	0.54
贡献率（%）	31.09	21.16	15.85	贡献率（%）	27.71	25.49	22.60

表 4-7　水质综合评价结果

时间（月/日）	综合得分	W_1	W_2	W_3	W_4	W_5	W_6	W_7	W_8	W_9	W_{10}	W_{11}	W_{12}	W_{13}
6/29	*F*	0.00	−1.98	1.20	0.39	0.00	−0.78	0.57	0.19	−0.31	0.56	0.51	0.25	−0.60
	排名	9	13	1	5	8	12	2	7	10	3	4	6	11
7/21	*F*	−0.23	0.37	−1.10	−0.81	0.76	−0.39	0.15	0.31	−0.71	−0.28	0.31	1.48	0.14
	排名	8	3	13	12	2	10	6	5	11	9	4	1	7
8/21	*F*	−1.73	−1.02	−0.68	0.94	0.72	0.03	−0.14	0.22	0.28	1.01	−0.04	−0.39	0.80
	排名	13	12	11	2	4	7	9	6	5	1	8	10	3
9/13	*F*	−0.25	0.77	0.86	−0.15	−0.02	1.59	−0.09	−0.17	0.61	−1.17	−0.60	−0.36	−1.02
	排名	9	3	2	7	5	1	6	8	4	13	11	10	12
9/27	*F*	−1.20	0.66	0.59	−1.31	−0.51	−0.08	−0.38	−0.86	0.08	0.85	0.91	0.37	0.89
	排名	12	4	5	13	10	8	9	11	7	3	1	6	2
10/25	*F*	1.36	−0.41	0.46	−0.48	0.27	1.29	−0.40	−0.16	−0.10	0.17	−0.35	−0.75	−0.89
	排名	1	10	3	11	4	2	9	7	6	5	8	12	13
12/4	*F*	−0.53	−1.36	−0.38	0.89	0.02	−0.85	1.21	−0.46	1.16	0.46	−0.16	−0.30	0.31
	排名	11	13	9	3	6	12	1	10	2	4	7	8	5

在以上的主成分分析中，主要贡献得分的第一、第二主成分中，各个因子载荷都有变动，COD_{Mn}、TP、TN、NH_3-N 在前两个主成分中载荷均较高，对综合得分影响较大，表明水质情况主要受到 N、P 营养盐和有机氧化物质的影响。例如，8 月主成分载荷矩阵（表 4-6），第一主成分上 COD_{Cr}、COD_{Mn}、TN、NH_3-N 载荷较高，第二主成分上 BOD_5、TP 载荷较高，这些指标基本决定了最后的综合得分 *F*。从表 4-6 也可以看出，不同月份各个水质指标的得分排名会有所变动，说明水质评估结果受多种因素影响。

从水质综合评价结果（表 4-7）可以看出，W_1、W_8 得分较低，水质排名基本靠后，水质较好。W_4、W_5、W_9、W_{10}、W_{13} 得分较高，可见这些区域水质污染较为严重。营养盐在随径流入库到水库出水口的过程中逐渐沉积下来，因此在刚进入水库时浓度最大，而到达水库中下游时，浓度减小，到水库出水口时浓度更小，W_1 在出水口区域，W_8 离水库汇水区较远，水质情况良好。处于水库南尾部或北尾部靠近支流入库的区域，营养盐浓度高于其他地方，水质综合评价分数较高，水质相比其他区域较差。

上述三种方法各有其特点，单因子评价法较为严格，可以定性评价各处的水质等级，但对处于同一水质等级的不同采样区域，无法更进一步比较其水质优劣；BP 神经网络法可以定性和定量相结合进行水质评价，其水质评价结果与单因子评价结果基本一致；主成分分析法能从各项目的载荷大小筛选出影响水质的关键因子，通过水质综合得分高低判断水质情况，在空间上反映各处的污染严重程度。利用上述三种方法从不同角度进行水库水质评价，更全面科学地反映四堡水库水质时空变化规律。

5. 指数法评价结果

采用 7 次检测中透明度、TP、TN、NH_3-N 和叶绿素 a 这 5 项相关指标数据计算四堡水库营养状态指数，结果见表 4-8。

表 4-8　营养状态指数结果

时间（月/日）	W_1	W_2	W_3	W_4	W_5	W_6	W_7	W_8	W_9	W_{10}	W_{11}	W_{12}	W_{13}	均值
6/29	53.56	53.31	53.49	52.50	54.42	54.81	52.29	51.83	53.44	55.38	52.56	54.49	54.96	53.62
7/21	53.66	53.30	54.95	52.92	54.80	55.70	56.18	57.95	55.10	54.57	56.23	56.83	54.09	55.10
8/21	52.79	52.59	54.42	53.24	53.03	53.32	54.41	53.51	56.67	53.86	55.07	51.94	52.99	53.68
9/13	55.30	55.81	54.47	54.09	54.52	55.62	54.85	54.33	55.66	54.78	53.12	55.64	53.71	54.76
9/27	53.91	56.46	56.22	52.16	54.88	55.72	55.41	53.85	55.69	55.96	55.23	55.58	55.58	55.13
10/25	53.83	54.15	55.08	53.15	51.04	53.78	52.79	54.51	53.68	51.71	52.78	52.31	53.27	53.24
12/4	50.85	50.71	52.04	54.62	52.24	51.16	54.31	52.16	54.61	52.82	52.62	52.10	53.88	52.62
均值	53.41	53.76	54.38	53.24	53.56	54.30	54.32	54.02	54.98	54.15	53.94	54.13	54.07	

从表 4-8 可以看出，水库为轻度富营养化，大部分采样点的营养状态指数于 6 月、7 月上升，8 月有所下降，之后又上升，到 9 月底有 9 处营养状态指数达到 55 分以上，到 12 月，营养状态指数明显降低，总体趋势是先升后降。6～9 月处于汛期，气温逐渐升高，降雨增多，陆地营养盐受到冲刷，随径流进入库区水体，TP、TN、NH_3-N 浓度总体增加，浮游植物数量增加，使得叶绿素 a 浓度增加，DO 浓度减少，该时期水库营养状态指数较高。8 月营养状态指数降低，主要是由于叶绿素 a 浓度有所降低，对分数贡献值小。而 8 月叶绿素 a 浓度处于较低水平可能是 8 月中旬降雨过大，浮游植物繁殖减弱，从而导致产生的叶绿素 a 浓度减少，再加上不同藻类叶绿素 a 含量不同（王伟等，2009），水库浮游植物种类较多，硅藻、绿藻、蓝藻等都占有一定比例，没有单一的优势种，也会使得叶绿素 a 浓度减少。9 月后降雨减少，进入枯季，水体中的 TP、TN 浓度相对较低；而冬季随着温度降低，浮游植物数量减少，所产生的叶绿素 a 浓度也会较少，从而使营养状态指数降低，富营养化情况略微好转。

四堡水库 13 处采样点中，W_3、W_6、W_7、W_9、W_{13} 营养状态指数较高，W_1、W_4 略低。汇水入库段和水库中游区域营养状态指数较高，富营养化比较严重，坝前取水口处营养状态指数较低，富营养化相对较轻，这与前述方法所得结果大体类似。

早期四堡水库周边大范围被承包种植商品林，现今依据政府规定，要把商品林改造成生态林，但从现场调查看来，水库周边仍有相当一部分以桉树林为主的商品林，桉树林 N、P 随径流入库是导致水库营养盐浓度较高的因素之一，此外禽畜养殖、农业生产产生的 N、

P 入库也造成水库营养盐浓度较高，加重富营养化程度。

6. 叶绿素 a 与水质因子的相关性分析

叶绿素 a 为水体富营养化程度的基本指标，常用来反映水体富营养化，由于它受到诸多因素影响，研究其与各类水质指标的相关性便于识别影响水库富营养化的因子。由于四堡水库透明度基本为 30cm 左右，变化幅度较小，本书未考虑其影响。利用 Pearson 方法分析叶绿素 a 与其他主要水质因子的相关性，结果见表 4-9。相关系数在［0.8，1.0］为极强相关、［0.6，0.8］为强相关、［0.4，0.6］为中等程度相关、［0.2，0.4］为弱相关、［0.0，0.2］为极弱相关或无相关。

表 4-9　2018 年 6～12 月叶绿素 a 与其他水质因子间的 Pearson 相关系数

指标	水温	pH	DO	BOD_5	COD_{Cr}	COD_{Mn}	TP	TN	NH_3-N
叶绿素 a（6/29）	0.137	0.347	0.295	0.383	0.259	0.246	−0.197	0.338	0.440
叶绿素 a（7/21）	0.193	−0.103	0.466	−0.238	0.097	0.098	0.312	0.349	−0.239
叶绿素 a（8/21）	0.231	0.286	−0.436	0.057	0.148	0.201	0.089	−0.332	0.461
叶绿素 a（9/13）	0.119	0.199	0.072	0.447	0.465	−0.469	−0.135	0.167	−0.513
叶绿素 a（9/27）	−0.345	−0.033	0.056	0.547	−0.022	0.230	0.010	0.101	0.747**
叶绿素 a（10/25）	0.042	−0.298	−0.013	0.693**	0.308	0.357	0.063	0.088	0.303
叶绿素 a（12/4）	−0.009	−0.042	−0.353	−0.168	0.405	0.684**	−0.049	0.287	0.262

**表示在 0.01 水平（双侧）上显著相关。

从表 4-9 可以看出，水库叶绿素 a 受到多种因素影响，其中，叶绿素 a 与水温、pH、TP、TN 呈极弱相关或弱相关，与 DO、COD_{Cr} 达到中等程度相关，与 BOD_5、COD_{Mn}、NH_3-N 达到中等程度相关或强相关，而且在不同时期，叶绿素 a 与各个因子的相关系数有所变动。其可能有如下原因：一是叶绿素 a 在时空上有较强的不确定性，二是水库水量、水位、流速、降水量、光照等水文气象因子可能影响叶绿素 a 浓度的变化，这些因子具有较强的不确定性。四堡水库位于南方亚热带地区，水温基本在 18℃以上，其对叶绿素 a 影响较小；pH 基本在 7 左右，波动幅度较小，其对叶绿素 a 影响也较小。叶绿素 a 与 DO 呈现的相关关系有正有负，叶绿素 a 含量越多，浮游植物越多，其光合作用产生的氧气远大于浮游生物的耗氧量时，水中 DO 增加，叶绿素 a 与 DO 呈现正相关，反之光合作用释放的氧气不足以补充耗氧量时，水中 DO 减少，两者呈现负相关。BOD_5、COD_{Cr}、COD_{Mn} 这些有机污染物对水体中的叶绿素 a 有一定影响，大多数情况下呈正相关关系，可能是藻类大量繁殖而排泄有机物质所导致（毕京博等，2012），藻类越多，有机物质越多，使得水体有机耗氧物的污染越多。N、P 等营养盐是浮游植物生长的必需因素，而叶绿素 a 又是浮游植物存量的表征指标，两者的关系较为复杂（张文涛，2009）。从相关系数可以看出，水库叶绿素 a 与 TN 的相关性比与 TP 的相关性更强，特别是与以 NH_3-N 形式存在的氮的相关性更强，可见 N 为浮游植物生长的限制因子，因此控制氮素的浓度能够有效调控水体富营养化。

综合上述各类分析方法所得结果，可以得出如下结论。

（1）不同月份 TP、TN、NH_3-N 变化较为复杂，汛期四堡水库营养盐浓度普遍上升，非汛期营养盐浓度回落，靠近水库中下游区域的水质较好，水库汇水区的水质较差。

（2）单因子评价法和 BP 神经网络法的评价结果较为一致，水库水质基本为 III～IV 类；主成分分析法表明水质主要受 COD_{Mn}、TP、TN、NH_3-N 影响；指数法表明水库为轻度富营养化，水库汇水区的富营养化程度较高。

（3）BOD_5、COD_{Cr}、COD_{Mn} 这些有机污染物对水体中的叶绿素 a 有一定影响，大多数情况下呈正相关关系，四堡水库中叶绿素 a 与 TN 的相关性比与 TP 的相关性更强，特别是与以 NH_3-N 形式存在的氮的相关性更为显著，N 是浮游植物生长的限制因子，控制氮素的浓度能够有效调控水体富营养化。

4.3　四堡水库健康评估

4.3.1　概述

江河湖库是人类用水的主要来源，也是生态系统的主要组成部分。在经济产业迅速发展扩张、全球气候变化显著等多方面因素的影响下，一些湖库纷纷出现了不同程度的水质恶化、形态与结构发生改变、水文条件变差、生境遭到破坏以及生物多样性减少、重要或敏感水生生物濒临灭绝等问题。20 世纪 80 年代末以来，美国国家环境保护局（EPA）发布美国快速生物评估协议（RBPs）（Hughes et al.，2000），澳大利亚开展河流状态指数（ISC）研究（Ladson et al.，1999），启动《欧盟水框架指令》，推行完成 STAR、AQEM、FAME、REBECCA 等计划（European Communities，2000）。我国从 20 世纪末开始重视河湖的健康问题，逐渐建立河湖健康评估体系，目的是保证其生态系统水文、形态结构、水质、生物等层面功能的完整性，并且使社会服务价值得到充分发挥，具有生态、环境和社会服务功能，满足人类社会可持续发展的需求（王乙震等，2016）。2010 年，水利部启动了全国重要河湖健康评估（试点）工作，制定了指导试点的《全国河流健康评估指标、标准与方法》及《全国湖泊健康评估指标、标准与方法》，2012 年《国务院关于实行最严格水资源管理制度的意见》开始实施，从而督促落实水生态系统保护。2010～2016 年先后完成海河、松花江、洞庭湖、鄱阳湖、太湖等 36 个河（湖、库）的健康评估，从而推动全国河湖健康评估指标体系的发展与不断完善。目前，对河湖水库健康水平的评价方法有很多，如物元分析法、正态云模型、模糊综合评价法、主成分分析法、灰色关联法及 BP 神经网络法（向碧为等，2011；刘艳，2014；刘传旺等，2015；蒋汝成和顾世祥，2018）等。这些方法在国内许多地区应用效果良好，如岳强等（2016）基于层次分析法构建模糊模型，对平原地区水库进行健康评价；薛建民等（2017）结合层次分析法等 4 种方法赋权，对江苏某河流进行健康模糊评价；刘娟等（2018）从物理化学和水生生物等方面构建指标体系，采用改进的灰色关联方法对河流生态系统健康进行评价；沈俊源等（2016）采用模糊集对分析模型对青海省 8 个行政分区的水安全评价进行研究。为了研究四堡水库的生态健康状况，本书的研究结合当地水库特点，构建水库健康综合评价体系，利用层次分析法与熵值法进行基于距离函数的组合赋权（周振民和樊敏，2018），确定各项指标权重，利用集对分析模型进行健康综合评价，研究导致水库健康受损的主要因子。

4.3.2 数据来源及评估标准

为了对四堡水库进行健康评价，组织人员对其进行现场调研、采样，在水库设置若干处具有代表性的断面进行长期水质监测，发放调查问卷，通过有关部门搜集水库相关资料，征集专家意见等。主要数据如下。

1. 水文水资源

四堡水库是鹤山市龙口镇的集中式饮用水水源地，最低水位满足状况主要参考水库最低生态水位，可利用水库形态法计算得到的最低生态水位与水库多年水位监测数据比较分析最低水位满足状况，即水库水位与水面面积或库容曲线中水面面积或库容增加率的最大值相应水位，从而确定水库最低生态水位。

入库流量变异程度则是计算评估年环库主要入库河流逐月实测径流量之和与天然月径流量的平均偏离程度，通过查询水库上游有无水库调蓄、有无流域外调水等确定入库径流量和天然径流量的差异程度。入库流量变异程度计算公式如下：

$$\mathrm{FD}=\left\{\sum_{m=1}^{12}\left(\frac{q_m-Q_m}{\overline{Q_m}}\right)^2\right\}^{1/2}$$

$$Q_m=\sum_{n=1}^{N}Q_n \tag{4-3}$$

$$q_m=\sum_{n=1}^{N}q_n$$

$$\overline{Q_m}=\frac{1}{12}\sum_{m=1}^{12}Q_m$$

式中，q_n 为评估年每条入库河流的实测月径流量，m^3/s；q_m 为评估年所有入库河流实测月径流量，m^3/s；N 为环库中主要入库河流数量；Q_n 为评估年每条入库河流的天然月径流量，m^3/s；Q_m 为评估年所有入库河流天然月径流量，m^3/s；$\overline{Q_m}$ 为评估年天然月径流量年均值，天然径流量为按照水资源调查评估相关技术规划得到的还原量，m^3/s。

2. 物理结构

河库连通状况参考环库河流与水库水域之间的水流畅通程度，主要调查环库闸坝的建设和调控状况，估算主要环库河流入库水量与入库河流多年平均实测径流量，按照水功能区达标要求评估入库河流水质达标状况，从而来评判水库的连通性。

水库萎缩状况参考湖库有无围垦活动，水库多年水位库容数据间接确定水库的萎缩比例，可按式（4-4）计算：

$$\mathrm{ASR}=1-\frac{A_{\mathrm{C}}}{A_{\mathrm{R}}} \tag{4-4}$$

式中，A_{C} 为评估年水库水面面积，km^2；A_{R} 为历史参考水面面积，km^2。我国对湖泊大规模围垦主要发生在 20 世纪 50～80 年代，因此，湖泊水面面积历史参考点选择在 20 世纪 50 年代以前。

库岸带状况调查内容包括库岸稳定性、植被覆盖和人工干扰程度，现场布点如图 4-5 所示。库岸稳定性通过岸坡倾角、湖岸高度、岸坡基质特征、岸坡植被覆盖度和冲刷情况综合确定；植被覆盖度则考虑陆向范围乔木、灌木和草本植物的覆盖状况；人工干扰程度通过湖岸带及其邻近陆域的人类活动确定。现场库岸带状况如图 4-6 所示。

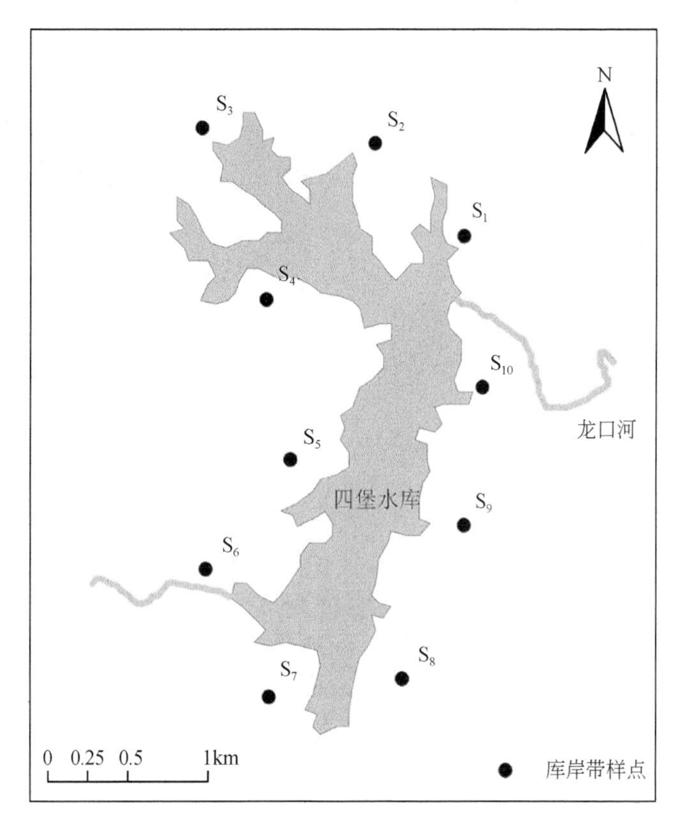

图 4-5　四堡水库库岸带样点分布

图 4-6　库岸带状况

3. 水质

在四堡水库上、中、下游分别布设监测断面 13 处（图 4-3），监测时间为 2018 年 6～12 月，监测指标有 DO、BOD_5、COD_{Cr}、COD_{Mn}、TP、TN、NH_3-N、透明度、叶绿素 a 等。本书采用 DO 指标的均值来反映 DO 水质状况；采用 BOD_5、COD_{Cr}、COD_{Mn}、NH_3-N 指标浓度进行赋分，取三项指标赋分的均值来反映耗氧有机污染状况，赋分标准见表 4-10。利用 COD_{Mn}、TP、TN、透明度、叶绿素 a 指标计算营养状态指数（表 4-11），从而确定富营养状况。

表 4-10　耗氧有机污染状况指标赋分标准

COD_{Mn}（mg/L）	COD_{Cr}（mg/L）	BOD_5（mg/L）	NH_3-N（mg/L）	赋分
2	15	3	0.15	100
4	17.5	3.5	0.5	80
6	20	4	1	60
10	30	6	1.5	30
15	40	10	2	0

表 4-11　水库营养状态评价标准及分级方法

营养状态分级（EI=营养状态指数）	评价项目赋分	TP（mg/L）	TN（mg/L）	叶绿素 a（mg/L）	COD_{Mn}（mg/L）	透明度（m）
贫营养（0≤EI≤20）	10	0.001	0.02	0.0005	0.15	10
	20	0.004	0.05	0.001	0.4	5
中营养（20<EI≤50）	30	0.01	0.1	0.002	1	3
	40	0.025	0.3	0.004	2	1.5
	50	0.05	0.5	0.01	4	1

续表

营养状态分级（EI=营养状态指数）		评价项目赋分	TP（mg/L）	TN（mg/L）	叶绿素 a（mg/L）	COD_{Mn}（mg/L）	透明度（m）
富营养	轻度富营养（50＜EI≤60）	60	0.1	1	0.026	8	0.5
	中度富营养（60＜EI≤80）	70	0.2	2	0.064	10	0.4
		80	0.6	6	0.16	25	0.3
	重度富营养（80＜EI≤100）	90	0.9	9	0.4	40	0.2
		100	1.3	16	1	60	0.12

4. 生物

在水库水域内选取若干代表性断面调查浮游植物的数量和种类，利用密度指标评价湖泊浮游植物数量状况。采样点 1 处浮游植物样品有藻类 4 门 21 种，硅藻门所占种类最多，共有 13 种，其次是绿藻门，有 6 种，而黄藻门和甲藻门各有 1 种，所有藻类中巴西栅藻数量最多。采样点 2 处浮游植物样品有藻类 4 门 27 种，硅藻门所占种类最多，共有 19 种，绿藻门次之，有 6 种，而黄藻门和甲藻门各有 1 种，所有藻类中巴西栅藻、变异直链藻数量最多，具体情况如图 4-7 和图 4-8 所示。

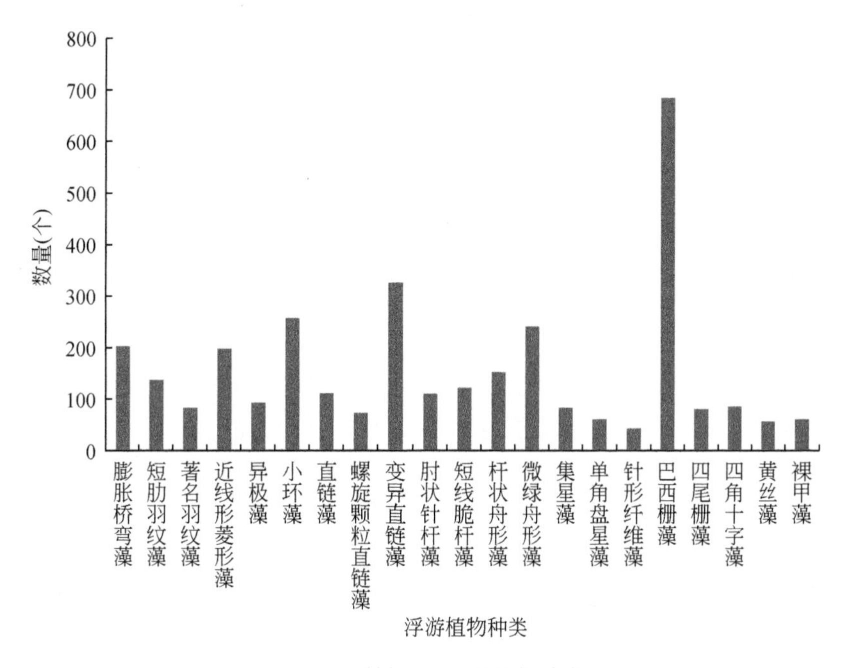

图 4-7　采样点 1 浮游植物种类

大型水生植物覆盖度考虑库岸带迎水水域内的浮水植物、挺水植物和沉水植物三类植物中非外来物种的总覆盖度。分析覆盖度时，选择同一生态分区或湖泊地理分区中，湖泊类型相近、未受人类活动影响或影响轻微的湖泊作为参考，采用规定的随机调查方案调查计算其大型水生植物覆盖度，基于专家判断，确定湖泊大型水生植物覆盖度的评价标准；选择历史状态法确定湖泊大型水生植物覆盖度的评价标准时，选择湖泊形态及水体水质重

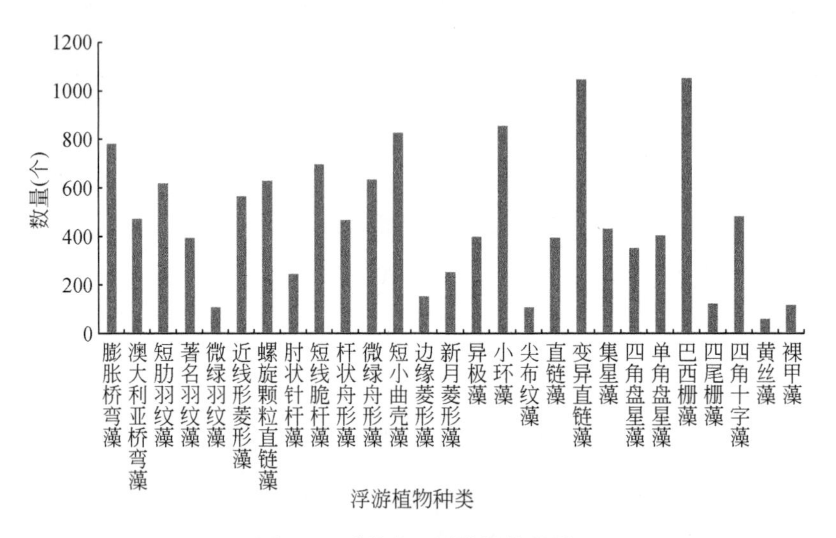

图 4-8　采样点 2 浮游植物种类

大改变前的某一历史时段。据调查，广东地区大型水生植物主要有荷花、美人蕉、水葫芦、菖蒲、香蒲、芦苇、狐尾藻等。现场人员发现，水库的浮水植物主要有紫背浮萍、满江红；挺水植物以芦苇为主；沉水植物主要有狐尾藻和伊乐藻，沉水植物密度相对较少。

通过调查底栖动物的生物量和种类来确定其完整性指数。底栖动物的生物量由环节动物和软体动物两大类组成，主要为河蛆和齿吻沙蚕。

鱼类生物损失指数是鱼类物种的现存状况占历史上水库水域内所有出现的鱼类物种的比例，通过调查水库鱼类历史数据或文献，分析统计水库的鱼类物种数目。鱼类生物损失指数标准建立采用历史背景调查方法。选择 20 世纪 80 年代作为历史基点，评估湖泊鱼类历史调查数据或文献。基于历史调查数据，分析统计评估湖泊的鱼类种类数，在此基础上，开展专家咨询调查，确定该评估水库所在水生态分区的鱼类历史背景状况，建立鱼类指标调查评估预期。

根据调查监测，水库共采集鱼类 68 种，分属于 7 目 17 科 55 属。鱼类组成以鲤形目最多，有 45 种，占总数的 66%；其次是鲈形目 10 种，占总数的 14%；鲇形目 9 种，占总数的 13%，具体如图 4-9 所示。在所有的科中以鲤科最多，共 39 种，占总数的 57%，其次是鳅科（6 种），占总数的 8%，鲿科（5 种）占 7%。养殖鱼类以四大家鱼以及鳙鱼、鲂等经济鱼类为主，但养殖规模不大，仍未发现严重污染的现象，水质监测表明，水体并无大碍。根据近年来水库鱼类的流失状况，以及查询同类型中型水库鱼类资料可得，四堡水库鱼类种类数量相对较多，资源相对丰富，损失程度较小。

5. 社会服务功能

水功能区达标指标参考湖泊流域内水功能区水质达标个数比例，主要考虑水质优劣情况与水体是否符合规定功能，参考《地表水资源质量评价技术规程》（SL395—2007）Ⅲ类标准以及《农田灌溉水质标准》（GB5084-92）。

水资源开发利用指标参考流域内供水量占流域水资源量的百分比，水资源开发利用率的计算公式如下：

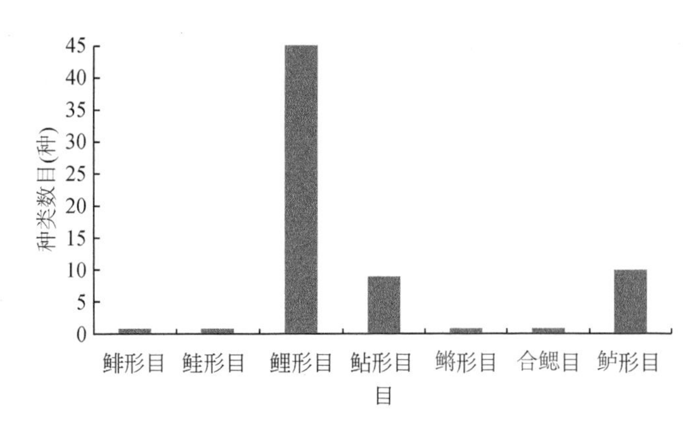

图 4-9　四堡水库鱼类统计

$$\mathrm{WRU} = \mathrm{WU} / \mathrm{WR} \tag{4-5}$$

式中，WRU 为评估湖泊流域水资源开发利用率；WR 为评估湖泊流域水资源总量，m^3；WU 为评估湖泊流域水资源开发利用量，m^3。

防洪指标主要考虑水库的防洪标准适应度、防洪工程完好率、库容系数、蓄泄能力、调节洪水能力、防洪效益、洪灾损失率等，本书的研究选择湖泊防洪工程完好率和湖泊蓄泄能力作为湖泊防洪评价指标。

1）防洪工程完好率

防洪工程完好率指已达到防洪标准的堤防长度占堤防总长度的比例及环湖口门建筑物满足设计标准的比例，包括堤防工程达标率和环湖口门工程达标率两个方面。

$$\mathrm{FLDE} = \frac{\dfrac{\mathrm{BLA}}{\mathrm{BL}} + \dfrac{\mathrm{GWA}}{\mathrm{GW}}}{2} \tag{4-6}$$

式中，FLDE 为防洪工程完好率；BLA 为达到防洪标准的堤防长度，m；BL 为堤防总长度，m；GWA 为环湖口门达标宽度，m；GW 为环湖口门总宽度，m。

2）湖泊蓄泄能力

湖泊蓄泄能力指湖泊现状可蓄水量与规划蓄洪水量的比例，按照式（4-7）计算：

$$\mathrm{FLDV} = \frac{\mathrm{VA}}{\mathrm{VP}} \tag{4-7}$$

式中，FLDV 为湖泊蓄泄能力；VA 为湖泊现状可蓄水量，m^3；VP 为规划蓄洪水量，m^3。

公众满意度则征集民意，考虑公众对水库各方面的满意程度。本书的研究采用发放公众调查表的方式，调查对象主要为环绕水库 1km 范围内的几个村落，以及水库管理处和水务局等有关部门，总共回收有效问卷 35 份，主要调查问题有水库对个人生活的重要性、您与水库的关系、水库水量、水库水质、库岸树草状况、垃圾堆放情况、您所知道的鱼类数量及本地鱼类数量变化情况、水库景观及历史古迹或文化名胜了解情况等，具体见表 4-12。大部分人认为，水库水量还可以，水质清洁，库岸树草状况数量还可以，垃圾有堆放且定时清理，但对鱼类数量和本地鱼类数量变化情况、历史古迹或文化名胜情况了解不多，希望水库得到有效的保护和管理。

表 4-12　公众调查统计表

问题	选项	回答人数	占比（%）
水库对个人生活的重要性	很重要	3	8.6
	较重要	30	85.7
	一般	2	5.7
	不重要	0	0
您与水库的关系	沿岸居民（湖岸以外 1km 以内范围）	26	74.3
	水库管理者	7	20
	水库周边从事生产活动	2	5.7
	旅游经常来水库	0	0
	旅游偶尔来水库	0	0
水库水量	太少	0	0
	还可以	35	100
	太多	0	0
	不好判断	0	0
水库水质	清洁	29	83
	一般	6	17
	比较脏	0	0
	太脏	0	0
库岸树草状况	数量很多	30	86
	数量还可以	5	14
	数量比较少	0	0
垃圾堆放情况	无垃圾堆放	14	40
	有堆放且定时清理	21	60
	一直有垃圾堆放	0	0
您所知道的鱼类数量	100 种以上	1	3
	50～100 种	2	6
	50 种以下	17	49
	不清楚	15	42
本地鱼类数量变化情况	比以前多了一些	7	20
	比以前少了一些	1	3
	没有变化	2	6
	不清楚	25	71
水库景观	优美	31	89
	一般	4	11
	丑陋	0	0

续表

问题	选项	回答人数	占比（%）
近水难易程度	容易且安全	20	58
	难且不安全	15	42
历史古迹或文化名胜了解情况	比较了解	0	0
	知道一些	25	72
	没有保护	0	0
	不清楚	10	28
散步与娱乐休闲活动	适宜	35	100
	不适宜	0	0
历史古迹或文化名胜保护与开发情况	有保护，但不对外开放	0	0
	有保护，也对外开放	5	14
	不清楚	30	86

4.3.3　分析计算方法

1. 权重确定

1）层次分析法确定主观权重

层次分析法是由美国运筹学家 Saaty 提出的，是将多因素的复杂问题进行决策分析的方法。它将问题有序地分为若干层次，通常对因素利用 1～9 标度法进行两两比较得出判断矩阵，之后将矩阵归一化后采取求和法或乘法等求取权重 w，若矩阵的最大特征根满足一致性检验，则权重具有可靠性。一致性检验公式如下：

$$\lambda_{\max}=\frac{1}{n}\sum_{i=1}^{n}\frac{\sum_{j=1}^{n}u_{ij}w_j}{w_i} \tag{4-8}$$

$$\mathrm{CI}=(\lambda_{\max}-n)/(n-1) \tag{4-9}$$

$$\mathrm{CR}=\mathrm{CI}/\mathrm{RI} \tag{4-10}$$

式中，$\lambda_{\max}$ 为归一化判断矩阵 U 的最大特征值；u_{ij} 为矩阵 U 中的因素；n 为元素个数；RI 为平均随机一致性指标，参照 RI 值表（表 4-13）。

表 4-13　RI 值表

n	1	2	3	4	5	6	7	8
RI	0	0	0.58	0.90	1.12	1.24	1.32	1.41
n	9	10	11	12	13	14	15	
RI	1.46	1.49	1.52	1.54	1.56	1.58	1.59	

2）熵值法确定客观权重

熵值法是根据无序度的大小来确定所携带的信息量，当无序度越小时，熵值也就越小，所能提供的信息量越大，在评价中所起的作用越大，权重就越大；反之亦然。假设有 m 种方案，每种有 n 项指标，组成初始矩阵 X，将数据标准化处理得到标准矩阵 Y，计算第 i 项指标的熵值、冗余度，从而得出每项指标权重 w_j，其主要公式为

$$e_j = -k\sum_{i=1}^{m} y_{ij} \ln y_{ij} \tag{4-11}$$

$$d_j = 1 - e_j \tag{4-12}$$

$$w_j = d_j \bigg/ \sum_{i=1}^{n} d_j \tag{4-13}$$

式中，y_{ij} 为标准化的指标；$k = 1/\ln m$；e_j 为指标熵值；d_j 为冗余度。

3）组合权重

层次分析法属于主观赋权，主要靠专家判断，人的因素影响较大。熵值法客观性较强，考虑了指标的数据价值，对数据样本依赖性较强，当样本数据变化时，权重也随之变化，而且无法照顾到决策者的主观偏好。层次分析法和熵值法的组合权重能集结各种方法的优点，避免主观定性成分过大，同时可减小对数值本身的依赖性，从而得出的组合权重较为合理。

假设利用层次分析法计算得到的权重为 w_1，利用熵值法计算得到的权重为 w_2，计算组合权重时利用距离函数 $d(w_1, w_2)$反映两者的差异程度，其公式为

$$d(w_1, w_2) = \left[\frac{1}{2}\sum_{k=1}^{n}\left(w_{1k} - w_{2k}\right)^2\right]^{0.5} \tag{4-14}$$

设组合权重为 w，对两种方法计算的权重进行线性加权，表达式为

$$w = \alpha w_1 + \beta w_2 \tag{4-15}$$

式中，α, β 为权重系数。

要使不同权重之间的差异程度和权重分配系数间的差异程度一致，即

$$\begin{cases} d(w_1, w_2)^2 = (\alpha - \beta)^2 \\ \alpha + \beta = 1 \end{cases} \tag{4-16}$$

2. 模糊综合评价法

模糊综合评价法是基于模糊数学理论，引入“隶属度”描述多因子的分级界限，对模糊性事物进行分析和评价的方法。对研究对象进行模糊综合评价的主要步骤是先确定所选指标的权重，再确定研究对象的评价等级，构造隶属度函数，建立隶属度矩阵 R，由指标权重集与隶属度矩阵计算得到综合评价结果。

3. 集对分析法

集对分析法是将评价样本值与标准值作为一个集对，就它们的接近属性做同、异、反的定量分析，从而计算联系度。集对分析综合确定性和不确定性因素进行分析，来判别对

象的本质属性，提高结果的准确性和可靠性。设 x_k 是第 k 个指标的实测值，s_{km} 是第 k 个指标第 m 级的标准值，评价样本集合和标准值集合之间的联系度为

$$\mu_k = b_{k1} + b_{k2}I_1 + b_{k3}I_2 + \cdots + b_{k(M-1)}I_{M-2} + b_{kM}J \tag{4-17}$$

式中，$I_1, I_2, \cdots, I_{M-2}, J$ 为差异度系数，可按“均分原则”在［-1，1］中取值，即将区间［-1，1］做（M-1）等分，把从左到右（M-1）个分点值分别作为 $J, I_{M-2}, \cdots, I_2, I_1$ 的值；M 为等级数；$b_{k1}, b_{k2}, \cdots, b_{kM}$ 为样本集合 A 和评价标准集合 B 的联系度分量，满足归一化条件 $b_{k1} + b_{k2} + \cdots + b_{kM} = 1$，且为非负数，可按下面方法计算：

$$b_{km} = \frac{0.5 + 0.5c_{km}}{\sum_{m=1}^{M}\left(0.5 + 0.5c_{km}\right)} \tag{4-18}$$

c_{km} 由样本值 x_{km} 与级别 s_{km} 的亲疏关系确定：若它们处于同一等级中，则该集对的联系度 c_{km}=1；若它们处于相隔的等级中，则 c_{km}=−1；若它们处于相邻的等级中，则按式（4-19）确定：

$$c_{km} = \begin{cases} 1 - 2\times\dfrac{s_{k(m-1)} - x_{km}}{s_{k(m-1)} - s_{k(m-2)}} & s_{k(m-2)} \leqslant x_{km} \leqslant s_{k(m-1)} \text{ 或 } s_{k(m-2)} > x_{km} > s_{k(m-1)} \\ 1 - 2\times\dfrac{x_{km} - s_{km}}{s_{k(m+1)} - s_{km}} & s_{km} \leqslant x_{km} \leqslant s_{k(m+1)} \text{ 或 } s_{km} > x_{km} > s_{k(m+1)} \end{cases} \tag{4-19}$$

4.3.4　结果与分析

1. 四堡水库健康评价体系建立

水库健康评价体系是在结合水库生态系统的物理完整性、化学完整性、生物完整性及社会服务功能的基础上，借鉴国内外湖库健康评价指标体系，综合分析当地实际情况，具体划分多指标、多因素综合评价的指标体系。依据我国河流湖库的健康评价相关研究，从众多指标中筛选出有代表性、可量化的主要指标，遵循科学性、系统性、层次性、可操作性等原则来构建水库健康评价体系。

（1）科学性。以湖库健康评价目的为基础，所选指标以一定的统计数据作为依据，有清晰的概念，能科学合理地描述湖库特征。

（2）系统性。选取的指标系统而全面，构成一个完整的研究体系，可以从不同指标变量评判湖库健康状况。

（3）层次性。水库健康评价系统涉及自然、社会、经济等方面，各指标通过复杂的作用关系组合在一起。按其等级性要求，分层构建指标体系。在四堡水库健康评价体系中，共划分了三个层次，即目标层、准则层和指标层。

（4）可操作性。所选取的各项指标，要从指标相关资料数据的实际情况出发，考虑指标体系是否清晰明了，参数是否易于获取、量化方便，以便于展开湖库的健康评价。

依据以上原则，参考《全国河流健康评估指标、标准与方法》《全国湖泊健康评估指标、标准与方法》等标准规范，结合水库功能定位、管理要求等实际情况，建立了四堡水库健

康综合评价体系。该体系的目标层是四堡水库健康综合评价，目标层之下从自然因素、社会因素等角度划分为 5 个准则层，准则层之下更细化为具体的指标层，构建体系如图 4-10 所示。依据所构建的健康综合评价体系，评价标准划分为理想、健康、亚健康、不健康和病态 5 级，对于不同类型的指标，分别进行定量指标和定性指标的阈值确定，再结合相关文献和实地情况，构建水库健康评价指标分级标准（表 4-14）。

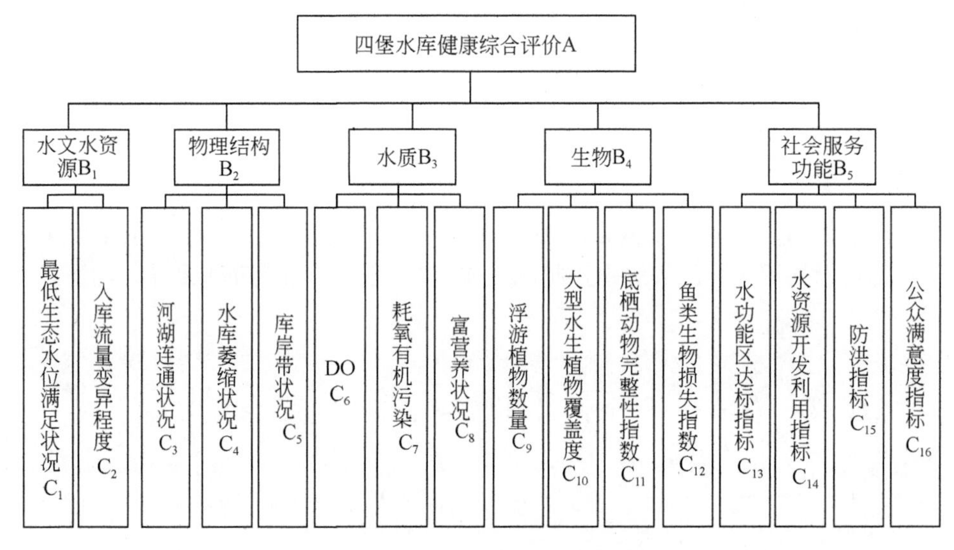

图 4-10　四堡水库健康综合评价体系

表 4-14　四堡水库健康评价指标分级标准

指标层	理想	健康	亚健康	不健康	病态
C_1（%）	＞90	75～90	50～75	30～50	＜30
C_2（%）	＜10	10～20	20～30	30～50	＞50
C_3（%）	＞70	60～70	40～60	20～40	＜20
C_4（%）	＜5	5～10	10～20	20～30	＞30
C_5（%）	＞90	75～90	60～75	40～60	＜40
C_6（mg/L）	＞7.5	6.0～7.5	5.0～6.0	3.0～5.0	＜3.0
C_7（%）	＞90	70～90	50～70	30～50	＜30
C_8（%）	＜10	10～30	30～50	50～60	＞60
C_9（万个/L）	＜40	40～100	100～200	200～500	＞500
C_{10}（%）	＞75	50～75	40～50	20～40	＜20
C_{11}（%）	＞90	75～90	50～75	25～50	＜25
C_{12}（%）	＞90	75～90	50～75	30～50	＜30
C_{13}（%）	＞90	80～90	60～80	40～60	＜40
C_{14}（%）	＜20	20～40	40～50	50～60	＞60
C_{15}（%）	＞95	80～95	60～80	40～60	＜40
C_{16}（%）	＞90	70～90	50～70	40～50	＜40

2. 计算指标主观权重

借鉴前人收集的历史资料、专家意见、相关文献等来构造判断矩阵，利用层次分析法计算得出各指标权重，所得权重值均通过一致性检验，最终结果见表 4-15。

表 4-15　主观权重

目标层	准则层		指标层	
	评价指标	W_B	评价指标	W_{CB}
A	B_1	0.126	C_1	0.750
			C_2	0.250
	B_2	0.126	C_3	0.500
			C_4	0.250
			C_5	0.250
	B_3	0.138	C_6	0.170
			C_7	0.387
			C_8	0.443
	B_4	0.371	C_9	0.124
			C_{10}	0.234
			C_{11}	0.278
			C_{12}	0.364
	B_5	0.239	C_{13}	0.193
			C_{14}	0.121
			C_{15}	0.417
			C_{16}	0.269

3. 计算指标客观权重

由熵值法计算得到准则层和目标层各指标的客观权重，见表 4-16。

表 4-16　客观权重

目标层	准则层		指标层	
	评价指标	W_B	评价指标	W_{CB}
A	B_1	0.132	C_1	0.415
			C_2	0.585
	B_2	0.190	C_3	0.363
			C_4	0.482
			C_5	0.155
	B_3	0.162	C_6	0.224
			C_7	0.325
			C_8	0.451

续表

目标层	准则层		指标层	
	评价指标	W_B	评价指标	W_{CB}
A	B_4	0.386	C_9	0.429
			C_{10}	0.201
			C_{11}	0.185
			C_{12}	0.185
	B_5	0.130	C_{13}	0.239
			C_{14}	0.263
			C_{15}	0.263
			C_{16}	0.235

4. 计算指标组合权重

按式（4-14）～式（4-16）计算，得到准则层和目标层各指标的综合权重，见表 4-17。

表 4-17　四堡水库健康评价指标权重

目标层	准则层		指标层	
	评价指标	W_B	评价指标	W_{CB}
A	B_1	0.129	C_1	0.639
			C_2	0.361
	B_2	0.155	C_3	0.445
			C_4	0.343
			C_5	0.212
	B_3	0.149	C_6	0.195
			C_7	0.358
			C_8	0.447
	B_4	0.378	C_9	0.237
			C_{10}	0.222
			C_{11}	0.243
			C_{12}	0.298
	B_5	0.189	C_{13}	0.212
			C_{14}	0.181
			C_{15}	0.352
			C_{16}	0.255

5. 水库模糊综合评价

评价等级划分为 5 个等级，即{理想，健康，亚健康，不健康，病态}，处理各项指标的数据资料，再根据递增型和递减型的相对隶属度函数确定各指标隶属度，所得隶属度矩阵为

$$R_{B_1}=\begin{bmatrix}0.500 & 0.500 & 0.000 & 0.000 & 0.000\\0.833 & 0.167 & 0.000 & 0.000 & 0.000\end{bmatrix}\quad R_{B_2}=\begin{bmatrix}0.000 & 0.000 & 1.000 & 0.000 & 0.000\\0.833 & 0.167 & 0.000 & 0.000 & 0.000\\0.000 & 0.633 & 0.367 & 0.000 & 0.000\end{bmatrix}$$

$$R_{B_3}=\begin{bmatrix}0.273 & 0.727 & 0.000 & 0.000 & 0.000\\0.688 & 0.312 & 0.000 & 0.000 & 0.000\\0.000 & 0.000 & 0.072 & 0.928 & 0.000\end{bmatrix}\quad R_{B_4}=\begin{bmatrix}1.000 & 0.000 & 0.000 & 0.000 & 0.000\\0.000 & 0.500 & 0.500 & 0.000 & 0.000\\0.000 & 0.000 & 0.500 & 0.500 & 0.000\\0.000 & 0.667 & 0.333 & 0.000 & 0.000\end{bmatrix}$$

$$R_{B_5}=\begin{bmatrix}0.000 & 0.000 & 0.500 & 0.500 & 0.000\\0.779 & 0.221 & 0.000 & 0.000 & 0.000\\0.033 & 0.967 & 0.000 & 0.000 & 0.000\\0.000 & 0.485 & 0.515 & 0.000 & 0.000\end{bmatrix}$$

将综合权重集与隶属度矩阵相乘，得到准则层 B 指标的模糊评价，再以准则层 B 的评价结果（图 4-11）构成目标层 A 的模糊关系矩阵，将准则层的权重集与之相乘，得到水库健康综合评价结果，如图 4-12 所示。

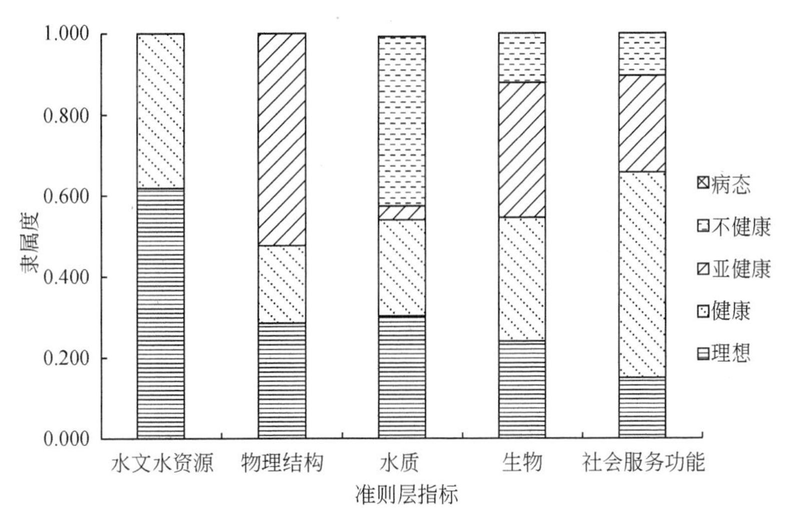

图 4-11　准则层 B 隶属度

在具体的 16 项指标中，最低生态水位满足状况、入库流量变异程度、水库萎缩状况、DO、耗氧有机污染、浮游植物数量、水资源开发利用指标、防洪指标的隶属度处于理想和健康。

河湖连通状况隶属度处于亚健康，说明水流畅通程度不足，主要原因是水功能区指标不达标影响了河湖连通程度。库岸带状况隶属度处于健康和亚健康之间，说明库岸带存在一定的水土流失，植被覆盖度较低，沿线有建筑物、农业耕种、畜牧养殖等人类干扰活动。

大型水生植物覆盖度隶属度处于健康和亚健康之间，说明覆盖度中等。鱼类生物损失指数隶属度处于健康和亚健康之间，说明鱼类种类较为丰富，损失程度较小。而富营养状况、底栖动物完整性指数、水功能区达标指标隶属度介于亚健康和不健康之间，富营养状况更偏向于不健康，说明水库已经达到了一定程度的富营养化；底栖动物种类较少，完整性中等；水功能区达标指标中，总磷、总氮等指标超标，影响到水功能区达标率。

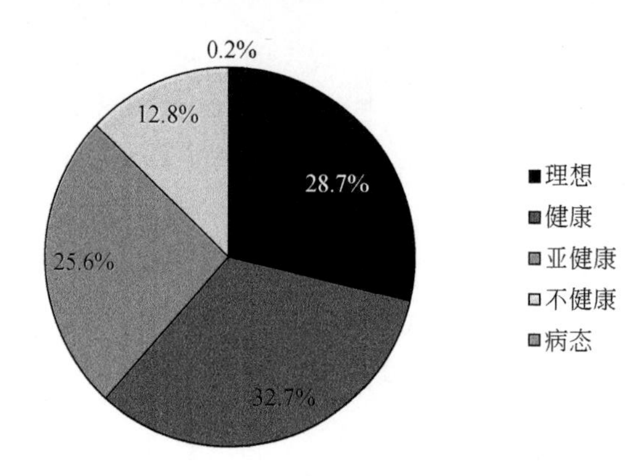

图 4-12　四堡水库健康综合评价结果

总的来看，富营养化状况形势比较严峻，其影响到水功能区达标度，对水库健康评价的影响较大，主要原因是人类活动对库区的影响较大。水库周边种植有桉树林，附近畜禽养殖的粪污排入水系，导致氮磷等营养盐流入水库，造成水体渐富营养化、水质超标，从而影响水功能区达标度。

在准则层指标中，水文水资源指标理想的隶属度较高，生物、社会服务功能指标健康的隶属度较高，而物理结构指标亚健康的隶属度较高，水质指标不健康的隶属度较高。水质、生物、社会服务功能指标均存在不健康的隶属度。

根据隶属度最大原则，健康等级占到 0.327，所以四堡水库的健康评价分级属于健康，与实际情况相符，而亚健康、不健康的占比分别为 0.256、0.128，也不容忽视。目前，四堡水库暂时处于健康状态，但向亚健康，甚至不健康的趋势发展的风险是存在的。

6. 水库集对分析评价

评价等级划分为 5 个等级，即{理想，健康，亚健康，不健康，病态}，通过设定区间[−1，1] 进行五等分，[0.6，1.0]、[0.2，0.6]、[−0.2，0.2]、[−0.6，−0.2]、[−0.6，−1] 分别对应理想、健康、亚健康、不健康、病态 5 个等级。

根据分级标准，按照式（4-17）～式（4-19）可算得各个指标的联系度，将联系度数值与子区间进行对应，得到指标的等级值，结果见表 4-18。

表 4-18　四堡水库各项指标健康评价结果

指标层	联系度	等级	指标层	联系度	等级
最低生态水位满足状况 C_1	0.833	理想	浮游植物数量 C_9	0.996	理想
入库流量变异程度 C_2	1.000	理想	大型水生植物覆盖度 C_{10}	0.250	健康
河湖连通状况 C_3	0.000	亚健康	底栖动物完整性指数 C_{11}	0.000	亚健康
水库萎缩状况 C_4	0.750	理想	鱼类生物损失指数 C_{12}	0.417	健康
库岸带状况 C_5	0.317	健康	水功能区达标指标 C_{13}	−0.250	不健康
DO C_6	0.637	理想	水资源开发利用指标 C_{14}	0.931	理想
耗氧有机污染 C_7	0.938	理想	防洪指标 C_{15}	0.517	健康
富营养状况 C_8	−0.464	不健康	公众满意度指标 C_{16}	0.493	健康

由表 4-18 可知，在具体的 16 项指标中，最低生态水位满足状况、入库流量变异程度、水库萎缩状况、DO、耗氧有机污染、浮游植物数量、水资源开发利用指标处于理想水平；河湖连通状况处于亚健康水平，库岸带状况处于健康水平，但接近健康与亚健康的交界；大型水生植物覆盖度处于健康水平，接近亚健康区间的上限；富营养状况、底栖动物完整性指数、水功能区达标指标处于亚健康和不健康之间，其中富营养状况处于不健康水平。

将各项指标联系度分量与其综合权重相乘可得上一级指标的联系度分量，再根据式（4-17）可以依次算得准则层、目标层的健康情况，见表 4-19。将准则层的联系度分量与对应的指标综合权重相乘可得目标层的联系度分量，最终计算目标层的联系度为 0.430，属于健康等级，因此目前水库暂时处于健康状态，但向亚健康甚至不健康的趋势发展的风险是存在的。

表 4-19　四堡水库准则层、目标层健康评价结果

指标	水文水资源	物理结构	水质	生物	社会服务功能	水库评价
联系度	0.894	0.324	0.252	0.416	0.370	0.430
健康等级	理想	健康	健康	健康	健康	健康

从表 4-19 可看出，水文水资源指标处于理想水平，物理结构、水质、生物、社会服务功能指标处于健康水平，其中水质指标已有接近亚健康的风险。

从上述两种评价方法所得结果可以看出，尽管各评价指标分项结果不尽相同，但水库综合评价结果相同，因此，水库处于健康水平的评价结果较为可靠。

4.4　四堡水库非点源污染控制措施

四堡水库是鹤山市的重要水源地，对周边村镇的供水有着重大作用。而水库水质基本处于 III～IV 类水，富营养化已达到轻度富营养化水平，特别是水库汇水区域的情况较为严重。在水库健康综合评价中，总体上四堡水库处于健康水平，在目标层之下的准则层中，水质、生物、社会服务功能指标在不健康占有一定的隶属度，所以四堡水库存在着向亚健康甚至不健康的趋势发展的风险。基于以上分析，为了保障四堡水库供水安全健康，预防水质恶化和水体富营养化，保障水库生态系统的健康、可持续发展，对四堡水库非点源污染控制措施进行研究。

4.4.1　水库污染源调查

本次调查范围主要为水库集水区范围，包括农村生活污染源（包括畜禽养殖源）和农田径流污染源。

1. 农村生活污染源调查

农村生活污染源主要是居民生产生活所产生的生活污水、垃圾和人畜粪便等，农村生活污染源调查的主要内容包括农村综合用水量、排水量、农业人口数和散养畜禽数等。调查库区内农村人口数和散养畜禽数，核算人均畜禽养殖数和人均综合污染物排放系数；利用农村人口数和污染物排放系数，计算农村生活污染物排放量；将农村人均综合用水量和污染物浓度作为校核指标。一般人均综合用水量为 80～160L/（人·d），COD 浓度为 200～400mg/L。农村生活污染物排放系数为：人 COD 产生量 40g/d、NH_3-N 4g/d；猪 COD 产生量 50g/d、NH_3-N 10g/d。农村生活污水排放系数取 0.9。

畜禽养殖量主要通过各地区的统计年鉴及必要的调查获得，并需换算成猪，换算关系为：30 只蛋鸡折合为 1 头猪，60 只肉鸡折合为 1 头猪，3 只羊折合为 1 头猪，1 头牛折合为 5 头猪。

2. 农田径流污染源调查

标准农田是指平原、种植作物为小麦、土壤类型为壤土、化肥施用量为 25～35kg/(亩·a)、降水量为 400～800mm 的农田。标准农田源强系数为 COD 10kg/（亩·a），NH_3-N 2kg/（亩·a）。其他农田对应源强系数需要进行修正。

（1）坡度修正：土地坡度 25°以下，流失系数为 1.0～1.2；25°以上，流失系数为 1.2～1.5。

（2）农作物类型修正：将玉米、高粱、小麦、大麦、水稻、大豆、棉花、油料、糖料、经济林等主要作物作为研究对象，确定不同作物的污染物流失修正系数。该修正系数需通过科研实验或者经验数据进行验证。

（3）土壤类型修正：将农田土壤按质地进行分类，即根据土壤成分中的黏土和砂土比例进行分类，分为砂土、壤土和黏土。壤土修正系数为 1.0，砂土修正系数为 1.0～0.8，黏土修正系数为 0.8～0.6。

（4）化肥施用量修正：化肥亩施用量在 25kg 以下，修正系数取 0.8～1.0；在 25～35kg，修正系数取 1.0～1.2；在 35kg 以上，修正系数取 1.2～1.5。

（5）降水量修正：年降水量在 400mL 以下的地区流失系数取 0.6～1.0；年降水量在 400～800mL 的地区流失系数取 1.0～1.2；年降水量在 800mL 以上的地区流失系数取 1.2～1.5。

3. 污染源调查结果

四堡水库集水范围内主要污染源基本情况见表 4-20。距水库最近的污染源为鹤仔尾村，排放污染物量最多的为田心村。污染物造成的影响除了禽畜废水、粪便会滋生病害、传播疾病外，其中的氨氮等营养元素会随着雨水流入水系，减少水中溶解氧，使水体容易发生富营养化。水库作为集灌溉、饮用水源于一身的水源地，若污染物未处理得当，将会对水库水质产生一定的影响。

表 4-20　四堡水库集水范围内污染源调查表

序号	污染源名称	与水库距离（m）	人口（人）	畜禽养殖量（头猪）	耕地面积（亩）	污水排放量（t/a）	主要污染物排放量（t/a）	
							COD	氨氮
1	鹤仔尾村	25	170	461	120	11244	12.70	2.29
2	粗石坑村	50	160	121	118	7500	6.31	1.03
3	贤洞山庄	75	5	20	0	394	0.44	0.08
4	榄树士排村	30	65	3	43	2592	1.65	0.23

续表

序号	污染源名称	与水库距离（m）	人口（人）	畜禽养殖量（头猪）	耕地面积（亩）	污水排放量（t/a）	主要污染物排放量（t/a）	
							COD	氨氮
5	大坪村	70	54	4	21	2168	1.18	0.16
6	田心村	55	52	1002	21	42672	48.57	8.82
7	欢乐谷山庄	1400	20	0	0	788	0.29	0.03
8	黄屋村	2000	88	263	37	6061	6.64	1.20
合计			614	1874	360	73419	77.78	13.84

4.4.2　水库污染源控制

1. 农村生活污染负荷控制

农村生活造成的面源污染是四堡水库流域的重要污染源之一。由人的粪便、生活垃圾产生的生活污水直接排入河流，从而进入水库，其对水库的水质有着直接影响，对此需要采取针对性的措施进行控制。具体措施如下：

（1）进行乡村“厕所革命”。对现有干厕进行防渗处理，防止粪便随水渗入地下，污染地下水及水库水质。

（2）散户式生活污水处理。区域内村民住户居住较为分散且居住地地势差异明显，高低不平，因此很难将生活污水集中处理，而且投资及运行费用也相对较高。所以，对于分散式的生活污水处理方案的设计应遵循难度低、管理少、运行稳定的原则。例如，建设一些分散式生活污水处理装置，利用厌氧或接触氧化在内的生物处理技术对各类生活污水进行技术处理，使其达标排放。

（3）生活垃圾处理。加快建设农村生活垃圾处理厂，对其进行资源化、无害化处理。

2. 农业生产活动负荷控制

农业灌溉期间，采用大量的化肥农药，化肥农药经回归水进入水库库区及通过下渗进入地下水层，排入的大量氮磷污染了水库库区，也污染了地下水，给区域水资源质量造成了双重影响。对此可以考虑以下措施：

（1）优化农产品种植结构，转变农业发展方式。推广生态农业，扩大有机农产品种植面积，实行农业产业结构调整，合理使用化肥，鼓励和提倡精准施肥，禁用高污染的肥料，减少农田径流污染负荷，响应国家提倡的农业绿色发展。合理规划和利用土地，根据农田的分布、地势及污染现状情况，人工修建沟渠，让农田污水经过生态沟渠净化后再排入河道。通过在农田建设自然排泄系统，减少被雨水冲刷的氮磷，同时加强管理，防止环境污染。

（2）推广有机肥料。尽量采用有机肥料，落实测土配方施肥、水肥一体化、增施有机肥等措施。例如，作物秸秆还田。农作物丰收之后常将秸秆就地焚烧，这样不仅浪费资源、污染大气，而且焚烧后的草木灰随水流进入库区，污染水体。秸秆还田可通过秸秆粉碎翻压还田、秸秆覆盖还田、堆沤还田等方式将其作基肥用，同时可配合相应的耕作措施。

（3）禁用残留量高、毒性强的农药。提倡发展绿色农业，可以利用食物链（如天敌等）

或物理方法（采用杀虫灯等）捕杀害虫。

（4）积极构建生态拦截屏障。在四堡水库湖岸带周边建立人工湿地，并进行退塘型和退田型湖滨缓冲带建设，构造水库保护的天然屏障。

3. 畜禽养殖污染负荷控制

畜禽养殖也是主要的面源污染，猪、鸡鸭等牲畜禽类产生的粪尿含有大量的氮磷，其不经处理直接排放会对水体造成很大的负担。水库周边集水区已经被列为禽畜禁养区，对于目前仍未关闭或搬迁的养殖户，应及时沟通协调，强化宣传，增强环保意识，提高养殖户自觉性，使集水区的养殖场问题尽快得到解决。加强巡查，严禁在集水区新建禽畜养殖场。对于集水区及附近限养区的养殖场，应对污染物进行统一集中处理，集成推广畜禽粪污资源化利用技术模式，倡导清洁养殖，实现污水零排放，加大对偷排乱排的打击力度。

对于个体散养户，鼓励建立养殖小区，按照“减量化、资源化、无害化”的原则，采用“三分离一净化”的处理模式，集中处理和循环使用养殖废水，收集处理畜禽产生的粪便和清洗污水，将其喷灌至其他植物，真正起到消纳作用。倡导加强对沼气工程的建设，加强对“畜禽粪便-沼气-农作物”这一生态循环模式的推广，争取达到清洁生产的目的。

4. 水产养殖负荷控制

目前，水库水产养殖并无污染迹象，但水库自净能力有限，过多的养殖会给水体增加负担，因此管理者应倡导科学养殖，严厉禁止围网养殖和网箱养殖，建立“禁渔期、限渔区”，控制鱼载量，严格控制水库养殖规模，定期对养殖区进行巡查，走节约型渔业道路。例如，根据水生生态系统的食物链关系，藻类等浮游植物为初级生产者，草食性鱼类以此为食，肉食性鱼类为二级消费者，如此可以发挥以藻类为食的鱼类优势，控制藻类数量。在库区投放鱼类时，根据四堡水库现状，参考相关研究资料，必须对鱼类品种、规格、密度和数量进行科学合理规划。

5. 商品林种植污染负荷控制

除了生活污染源外，影响水库水质的还有水库集雨范围内种植的桉树林。四堡水库集雨范围内林地总面积 33019 亩，其中原有商品林 25103 亩、生态林 7916 亩，商品林以桉树为主，生态林以杂树为主。桉树生长极快，是世界上生长最快的树种之一，且轮伐期短，可以带来良好的经济效益。另外，桉树林会对生态环境造成一定影响。桉树林在造林时均要施肥和追肥，肥料会造成集雨面积的面源污染；桉树生长过程会对水土造成不良影响，使蓄水层干枯，土壤贫瘠；且桉树林总磷总氮流失量比其他阔叶林大很多。以福清市西溪水库为例，西溪水库集雨区没有任何工业、农业、畜牧业以及生活污染源的影响，植被保持良好，水质保持在Ⅱ类以内，相对比较清澈。2006 年以后，三分之一的涵养林林地被巨尾桉取代，对巨尾桉施肥后都要进行除草，从而水土流失逐渐明显，2009 年 8 月 9 日受台风“莫拉克”的影响，水土流失越发严重，水质变差。

四堡水库已列为鹤山市重点备用水源地。为保护水库水资源，鹤山市政府印发《鹤山市四堡水库商品林调整为生态公益林的实施方案》，按“先急后缓、分 4 年逐步调整”的办法，对商品林进行调整。林地经营者（承包者）在林木成熟时（速生桉 5～7 年、松树 15 年）自愿将山地租赁合同转给鹤山市生态公益林管理中心续租的基础上，办理林木砍伐申请，经批准砍伐林木后的林地，由鹤山市生态公益林管理中心接管经营；待条件成熟后，再将现有的商品林地转为生态公益林地。据了解，商品林调整为生态公益林后，实行生态公益林管理，落实生态公益林补偿机制和更新造林措施，种植乡土阔叶树种，并连续抚育3 年。

由于桉树生命力强，砍伐后的桉树会有重生迹象，可以根据实际情况，同时考虑之后生态林种植方面，利用药物强杀或火烧等方法对桉树进行灭杀。加强流域的森林保护，充分发挥森林植被的生态系统保护功能；在流域内人口稀少地区，实行封山育林，防止水土流失。

4.4.3　水库周边污染控制

（1）加强生态湖滨带建设。它在保护水源、减少水土流失及保护生物多样性和平衡生态系统方面都有非常关键的作用。例如，合理选择栽种满江红、芦苇等本地植物，利用植物吸附氮磷的特性，进一步降低氮磷污染物入库量，并于每年定期进行收割、清理，防止造成二次污染。通过建设水源涵养林，形成多层次、多群落的植物保护圈，在库区周边特别是水库上游入河口处形成生态湖滨带，从而有效拦截入库污染物。

（2）禁止在水库周边堆放垃圾、杂物。在水库周边设立警示牌，安排相关人员定时巡逻、清理，努力达到堤岸没有垃圾、水面没有漂浮物、库中没有污染物、饮用水源没有污染。

4.4.4　定期监测

（1）定期对水库进行水文及水质等项目监测，对代表断面、主要支流口、入河排污口、水库取水口等进行监测，及时获取水库水量和水质情况，掌握和分析四堡水库水生态环境质量变化趋势，实现对水库水质的动态管理，便于对突发情况采取正确的应对措施。

（2）加强水生生物多样性的监测管理，加强野外定位监测网络站点的建设，进行水生生物种分类与编目，建立水生生物多样性数据库和水生生物多样性生态群落结构特征系统，为该流域水生生物多样性的研究提供基础数据。

4.4.5　加强水库的运行与管理

有关部门对四堡水库的水资源保护与管理分清权责，明确各个部门的关系和责任，建立起分工明确、通力合作的联合治污机制。例如，合理调节水库水量，加强水库与周围流域水系之间的互联互通，减少水库与河流之间的阻隔，实现水资源的可持续利用、水库生态环境健康发展；在汛前要对闸门、启闭设备及备用电源逐一进行检修测试，确保其正常运行。管理单位要完善防洪应急预案，储备足够的防洪物资，如沙包、冲锋舟、喇叭等，加强应急演练，加强水文观测，汛期要及时和水文、气象部门沟通信息，做到早预防、早安排，避免对水库防洪造成影响，保障水库下游群众生产、生活及土地安全。

政府适当增加对水资源保护的投入，保障资金合理运用到位，对上游水污染进行综合整治，保障入库水达到要求。落实“互联网+河长制”“互联网+湖长制”，可设置公众号等网络媒介，加大对饮用水水源地保护的宣传力度，推动社会关注，增强百姓群众的环保意识，加强社会监督，动员全体人民积极参与饮水水源的保护工作，严厉打击污染饮用水源和破坏生态环境的行为。

4.4.6 制定和完善相关法律政策

根据《广东省环境保护条例》(2015 年)、《广东省水资源管理条例》(2003 年)、《广东省饮用水水源水质保护条例》(2010 年)、《广东省人民政府关于加强水污染防治工作的通知》(粤府［1999］74 号)等一系列与水资源和水环境保护的相关法律法规，应该尽快制定和完善四堡水库水资源环境保护办法和管理制度，明确库区水污染防治相关部门的职能，共同配合有效推动水资源保护的进程，建立长期有效的管理和反馈机制，同时应制定和完善有关四堡水库的应急预案，包括水源水质突发事件预案、投毒突发事件预案、供水系统突发事件预案、水厂受雷电袭击突发事件预案、水厂泄氯突发事件预案及水灾疫情突发事件预案等，保障水库水源安全。

政府应当依据国家现有的相关法律法规，根据《鹤山市生态功能区划》(2007)和《江门市生态市建设规划》(2007)，同时结合四堡水库的实际情况，对水库进行保护。四堡水库属于二级水源保护区范围，应严格控制人类的土地开发活动，严格保护水源、森林等资源并进行防治，对森林与水体等自然资源的开发利用要以不损害生态系统的服务功能为原则，禁止导致植被退化的各种生产活动，加强四堡水库生态环境的保护和建设。

4.5 小 结

本章在介绍四堡水库流域的地形地貌、水文气象条件、土地利用状况、水利工程、社会经济情况等的基础上，在四堡水库布设多处监测断面进行水质监测，分析水质因子时空变化规律，利用多种分析方法对其水质状况进行综合评价，对水库健康开展分析评估，所取得的主要研究成果如下：

(1) 在充分分析典型水质指标时空变化规律的基础上，分别采用单因子评价法、BP 神经网络法、主成分分析法及指数法等对四堡水库水质和富营养化状况进行综合评价，发现水库水质总体为 III～IV 类，水库处于轻度富营养化状态，水库汇水区的富营养化程度较高；利用 Pearson 方法研究叶绿素 a 与水质因子的相关性，分析影响水库富营养化的主要驱动因子，发现叶绿素 a 与氨氮相关性较强，氮为浮游植物生长的限制因子，控制氮素浓度能够有效地治理水体富营养化。

(2) 为了研究四堡水库健康情况，构建了四堡水库健康综合评价体系，将层次分析法和熵值法进行主客观组合赋权来确定各项指标的权重，利用模糊综合评价法和集对分析法对水库进行健康综合评价，结果表明，四堡水库处于健康水平，而水质、生物、社会服务功能指标均存在不健康的隶属度，它们是影响四堡水库健康等级的主要因子。尽管目前水库暂时处于健康状态，但存在向亚健康甚至不健康的趋势发展的风险。

(3) 根据水库的水质和生态健康综合情况，提出了四堡水库非点源污染控制措施，包括污染源控制、水库周边污染控制、水库监测和管理、相关法律政策等，多策并举，更好地保护四堡水库水环境，保障水源安全健康。

第5章　北江飞来峡水库库区污染源评价与污染负荷核算

5.1　研究区概况

5.1.1　地理位置

北江是珠江流域第二大水系，位于广东省中部偏北，发源于江西省信丰县石碣大茅山，北江自北向南流，经曲江县、英德市、清远市至三水思贤滘与西江相通后，注入珠江三角洲河网区，主流由虎门出南海。思贤滘以上流域总集水面积为46710km^2，占珠江流域面积的10.3%。飞来峡水利枢纽位于北江干流中游清远市管辖境内，其控制流域面积为34097km^2，占北江流域面积的73%，是北江流域的重要组成部分。

飞来峡水利枢纽上距英德市50km，下距清远市33km，是广东省最大的以防洪为主的综合性水利枢纽，其以防洪为主，兼有发电、航运、供水和改善生态环境等作用，是北江流域综合治理的关键工程，飞来峡水利枢纽整体布局如图5-1所示。

图5-1　飞来峡水利枢纽

飞来峡库区流域控制面积为2450km^2，横跨英德市以及清城区两个县级区，包括飞来峡镇、黎溪镇、连江口镇、大站镇、英红区、英城镇、望埠镇、石灰铺镇、西牛镇以及水边镇在内的十个镇级行政区划，流域内人口约为 29.5 万人。其地形地貌上分为两段，自英德市区至盲仔峡段河谷宽阔，沿河多以冲积平原为主；盲仔峡至飞来峡段则多为低山丘陵区。图 5-2 为飞来峡库区各镇（区）区位图。

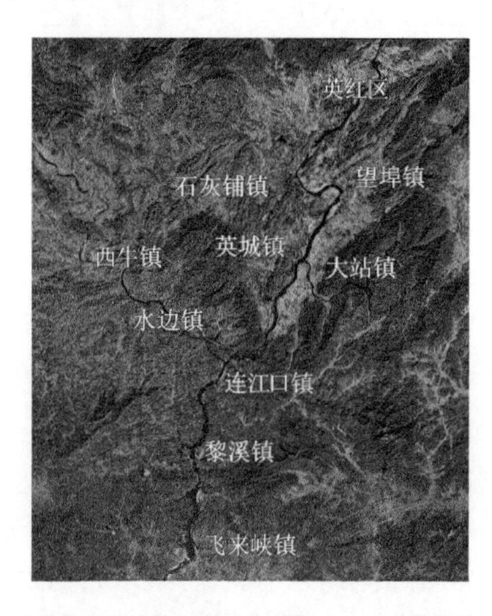

图 5-2　飞来峡库区各镇（区）区位图

5.1.2　飞来峡库区非点源污染状况

飞来峡水利枢纽正常蓄水位时库区水面面积约 70.3km^2，库区污染源主要涵盖上游来水和库区周边城镇的生活污水、工业废水和农业废水。库区上游有韶关市、阳山县和连州市，库区周边有英德市下属的多个镇及清城区飞来峡镇。

飞来峡水库是河道型水库，水域流经清远市下属的两个县级行政管理区，库区内常住人口多，水事活动较为频繁，库区水面面窄湾多，库湾分散，水资源保护和管理难度很大，导致库区水资源保护与沿江地区经济发展之间的矛盾日益尖锐。

据广东省水利水电科学研究院 2010 年编制的《广东省飞来峡水利枢纽库区污染源普查报告》显示，飞来峡库区接纳的污染物主要由两部分构成，即上游流域进入库区流域的污染物以及库区流域自身产生的污染物。具体到库区流域内产生的污染物，70%以上的污染物由非点源污染贡献，点源污染排入库区的污染物占库区流域污染的比例不到 30%，即库区范围内非点源污染产生的污染物为点源污染产生的污染物的 2～3 倍，且非点源污染所占比例呈现逐年增大的态势，说明非点源污染是飞来峡流域内的重点污染源。另外，林文婧和杨慧（2011）研究结果显示，飞来峡库区流域 85%的 COD、71%的 BOD_5、80%的总氮、84%的总磷、72%的油脂以及全部的铜和锌均由非点源污染贡献，说明库区流域非点源污染的贡献率远高于点源污染。因此，非常有必要对库区流域内的非点源污染现状进行深入的分析评价研究，从而为库区流域的非点源污染防治以及水资源保护提供科学依据。

5.2　北江飞来峡水库库区污染源现状评价

5.2.1　概述

目前，非点源污染的评价方法主要有等标污染负荷法、聚类分析法和改进的理想解法（TOPSIS）等，国内外学者已利用上述方法在非点源污染评价研究中开展了大量研究工作。梁倩等（2016）、赵海萍等（2017）采用等标污染负荷法分别对海河流域南系漳河上游和河南省鹤壁市淇河流域的非点源污染情况进行了分区域、分来源的负荷评价，评价结果均为当地相关部门的管理和决策提供了一定的科学依据。Li 等（2017）采用等标污染负荷法对漓江的污染负荷进行评价，结果表明，总氮和总磷为河道内的主要污染物，并建议采用上游水库补给的方式改善水质。李璇和董利民（2011）、崔巍等（2013）均在等标污染负荷法的基础上，采用聚类分析法分别对黑龙江省哈尔滨市以及云南大理洱海流域的非点源污染进行区域相似度评价，从而合理科学地对研究区的非点源污染重点防治区域进行筛分。卢少勇等（2017）在鄱阳湖流域应用等标污染负荷法进行农业非点源污染负荷的空间特征评价，确定了优先控制区，并用聚类分析法将流域内的非点源污染划分为 4 类，进行分区管理。另外，张双圣等（2017）将层次聚类分析法应用于徐州市云龙湖大尺度、多断面、长时间的大量样本水质评价工作中，完整地反映了水质样本的总体特征。

5.2.2　基本资料

广东省水利科学研究院于 2010 年编制完成了《广东省飞来峡水利枢纽库区污染源普查报告》，通过调查掌握库区排污口的数量及分布情况，摸清重要水功能区，特别是饮用水水源保护区的排污口设置情况及入河（库）污染物总量，并进行非点源污染情况调查，包括库区农业和生活污染源调查，全面掌握库区各类污染物及营养盐总量，该普查报告数据较为翔实，本书的研究根据该数据进行分析评估。

所涉及的飞来峡库区内各镇区非点源污染数据包括 10 个镇区内的生活污水、种植业、水产养殖业以及畜禽养殖业所产生的年污染物排放量，污染物包括 COD、BOD_5、总氮、总磷、氨氮、动植物油、铜和锌，共 8 种。

5.2.3　分析评价方法

1. 等标污染负荷法

鉴于等标污染负荷法的强综合性、易操作性及明显的地域区分性和聚类分析法的直观性及类别内的强相似性，采用这两种方法对北江飞来峡库区流域的非点源污染现状进行深入评价，所得结论可为相关部门识别重点污染源、重点污染区，并进行流域内水污染分区域防控和治理提供定量的科学依据。

等标污染负荷法的基本思想是把污染源调查所获得的各种污染物的排放总量分别与对应的环境评价标准进行比较，使它们转换成统一的具有相同环境意义的定量数值，从而在同一尺度上进行比较和度量，这一过程也称为参数的等标化。等标污染负荷法操作简单，具有明显的地域区分度，综合性强，适用于非点源污染中各类污染物和污染源的分析比较，以确定重点污染源。

等标污染负荷法的基本计算公式如下。

（1）某污染物的等标污染负荷量为

$$P_i = \frac{C_i}{C_0} \tag{5-1}$$

（2）某污染源的等标污染负荷量为

$$P_j = \sum_{k=1}^{t}\sum_{i=1}^{r} P_{ij} \tag{5-2}$$

（3）某镇区的等标污染负荷量为

$$P_k = \sum_{j=1}^{s}\sum_{i=1}^{r} P_{ik} \tag{5-3}$$

（4）整个区域的等标污染负荷量为

$$P = \sum_{j=1}^{s} P_j \text{ 或 } P = \sum_{k=1}^{t} P_k \tag{5-4}$$

（5）某污染物在某镇区下的污染负荷比为

$$K_{ik} = \frac{\sum_{j=1}^{s} P_{ik}}{P_k} \times 100\% \tag{5-5}$$

（6）某污染物在某污染源中的污染负荷比为

$$K_{ij} = \frac{\sum_{t=1}^{k} P_{ij}}{P_j} \times 100\% \tag{5-6}$$

（7）某污染源污染负荷占总区域污染负荷的比例为

$$K_j = \frac{P_j}{P} \times 100\% \tag{5-7}$$

（8）某镇区污染负荷占总区域污染负荷的比例为

$$K_k = \frac{P_k}{P} \times 100\% \tag{5-8}$$

式中，i 为污染物种类，共 8 种；j 为污染源，共 4 种；k 为镇区，共 10 个；C_i 为污染物 i 的排放量，t/a；C_0 为该污染物的排放限值（评价标准），mg/L。参考《污水综合排放标准》（GB8978—1996）等综合确定各污染物排放限值，见表 5-1。

表 5-1　各污染物排放限值

污染物	COD	BOD_5	总氮	总磷	氨氮	动植物油	铜	锌
排放限值（mg/L）	100	30	20	1	15	20	0.5	2

2. 聚类分析法

聚类分析法是将数据分到不同的类或者簇的一个过程，同一个类（簇）中的对象有很大的相似性，而不同类（簇）间的对象有很大的相异性，聚类分析法通常分为样品聚类和变量聚类。

样品聚类中，首先将 n 个样品看成 n 类，采用欧式平方距离（squared Euclidean distance），将距离最近的两类合并为一个新类，得到 $n-1$ 类，再从中找出最接近的两类加以合并成为 $n-2$ 类，如此以往，直到所有样品均归为一类。欧式平方距离的计算公式如式（5-9）所示：

$$d_{ij}=\sum_{k=1}^{n}(x_{ik}-x_{jk})^2 \tag{5-9}$$

式中，i、j 分别为第 i、第 j 个样品；x_{ik} 为第 i 个样品中第 k 个指标的值。

将飞来峡库区 10 个镇区作为样本、4 种污染源的等标污染负荷量作为计算指标，对飞来峡库区流域非点源污染中同种类型镇区进行划分。

5.2.4　研究结果

1. 等标污染负荷法

利用式（5-5），对飞来峡库区十个镇区中的各类污染物的负荷比进行计算，结果如图 5-3 所示。

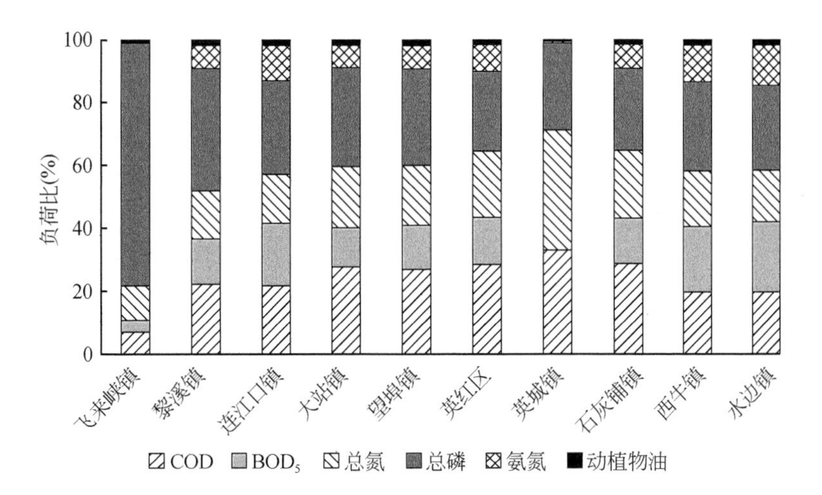

图 5-3　飞来峡库区十个镇区中各类污染物负荷比

由图 5-3 可知，飞来峡镇污染物中总磷占了约 80%，总氮占了约 10%，分析原因可知，飞来峡镇以水产养殖业和畜禽养殖业为主，总氮、总磷等污染物的产生大多来源于此。英城镇以总磷、COD 和总氮污染为主，由于英城镇建有污水处理厂，生活污水均经过处理之后再排放，不直接散排入河道沟渠，因此不计入非点源污染的范围内，其污染物来源主要

为畜禽养殖业和种植业的总氮、COD 以及总磷。其余八个镇区较为相似，均以 COD、总磷污染为主，还有少部分的总氮、BOD_5和氨氮。

利用式（5-6），可得到各污染物在各污染源中的污染负荷比，结果如图 5-4 所示。

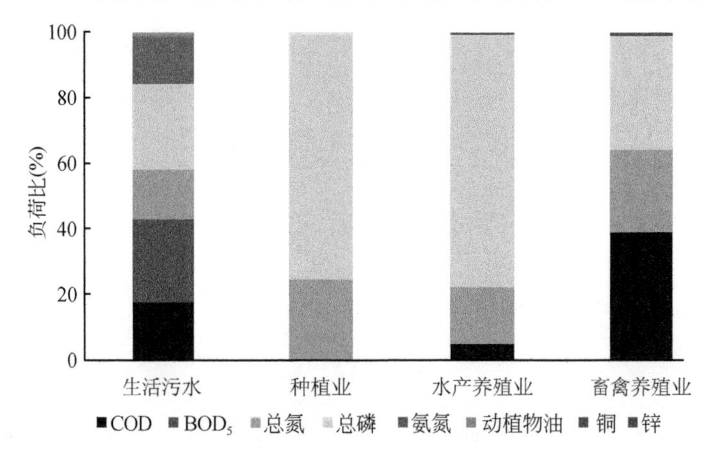

图 5-4　飞来峡库区四种污染源中各类污染物负荷比

由图 5-4 可知，生活污水中主要有总磷、BOD_5、COD、总氮和氨氮 5 种污染物，还包含少量的动植物油，生活污水所产生的污染物成分复杂多样，需引起广泛关注。而种植业中只有两种污染物，分别为总磷，占比约 75%，总氮，占比约 25%，这两种污染物均来自于库区流域磷肥和氮肥的过度施用。水产养殖业以总磷污染为主，其负荷比为 77.78%，还有 17.16%的总氮污染，另外值得关注的是水产养殖业中还有少量的重金属铜、锌污染。由于铜、锌等微量元素广泛存在于鱼饵当中，因此重金属铜、锌污染主要来自于饲料的投放和鱼药的施用等养殖行为。畜禽养殖业中，以 COD、总磷和总氮为主，还有微量的重金属污染。清远飞来峡库区流域畜禽养殖业较发达，以走地鸡特色产业为主，还有少部分的生猪养殖，其污染主要来源于走地鸡和生猪的粪便、尿液以及各种废弃物等。另外，从整体来看，BOD_5、氨氮以及动植物油这三类污染物只来源于生活污水，因此，这三类污染物的治理只需针对生活污水重点进行。

利用式（5-7），可得各污染源负荷占总区域污染负荷的比例，结果如图 5-5 所示。由图 5-5 可知，整个飞来峡库区流域一半以上的非点源污染来源于生活污水散排，还有接近 40%的非点源污染来自于畜禽养殖业，说明生活污水和畜禽养殖业是库区流域的重点污染源，应着重对这两方面污染源进行源头控制以及污染修复。

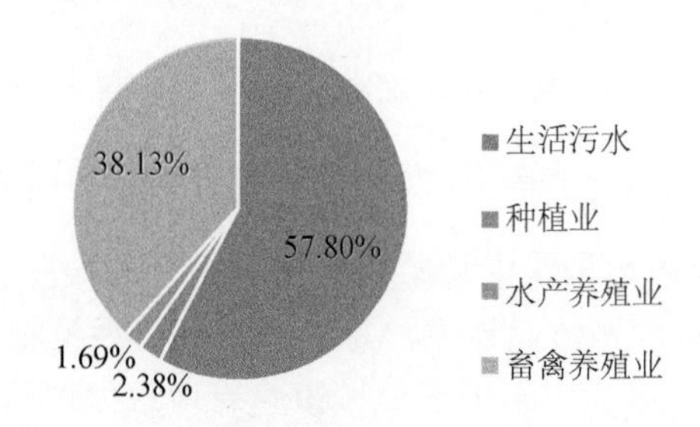

图 5-5　四种污染源负荷占总区域污染负荷的比例

利用式（5-8）可计算得到各镇区污染负荷占总区域污染负荷的比例，结果如图 5-6 所示。

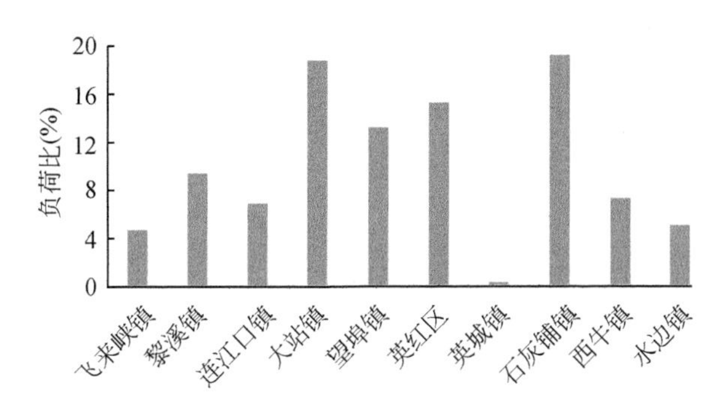

图 5-6　各镇区污染负荷占总区域污染负荷的比例

由图 5-6 可知，各镇区的污染负荷比分别为：石灰铺镇＞大站镇＞英红区＞望埠镇＞黎溪镇＞西牛镇＞连江口镇＞水边镇＞飞来峡镇＞英城镇。其中，石灰铺镇和大站镇的负荷比分别为 19.24%和 18.80%，且两者均位于流域中上游，所产生的污染会对流域下游河道造成严重影响。结合图 5-3 进一步分析可知，一方面，石灰铺镇和大站镇均为人口重镇，经统计，石灰铺镇未经过市政排污口集中排放的人口数高达 37203 人，大站镇为 34768 人，生活污水随意排放，导致 COD、总磷、总氮等污染物严重超标，再加上污水处理设施不完善甚至不存在，直接导致生活污水成为这两个镇区非点源污染的重要来源。另一方面，石灰铺镇和大站镇的畜禽养殖业也较为发达，石灰铺镇的走地鸡和生猪年出栏量分别为 17 万只和 21522 头，大站镇则分别为 65 万只和 20670 头，这也使得畜禽养殖业成为两个镇区非点源污染的重点来源。英红区、望埠镇的负荷比则分别为 15.30%和 13.26%，紧随于后。英城镇的负荷比则是最低的，仅为 0.26%。

2. 聚类分析法

为对各镇区的非点源污染进行更进一步的类别划分和统一管理，以 10 个镇区各污染源的等标污染负荷为依据，采用样品聚类中的欧式平方距离对其进行计算分析，结果如图 5-7 所示。以图中竖向虚线为界，将 10 个镇区分为四类。各类别等标污染负荷的平均值见表 5-2。

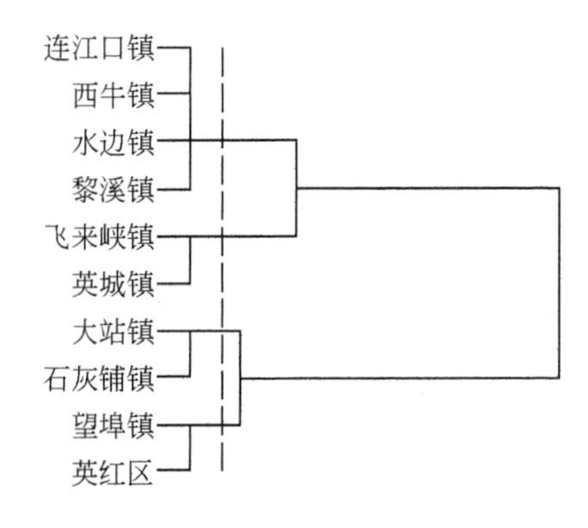

图 5-7　聚类分析结果

表 5-2　各类别等标污染负荷平均值　（单位：$10^6m^3/a$）

类别	生活污水	种植业	水产养殖业	畜禽养殖业	总计
Ⅰ	15.21	0.18	3.91	1.66	20.97
Ⅱ	23.46	1.63	0.01	8.08	33.18
Ⅲ	36.80	0.89	0.00	28.94	66.63
Ⅳ	45.31	1.23	0.00	42.22	88.77

Ⅰ类包括飞来峡镇和英城镇，属于轻度污染区，此类镇区的特征是整体污染程度最低，其等标污染负荷平均值仅为 $20.97\times10^6m^3/a$。其中，生活污水所占份额最大，占 4 种污染源的 72.56%，可着重对生活污水进行深入治理。Ⅱ类包括连江口镇、西牛镇、水边镇和黎溪镇，属重度污染区，此类镇区均位于流域中下游，生活污水仍为主要污染源，占比为 70.69%，还有一部分的畜禽养殖污染，占比为 24.36%。Ⅲ类包括望埠镇和英红区，属较重度污染区，位于流域上游区域，整体污染程度偏高，生活污水和畜禽养殖业占比分别为 55.23%和 43.44%。Ⅳ类包括大站镇和石灰铺镇，位于流域中上游，属特重度污染区，其等标污染负荷平均值高达 $88.77\times10^6m^3/a$，为Ⅰ类的 4.2 倍，其中，生活污水占比 51.04%，畜禽养殖占比 47.57%。可以看出，位于流域上游以及中上游的镇区污染程度特别高，若不进行整治，将对流域中下游河道乃至整个库区流域产生严重影响。因此，必须将中上游流域的生活污水和畜禽养殖作为防控重点，进行深入治理。针对生活污水，建立污水处理厂，进行统一集中处理，达标后再排放；针对畜禽养殖业，建立畜禽生态养殖场，集中处理畜禽粪便，建设沼气池，提高废物利用效率等。

5.3　北江飞来峡水库库区非点源污染特征

5.3.1　小流域场次降雨径流监测

经实地察看后，在飞来峡镇社岗排洪渠出口处安装多普勒超声波明渠流量计，以获取排洪渠小流域总出口的逐小时径流数据，如图 5-8 所示。飞来峡镇社岗排洪渠流域位于飞来峡水利枢纽坝前左岸，控制面积约 $37.61km^2$，其控制范围内有社岗、横石、升平三个村委会以及北潦村委会部分自然村约 1.5 万人的生产、生活、耕作中产生的点源和非点源污染，人口密度高达 400 人/km^2，远高于国家平均水平（138 人/km^2）。经过实地调研，流域内水质状况不容乐观，生活污水散排情况严重，造成严重的非点源污染。由于社岗流域非点源污染占比较大，具有典型性及代表性，因此选取社岗流域进行降雨径流水量水质监测实验及非点源污染模拟研究工作。加之，社岗排洪渠所处流域资料较全，同时在飞来峡水利枢纽管理处内设有控制闸门，能够控制排洪渠内的流量，在洪水期可帮助库区流域泄洪排涝，其流域出口位于飞来峡水利枢纽管理处内的渠道，也便于非点源污染控制技术措施的实施。社岗流域出口渠道断面呈梯形，底宽为 14m，边坡为 1∶2.5，且边坡表面较为光滑平整，基本无杂草，也可保证在断面出口处所获得的流量数据的准确性。

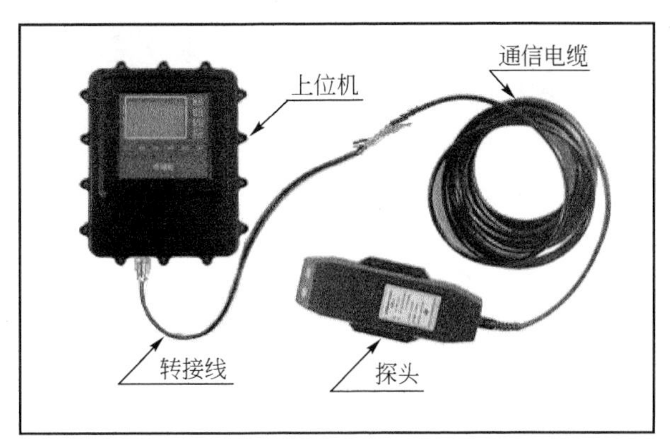

(a)流量计示意图

(b) 社岗排洪渠出口处

(c) 流量计上位机及太阳能板安装点

图 5-8　多普勒超声波明渠流量计及其安装现场

在流量计安装位置同时进行场次降雨的水样采集。场次降雨采样开始时刻为降雨开始后不久水位起涨时刻，以后每隔 1h 整点采样，持续至降雨结束后的若干小时，以社岗排洪渠断面径流量基本恢复正常水平为准，或以水位降至降雨前水平为准。

2017 年雨季后汛期共获得 5 场降雨的水量水质监测数据，日期分别为 20170824、20170827、20170828、20170904 及 20170907。2018 年前汛期共获得 6 场降雨的水量水质监测数据，日期分别为 20180414、20180415、20180424、20180507、20180509 和 20180606。所采集水样大多为淡黄色，稍有气味，表面有大量悬浮物。所检测污染物包括悬浮物（SS）、BOD_5、COD_{Mn}、TP、TN 和 NH_3-N 共 6 种。

各污染物的测定方法如下。

（1）悬浮物（SS）的测定方法：《水质悬浮物的测定重量法》（GB/T 11901—1989），使用仪器为万分之一电子天平，方法检出限为 4mg/L；

（2）BOD_5 的测定方法：《水质五日生化需氧量的测定稀释与接种法》（HJ 505—2009），使用仪器为生化培养箱，方法检出限为 0.5mg/L；

（3）COD_{Mn} 的测定方法：《水质高锰酸盐指数的测定》（GB/T 11892—1989），使用仪器为滴定管，方法检出限为 0.5mg/L；

（4）总磷的测定方法：《水质总磷的测定钼酸铵分光光度法》（GB 11893—1989），使用仪器为紫外可见分光光度计，方法检出限为 0.01mg/L；

（5）总氮的测定方法：《水质总氮的测定碱性过硫酸钾紫外分光光度法》（HJ 636—2012），使用仪器为紫外可见分光光度计，方法检出限为 0.05mg/L；

（6）氨氮的测定方法：《水质氨氮的测定纳氏试剂分光光度法》（HJ 535—2009），使用仪器为紫外可见分光光度计，方法检出限为 0.25mg/L。

另外，进行非点源污染模拟时必须扣除河道的点源污染，且由于降雨径流是非点源污染的主要原因，因此假设非汛期无雨日河道污染物排放均为点源污染，从而进行枯季径流常规水样采集，即从 2017 年 10 月下旬至 2018 年 3 月上旬的无雨日采集水样（采样频率为每月两次，分别于每月 10 日和 25 日上午 10：00 准点采集），得到 10 个无雨日点源排放的污染物浓度样品。采用 SWAT Bflow 程序对 2017 年 10 月～2018 年 3 月径流进行基流分割，得到各月份常规水质样品当日基流量，再采用基流量加权平均算法得到枯季各污染物平均浓度，最后控制常规点源污染日负荷量不变，得到汛期基流的点源污染浓度。

5.3.2 污染物浓度与流量变化特征分析

2017 年汛期对社岗排洪渠进行降雨径流水量水质同步检测，所获得的 5 场较为完整的水量水质数据检测结果见表 5-3。

表 5-3 社岗排洪渠典型降雨径流全过程水质采样污染物检测结果

日期	采样时间	流量（m^3/s）	污染物浓度（mg/L）					
			SS	BOD_5	COD_{Mn}	TP	TN	NH_3-N
20170824	10:00	1.39	32	4.2	3.5	0.16	2.32	1.02
	11:00	1.36	38	4.0	4.2	0.26	3.68	2.24

续表

日期	采样时间	流量（m^3/s）	污染物浓度（mg/L）					
			SS	BOD_5	COD_{Mn}	TP	TN	NH_3-N
20170824	12:00	1.44	32	3.6	3.3	0.18	2.96	1.28
	13:00	1.4	29	4.1	3.6	0.19	2.36	0.814
	14:00	1.59	65	4.2	3.7	0.16	2.24	0.84
	15:00	1.71	52	5.0	4.5	0.25	3.00	1.56
	16:00	1.66	71	5.5	4.8	0.24	2.50	1.11
	17:00	1.47	105	3.5	4.4	0.21	2.25	0.923
20170827	11:00	1.78	53	3.7	3.5	0.20	3.04	1.92
	12:00	1.62	46	4.7	4.5	0.21	3.14	1.94
	13:00	1.58	61	3.8	3.6	0.18	2.56	1.22
	14:00	1.64	79	4.2	4.0	0.16	2.21	0.87
	15:00	1.92	60	4.3	4.0	0.17	2.36	0.939
	16:00	1.98	83	5.2	4.8	0.15	2.15	0.782
	17:00	1.98	98	4.6	4.4	0.16	2.10	0.766
	18:00	2.31	88	4.8	4.5	0.18	2.35	1.05
20170828	9:00	2.62	82	4.7	4.4	0.18	2.02	0.921
	10:00	2.38	66	4.3	4.2	0.20	2.34	1.23
	11:00	2.48	90	4.6	4.3	0.18	2.19	0.806
	12:00	2.79	68	4.8	4.4	0.18	2.10	0.993
	13:00	2.65	92	6.6	6.0	0.20	2.11	0.977
	14:00	2.69	116	5.3	5.1	0.20	1.48	0.795
	15:00	2.86	135	5.4	5.3	0.27	1.67	0.851
	16:00	2.87	190	7.7	6.1	0.27	2.59	1.03
20170904	13:00	1.08	36	3.4	3.6	0.185	3.935	2.1
	14:00	1.07	35	3.85	3.6	0.18	3.745	1.895
	15:00	1.02	45	1.95	3.5	0.16	3.115	1.49
	16:00	1.01	55.5	2.0	3.45	0.175	2.705	1.305
	17:00	1.84	44.5	3.9	3.45	0.19	2.635	1.27
	18:00	1.6	129.5	4.3	3.4	0.165	2.245	1.125
	19:00	1.69	136.5	3.1	3.85	0.175	1.85	0.896
	20:00	2.05	54	2.35	4.35	0.185	1.88	0.814
	21:00	2.08	61	2.5	4.3	0.185	1.905	0.864
	22:00	1.76	59	2.45	4.2	0.19	1.945	0.857
	23:00	1.71	119	2.85	4.3	0.20	1.96	0.838
	0:00	1.82	124.5	3.0	4.25	0.19	1.84	0.854
	1:00	2.03	75.5	2.7	4.25	0.19	1.765	0.812
	2:00	1.84	92	4.0	4.75	0.2	1.92	0.808
	3:00	1.84	81	3.75	5.05	0.175	2.09	0.885

续表

日期	采样时间	流量（m^3/s）	污染物浓度（mg/L）					
			SS	BOD_5	COD_{Mn}	TP	TN	NH_3-N
20170907	9:00	1.32	266	3.9	4.8	0.20	1.43	1.03
	10:00	1.27	254	4.0	4.8	0.22	1.84	0.978
	11:00	1.21	218	4.2	5.1	0.23	1.44	1.04
	12:00	1.17	210	4.1	4.9	0.25	1.45	1.03
	13:00	1.12	244	4.3	5.0	0.22	2.09	1.03
	14:00	1.02	170	4	4.9	0.19	2.27	0.978
	15:00	0.97	201	4.1	4.9	0.19	1.49	0.959
	16:00	1.01	192	3.6	4.5	0.21	1.56	0.891
	17:00	1.06	101	3.8	4.8	0.22	1.45	0.926
	18:00	1.21	132	3.6	4.4	0.2	1.42	0.888
	19:00	1.19	117	3.7	4.6	0.21	1.33	0.932
	20:00	1.2	126	3.5	4.2	0.21	1.42	0.913

现给出 2017 年 5 个场次的流量-污染物浓度变化过程，具体如下。

20170824 场次降雨的流量-污染物浓度变化过程如图 5-9 所示。由图 5-9 可知，SS、BOD_5 及 COD_{Mn} 这 3 种污染物浓度的变化趋势与流量的变化趋势基本一致。另外，TP、TN 和 NH_3-N 这 3 种污染物具有明显的初期冲刷效应，其浓度最大值均出现在降雨发生后 1h。初期冲刷效应是指前期地表污染物累积量大，径流对污染物的侵蚀和冲刷使其浓度升高并迅速达到峰值的现象。后续随着流量的增大，其稀释作用又占据了主导地位，污染物浓度逐渐降低。

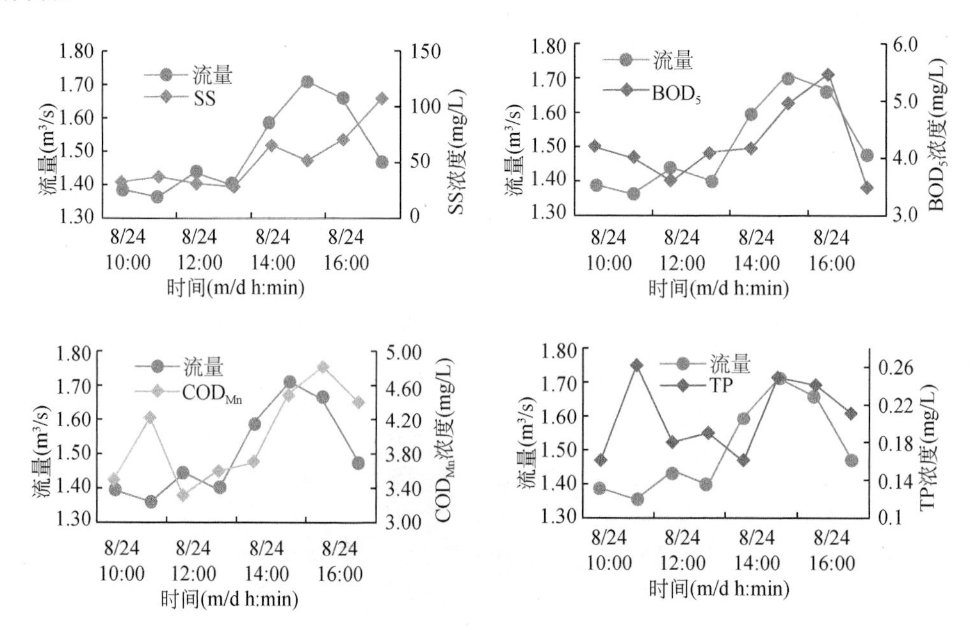

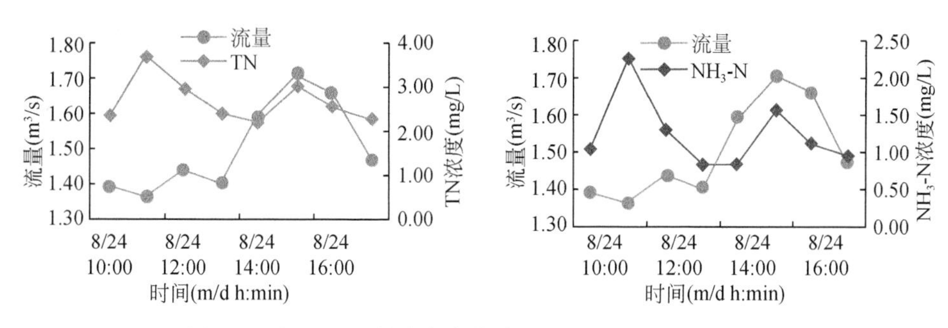

图 5-9　流量-污染物浓度变化过程（20170824 场次降雨）

20170827 场次降雨的流量-污染物浓度变化过程如图 5-10 所示。由图 5-10 可知，SS 浓度与流量变化趋势基本一致。BOD_5 及 COD_{Mn} 浓度均在降雨开始后 1h 达到一个相对高值。另外，TP、TN 和 NH_3-N 这 3 种污染物具有明显的初期冲刷效应，均在降雨开始后 1h 出现浓度峰值。

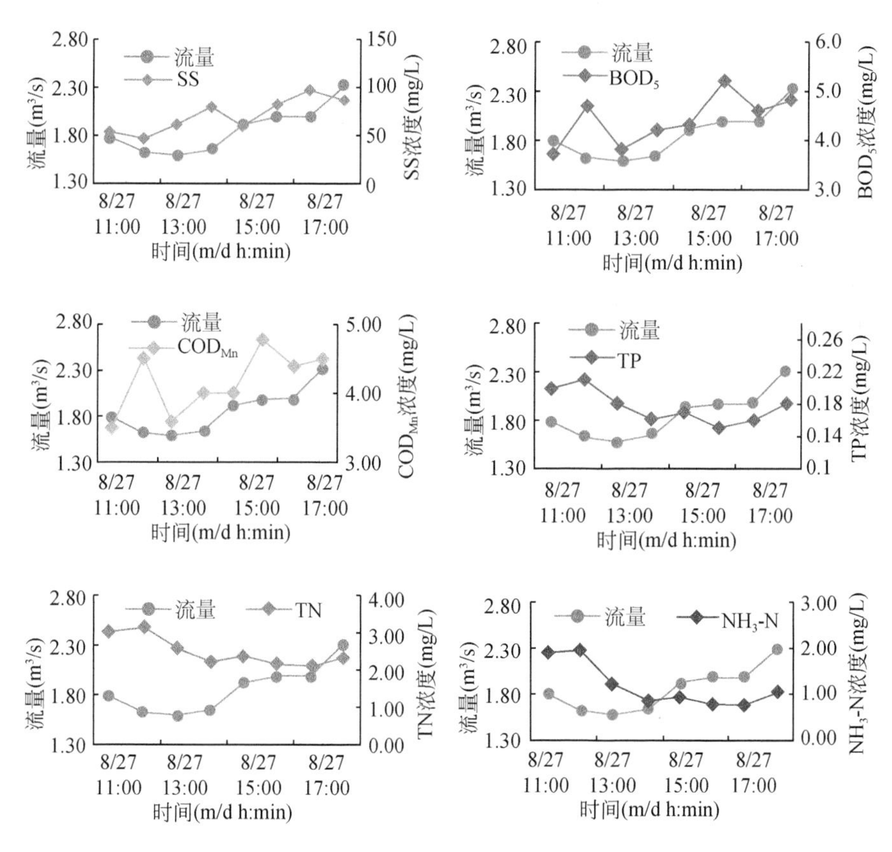

图 5-10　流量-污染物浓度变化过程（20170827 场次降雨）

20170828 场次降雨的流量-污染物浓度变化过程如图 5-11 所示。由图 5-11 可知，SS、BOD_5、COD_{Mn} 及 TP 这 4 种污染物浓度变化的总体趋势基本与流量变化一致。初期冲刷效应不明显可能是由于处于雨季，场次降雨之间的间隔时间较短，且前期影响雨量较大，所以前期累积的污染物不多，冲刷效果不够明显。但 TN 和 NH_3-N 还是表现出了较为明显的初期冲刷效应，表明 TN 和 NH_3-N 等可溶性污染物比较容易迁移，且社岗排洪渠控制范围内 TN 和 NH_3-N 的产生量较多。

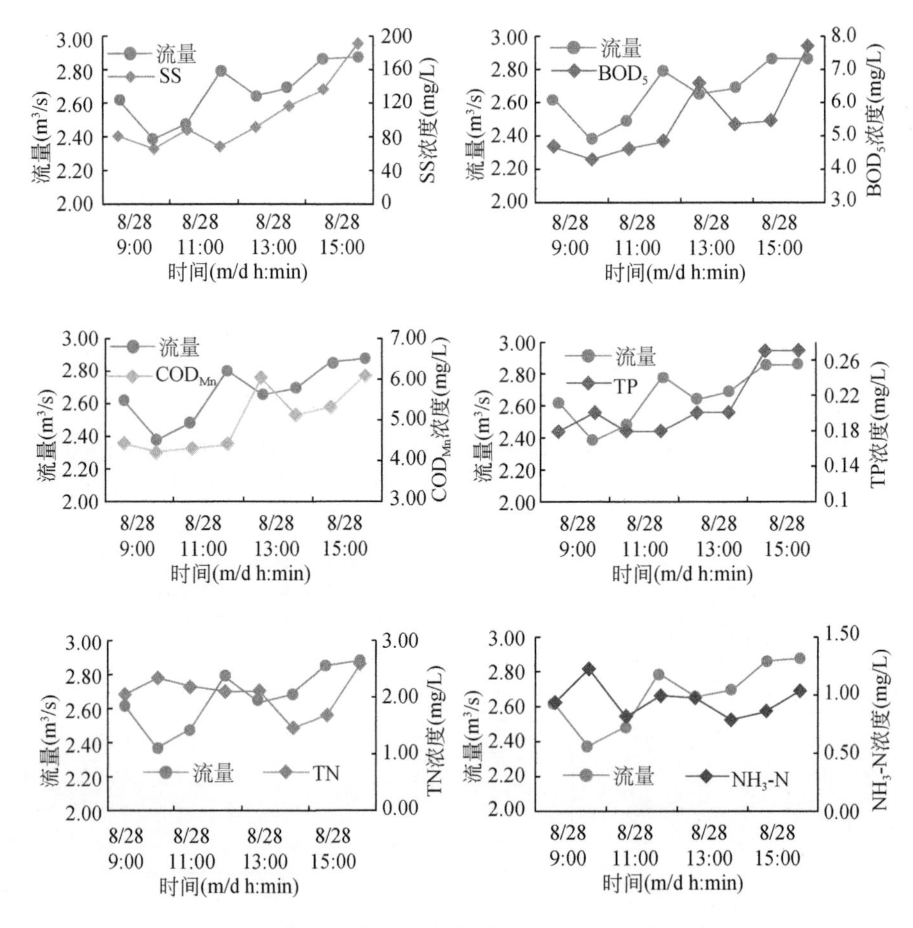

图 5-11　流量-污染物浓度变化过程（20170828 场次降雨）

20170904 场次和 20170907 场次降雨的流量-污染物浓度变化过程分别如图 5-12 和图 5-13 所示，所显示出来的规律与上述类似。

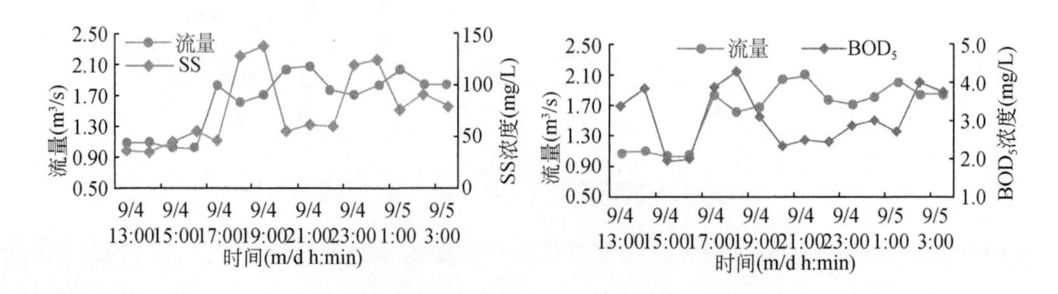

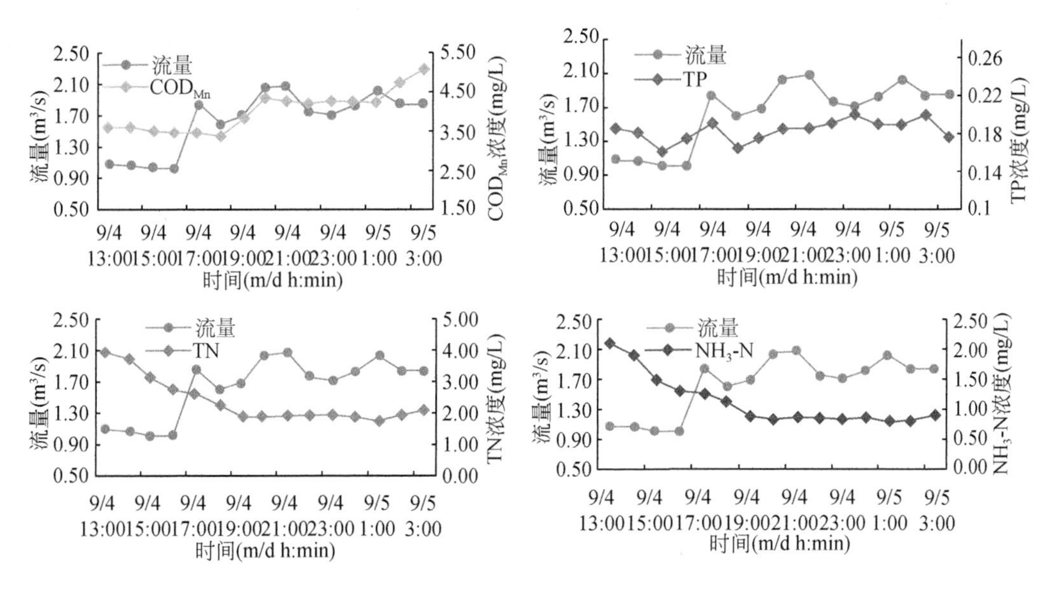

图 5-12　流量-污染物浓度变化过程（20170904 场次降雨）

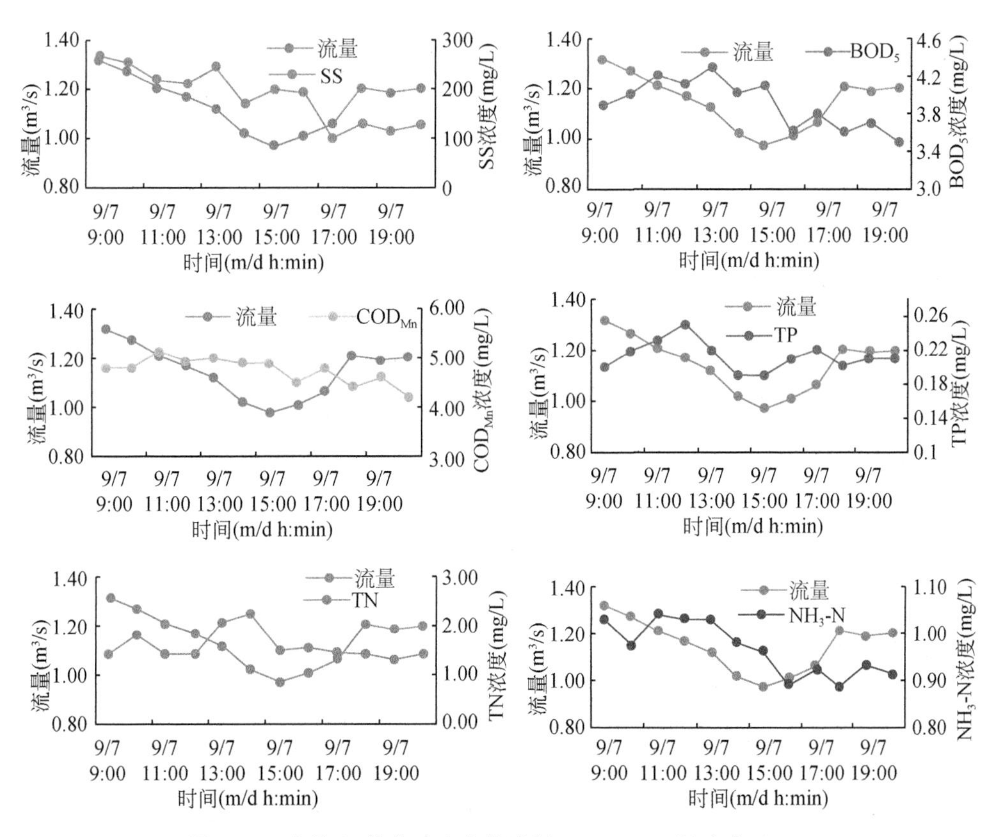

图 5-13　流量-污染物浓度变化过程（20170907 场次降雨）

从2018年前汛期6场降雨中选取20180507场次典型降雨过程进行深入分析。20180507场次降雨流域出口径流过程如图5-14所示。由图5-14可知，20180507场次降雨事件的降雨从15:00开始，雨量值为16.5mm，达到本场降雨的最大值，降雨持续至20:00，流域出口流量在21:00左右达到峰值，为4.22m³/s。

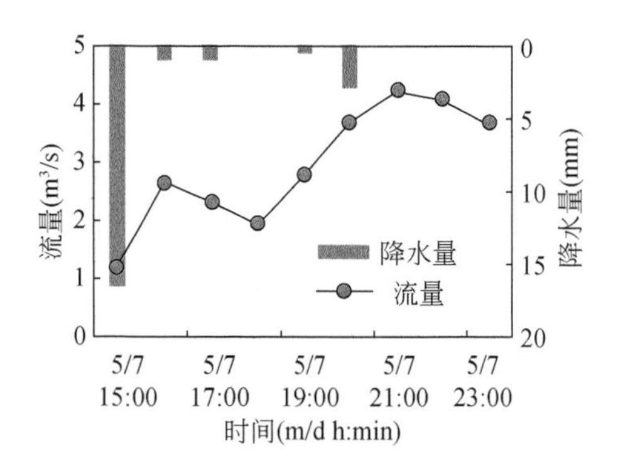

图5-14　20180507场次降雨流域出口径流过程

20180507场次降雨的流量与污染物浓度变化过程如图5-15所示。由图5-15可知，除去TN、NH_3-N这两类初期冲刷效应非常明显的污染物外，其余污染物与流量的变化关系均非常一致，说明径流呈强主导作用。最大浓度值均出现在最大降水量后的1h，随着流量逐渐增大，稀释作用显现，因此，TN、NH_3-N浓度值开始下降，使得TN、NH_3-N与流量呈现负相关关系。春季正是流域内农耕施肥时节，氮肥施在浅层地表，汛期到来，降雨淋溶，使得氮肥的施用效果在大打折扣的同时，也产生了非常严重的非点源污染，值得关注。

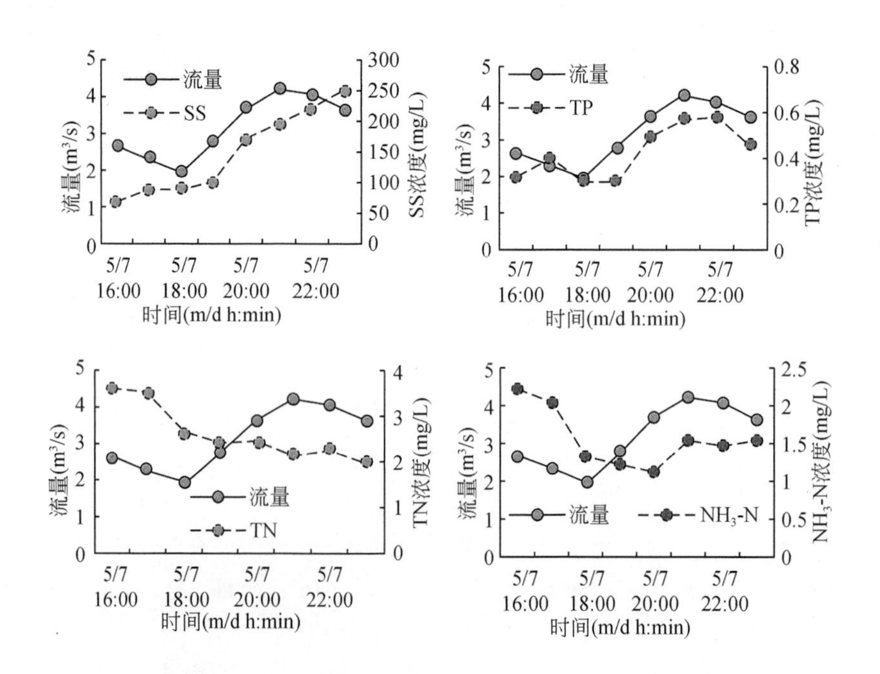

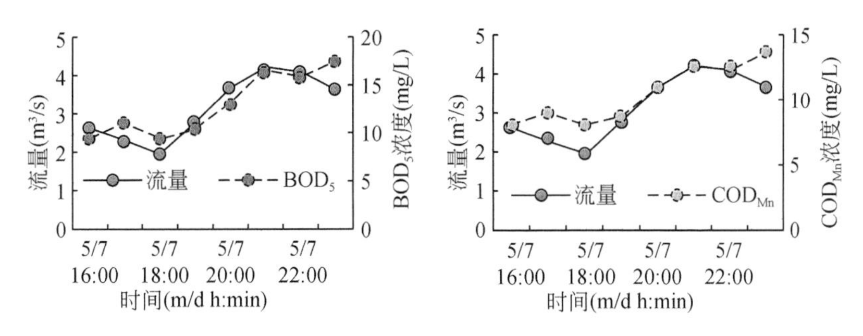

图 5-15　20180507 场次降雨的流量-污染物浓度变化过程

5.3.3　污染物浓度及其通量与流量相关性分析

皮尔逊相关系数法（Pearson correlation coefficient，PCC）也称皮尔逊积矩相关系数法，是一种线性相关系数。皮尔逊相关系数是用来反映两个变量线性相关程度的统计量。相关系数用 r 表示，其计算公式如式（5-10）所示：

$$r=\frac{\sum_{i=1}^{n}\left(X_i-\overline{X}\right)\left(Y-\overline{Y}\right)}{\sqrt{\sum_{i=1}^{n}\left(X_i-\overline{X}\right)^2}\sqrt{\sum_{i=1}^{n}\left(Y_i-\overline{Y}\right)^2}} \tag{5-10}$$

式中，X_i、Y_i 分别为两个变量；n 为变量数量。相关系数 r 的绝对值越大，相关性越强，相关系数越接近于 1 或−1，相关性越强，相关系数越接近于 0，相关性越弱。通常情况下，当 $0.8\leqslant r\leqslant 1$ 时，认为两变量呈极强相关；当 $0.6\leqslant r<0.8$ 时，认为两变量呈强相关；当 $0.4\leqslant r<0.6$ 时，认为两变量呈中等程度相关；当 $0.2\leqslant r<0.4$ 时，认为两变量呈弱相关；$0\leqslant r<0.2$ 时，认为两变量呈极弱相关或无相关。

现采用皮尔逊相关系数法对 2017 年 5 个场次及 2018 年 6 个场次的降雨进行污染物浓度及其负荷量与流量的相关性分析，结果见表 5-4。

表 5-4　污染物浓度及其负荷量与流量的相关系数

特征	降雨场次	SS	BOD_5	COD_{Mn}	TP	TN	NH_3-N
流量与污染物浓度	20170824	0.418	0.746*	0.597	0.297	−0.154	−0.124
	20170827	0.631	0.557	0.517	−0.316	−0.460	−0.426
	20170828	0.670	0.611	0.617	0.640	−0.185	−0.307
	20170904	0.366	0.094	0.661**	0.500	−0.844**	−0.833**
	20170907	0.288	−0.070	−0.125	0.291	−0.292	0.310
	20180414	−0.028	−0.101	0.246	−0.152	0.053	0.005
	20180415	−0.293	−0.931**	−0.344	−0.806*	−0.708*	−0.719*
	20180424	−0.303	−0.467	−0.336	0.312	−0.221	−0.631
	20180507	0.864**	0.887**	0.889**	0.905**	−0.678	−0.249
	20180509	−0.078	0.561	0.547	−0.422	−0.750*	−0.533
	20180606	0.878**	0.307	0.387	−0.692	−0.397	−0.173

续表

特征	降雨场次	SS	BOD_5	COD_{Mn}	TP	TN	NH_3-N
流量与污染物负荷量	20170824	0.553	0.889**	0.848**	0.646	0.337	0.142
	20170827	0.841**	0.907**	0.905**	0.677	0.398	−0.123
	20170828	0.725*	0.738*	0.787*	0.781*	0.219	0.183
	20170904	0.605*	0.707**	0.946**	0.980**	0.235	−0.095
	20170907	0.534	0.809**	0.845**	0.830**	0.234	0.895**
	20180414	0.996**	0.999**	0.999**	0.994**	0.995**	0.982**
	20180415	0.163	−0.555	0.787*	0.644	0.477	−0.119
	20180424	−0.101	−0.275	0.387	0.968**	0.823**	0.718*
	20180507	0.933**	0.964**	0.972**	0.968**	0.600	0.689
	20180509	0.703	0.966**	0.967**	0.770*	0.902**	0.524
	20180606	0.964**	0.979**	0.980**	0.795*	0.063	0.066

*表示在 0.05 水平上（双侧）显著相关；**表示在 0.01 水平上（双侧）显著相关。

由表 5-4 可知，对于 2017 年场次降雨而言，在流量与污染物浓度关系方面，污染物 SS 与流量均呈现不同程度的正相关，20170828 场次两者达到了强相关，说明径流对污染物的冲刷起着重要作用。另外，BOD_5、COD_{Mn}、TP 等也大多呈正相关，但 TN 和 NH_3-N 则和流量呈负相关关系。前述已提及，由于 TN 和 NH_3-N 等含氮污染物均易溶于水，且前期地表污染物累积量大，径流对污染物的侵蚀和冲刷作用使其浓度升高并迅速达到峰值，随着流量增大，其稀释作用又占据主导地位，污染物浓度逐渐降低，导致 TN 和 NH_3-N 等污染物与流量呈负相关。在流量与污染物负荷量关系方面，所有场次的 COD_{Mn} 与流量均呈极强的正相关，且除了 20170828 场次外，其余场次均通过了 0.01 水平上的双侧检验。SS、BOD_5、TP、TN 等污染物负荷量也基本上与流量之间呈正相关。个别污染物与流量的相关系数可高达 0.9 以上，如 20170827 场次 BOD_5 的相关系数达到 0.907，20170904 场次 TP 的相关系数达到 0.980。总体上，污染物负荷量与流量的相关性要强于污染物浓度与流量的相关性，说明流量对污染物负荷量的变化起着更为重要的主导作用。

对于 2018 年场次降雨而言，在流量与污染物浓度关系方面，除了 20180507 场次的 SS、BOD_5、COD_{Mn}、TP 等污染物与流量的相关系数均达到 0.85 以上外，其余场次污染物大多与流量呈负相关，这是因为非汛期时，前期地表污染物有了极大的累积量，在进入 4～6 月初汛期时，暴雨冲刷使得污染物迅速进入河道中，与 2017 年 8～9 月的后汛期相比，具有更为明显的初期冲刷效应。在流量与污染物负荷量关系方面，大多场次污染物与流量均呈极强的相关性，相关系数大部分达到 0.8 以上，尤其是作为 2018 年入汛标志的 20180414 场次，其各污染物与流量的相关系数均高达 0.98 以上，且均通过了 0.01 水平的双侧检验。另外，从纵向看，COD_{Mn}、TP、TN 这 3 种污染物各场次的负荷量与流量总体呈现较好的相关性，大部分相关系数可达 0.75 以上，且通过了 0.05 水平的双侧检验。

5.4　社岗小流域非点源污染负荷估算

5.4.1　基流分割

数字滤波法是能够将高频信号和低频信号快速分离的一种方法，1990 年，Nathan 和 McMahon 首次将数字滤波技术引入河川径流的基流分割中。如今，该方法已经成为国际上使用最为广泛的基流分割方法之一。数字滤波法能够将地表径流和基流分离开，达到快速从逐日流量过程中分割基流的目的。现采用 SWAT 模型官方网站提供的数字滤波基流分割工具——SWAT Bflow 程序，实现对社岗排洪渠流域的基流分割。SWAT Bflow 程序的算法参照 Arnold 和 Allen 等提出的单参数数字滤波方法，其滤波方程为

$$q_t = \beta q_{t-1} + \frac{1+\beta}{2}(Q_t - Q_{t-1}) \tag{5-11}$$

$$b_t = Q_t - q_t \tag{5-12}$$

式中，Q_t 和 Q_{t-1} 分别为第 t 和第 t−1 时刻的流量，m^3/s；q_t 和 q_{t-1} 分别为第 t 和第 t−1 时刻的地表径流流量，m^3/s；β为滤波参数，Arnold 和 Nathan 等认为当β值取 0.925 时，能够快速得到较好的基流分割结果；b_t 为第 t 时刻的基流。

由于 2017 年所获得的 5 场较为完整的水量水质数据均处于 8 月和 9 月，因此，只对 8 月和 9 月的径流进行基流分割。各月均基流指数见表 5-5。

表 5-5　社岗排洪渠流域 2017 年 8 月、9 月月均基流指数

月份	月均基流指数		
	Bflow 通道 1	Bflow 通道 2	Bflow 通道 3
8	0.77	0.7	0.65
9	0.63	0.45	0.38

社岗排洪渠出口 8～9 月逐日径流过程与各通道基流过程线如图 5-16 所示。

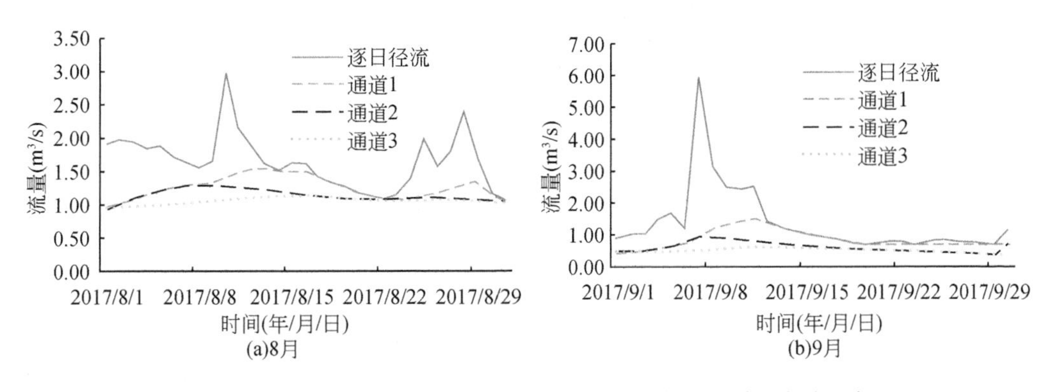

图 5-16　2017 年社岗排洪渠出口逐日径流过程与各通道基流过程线

通道 1 分割所得的基流最大，通道 2 次之，通道 3 最小。社岗排洪渠流域地处亚热带湿润地区，其基流变化大多受降雨变化、土地利用类型、土壤类型等各种因素影响。综合考虑，通道 1 的基流结果偏大且变化剧烈，通道 3 分割的结果过于平缓，不能体现基流受降雨变化的影响，因此选取通道 2 的基流分割作为最终结果，可得 5 个场次降雨所对应的当日流量及基流量，见表 5-6。

表 5-6　2017 年 5 个场次降雨社岗排洪渠出口流量及基流量　（单位：m^3/s）

降雨场次	流量	基流量
20170824	1.40	1.10
20170827	1.79	1.10
20170828	2.40	1.09
20170904	1.49	0.58
20170907	5.90	0.93

2018 年 6 场降雨均位于 4～6 月，因此，对 4～6 月进行基流分割，采用通道 2，可得社岗排洪渠出口 2018 年 4～6 月逐日径流过程与通道 2 基流过程线，如图 5-17 所示。2018 年 6 个场次降雨所对应的当日流量及基流量见表 5-7。

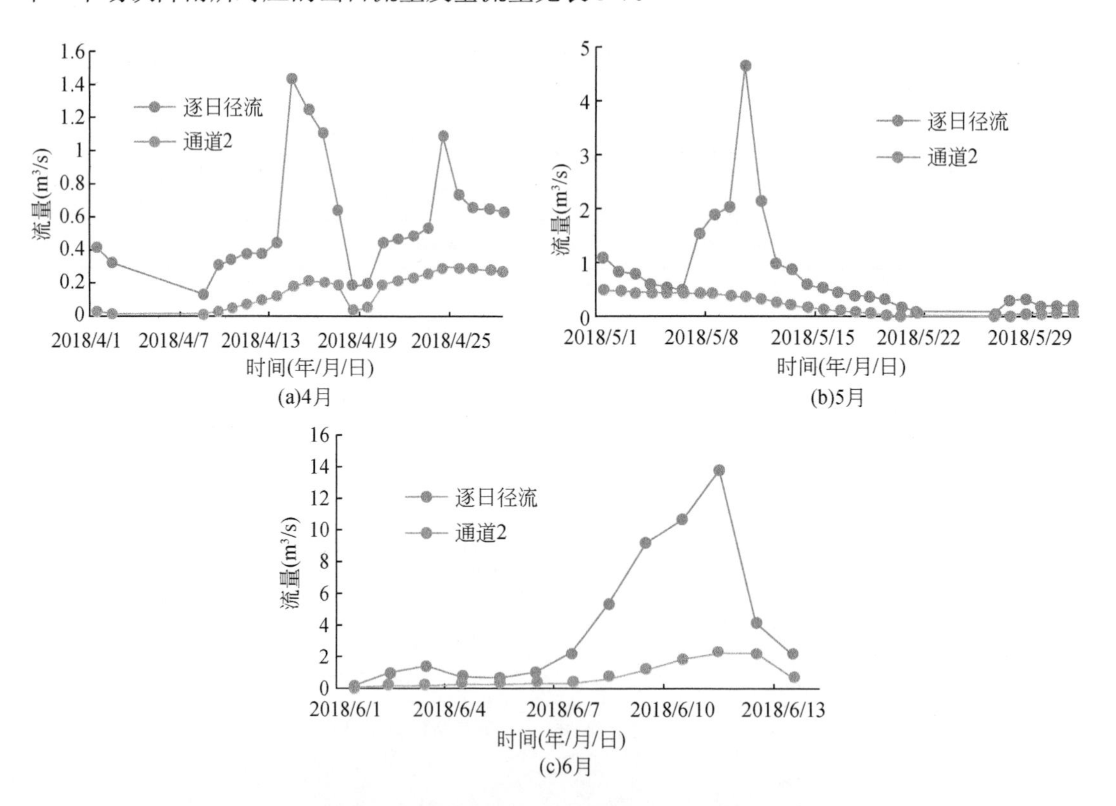

图 5-17　2018 年社岗排洪渠出口逐日径流过程与通道 2 基流过程线

表 5-7　2018 年 6 个场次降雨社岗排洪渠出口流量及基流量　（单位：m^3/s）

降雨场次	流量	基流量
20180414	1.43	0.176
20180415	1.24	0.207
20180424	1.09	0.293
20180507	1.53	0.422
20180509	1.89	0.412
20180606	1.02	0.331

5.4.2　非点源污染负荷估算

平均浓度法又称水文分割法，它能够简便而有效地根据有限的水质监测资料来估算非点源污染的负荷量。现采用平均浓度法估算社岗排洪渠流域 2017 年的非点源污染平均浓度及负荷情况，具体如下。

单次暴雨径流过程非点源污染平均浓度的计算公式为

$$C = W_{\mathrm{L}} / W_{\mathrm{A}} = \sum_{i=1}^{n}(Q_{\mathrm{T}i} \cdot C_{\mathrm{T}i} - Q_{\mathrm{B}i} \cdot C_{\mathrm{B}i})\Delta t_i \Bigg/ \sum_{i=1}^{n}(Q_{\mathrm{T}i} - Q_{\mathrm{B}i})\Delta t_i \tag{5-13}$$

式中，W_{L} 为该次暴雨挟带的负荷量，g；W_{A} 为该次暴雨产生的径流量，m^3；$Q_{\mathrm{T}i}$ 为 t_i 时刻的实测流量，m^3/s；$C_{\mathrm{T}i}$ 为 t_i 时刻的实测污染物浓度，mg/L；$Q_{\mathrm{B}i}$ 为 t_i 时刻的枯季流量，m^3/s（即非本次暴雨形成的流量，也称基流流量）；$C_{\mathrm{B}i}$ 为 t_i 时刻的基流浓度（枯季浓度），mg/L；i=1, 2, …, n, n 为该次暴雨径流过程中流量与水质浓度的同步监测次数；$\Delta t_i = (t_{i+1} - t_{i-1})/2$。

多次暴雨非点源污染物的加权平均浓度为

$$C_m = \sum_{i=1}^{m} C_i W_{\mathrm{A}i} \Bigg/ \sum_{i=1}^{m} W_{\mathrm{A}i} \tag{5-14}$$

式中，$W_{\mathrm{A}i}$ 为第 i 场暴雨产生的径流量，m^3；C_i 为第 i 场暴雨产生的非点源污染负荷平均浓度，mg/L。

由于已对社岗排洪渠流域枯季径流水质进行监测，监测频率为每月两次，从 10 月下旬至 3 月上旬，共取得 10 个常规水质样品，并采用 SWAT Bflow 程序对 2017 年 10 月～2018 年 3 月径流进行基流分割，得到各月份常规水质样品当日基流量。采用基流量加权平均算法即可得到枯季各污染物平均浓度，见表 5-8。

表 5-8　枯季各污染物平均浓度计算

降雨场次	当日流量（m^3/s）	当日基流量（m^3/s）	SS（mg/L）	BOD_5（mg/L）	COD_{Mn}（mg/L）	TP（mg/L）	TN（mg/L）	NH_3-N（mg/L）
20171025	0.46	0.35	14	1.8	2.7	0.25	3.59	1.14
20171110	0.70	0.43	9	2.0	3.4	0.41	2.58	0.962
20171125	0.39	0.31	10	1.6	3.8	0.04	2.28	1.38
20171213	0.35	0.32	9	10.4	3.6	0.2	2.74	1.08
20171225	0.43	0.33	31	6	3.2	0.25	2.01	1.86

续表

降雨场次	当日流量（m^3/s）	当日基流量（m^3/s）	SS（mg/L）	BOD_5（mg/L）	COD_{Mn}（mg/L）	TP（mg/L）	TN（mg/L）	NH_3-N（mg/L）
20180110	1.42	0.33	27	3.9	6.8	0.38	2.79	1.42
20180125	0.16	0.16	11	13	3.5	0.36	3.97	2.13
20180206	0.51	0.26	12	3.8	3.9	0.25	3.4	1.85
20180226	0.36	0.06	15	9.5	6.4	0.6	4.06	3.4
20180312	0.32	0.27	17	11.2	5	0.41	3.2	2.22
枯季污染物平均浓度			15.69	5.41	4.02	0.29	2.89	1.52

采用式（5-13），经过计算可得 2017 年和 2018 年共 11 个场次暴雨非点源污染物输出负荷量，见表 5-9，以及各场次暴雨径流过程非点源污染平均浓度及径流总量，见表 5-10。

表 5-9　各场次暴雨非点源污染物输出负荷量　（单位：kg）

降雨场次	SS	BOD_5	COD_{Mn}	TP	TN	NH_3-N
20170824	2202.5	142.3	141.4	6.6	91.4	40.4
20170827	3730.1	193.2	190.6	7.0	108.0	49.6
20170828	8051.6	376.1	351.5	13.9	134.6	60.4
20170904	6748.3	189.7	298.9	11.8	152.5	68.6
20170907	9081.6	127.3	185.4	7.0	43.4	29.3
20180414	3034.1	709.3	683.1	22.6	375.7	260.7
20180415	907.4	355.5	272.6	15.1	168.3	113.5
20180424	1607.5	405.9	295.4	14.7	109.9	79.5
20180507	14580.1	1197.8	964.8	39.2	208.8	127.5
20180509	3793.2	419.4	409.6	12.9	126.9	75.4
20180606	1811.5	216.4	190.3	5.1	51.5	43.6

表 5-10　各场次暴雨径流过程非点源污染平均浓度及径流总量

降雨场次	SS（mg/L）	BOD_5（mg/L）	COD_{Mn}（mg/L）	TP（mg/L）	TN（mg/L）	NH_3-N（mg/L）	场次暴雨所产生的径流总量（m^3）
20170824	190.00	12.28	12.20	0.570	7.89	3.48	11592
20170827	172.40	8.93	8.81	0.323	4.99	2.29	21636
20170828	177.22	8.28	7.74	0.306	2.96	3.08	45432
20170904	119.09	3.35	5.27	0.208	2.69	1.21	56664
20170907	974.01	13.65	19.88	0.751	4.66	3.15	9324
20180414	40.61	9.49	9.14	0.30	5.03	3.49	74707
20180415	29.43	11.53	8.84	0.49	5.46	3.68	30830
20180424	53.07	13.40	9.75	0.48	3.63	2.62	30287
20180507	184.31	15.14	12.20	0.49	2.64	1.61	79106
20180509	71.01	7.85	7.67	0.24	2.38	1.41	53417
20180606	92.30	11.03	9.70	0.26	2.63	2.22	19627

采用式（5-14），计算可得 2017 年 5 场和 2018 年 6 场暴雨径流非点源污染物的加权平均浓度，见表 5-11，并由此可估算出社岗排洪渠流域各场次暴雨非点源污染贡献率，结果见表 5-12 及图 5-18。

表 5-11　非点源污染物加权平均浓度　（单位：mg/L）

年份	SS	BOD_5	COD_{Mn}	TP	TN	NH_3-N
2017	206.11	7.11	8.07	0.320	3.66	2.27
2018	89.36	11.47	14.86	0.59	5.65	3.90

表 5-12　各场次暴雨非点源污染贡献率　（单位：%）

降雨场次	SS	BOD_5	COD_{Mn}	TP	TN	NH_3-N
20170824	94.5	76.5	81.2	73.7	79.5	76.5
20170827	96.7	81.5	85.3	74.8	82.1	80.0
20170828	98.4	89.6	91.5	85.5	85.1	83.0
20170904	96.6	69.8	82.9	72.7	77.5	74.7
20170907	97.9	65.9	79.0	66.5	55.1	61.2
20180414	96.0	94.2	95.4	90.6	94.1	95.5
20180415	87.6	89.0	89.3	86.5	87.7	90.2
20180424	91.8	89.2	88.9	84.7	80.6	85.1
20180507	99.1	96.5	96.7	94.3	89.9	91.1
20180509	96.7	90.5	92.6	84.6	84.3	85.9
20180606	93.4	83.2	85.3	68.4	68.6	77.9

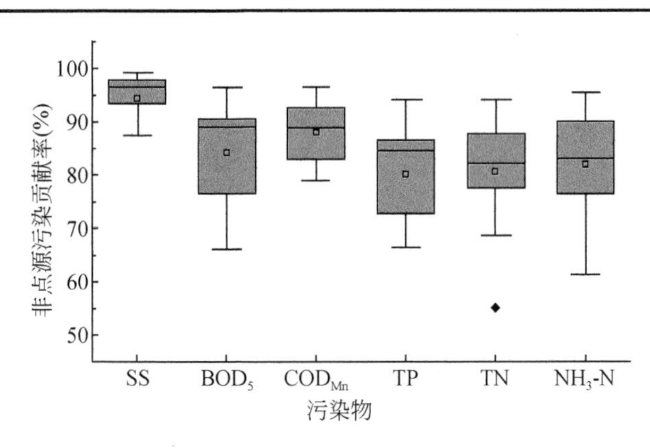

图 5-18　社岗排洪渠流域 11 个场次暴雨非点源污染贡献率箱图

由表 5-12 可知，在 2017 年 5 个场次降雨中，固体悬浮物 SS（主要为泥沙）的贡献率均达到 90%以上，说明降雨所产生的径流中挟带了绝大部分的泥沙，表明了社岗排洪渠流域严重的水土流失倾向。除去 20170907 场次降雨 TN 55.1%的贡献率以外，其余场次降雨 TN 的非点源污染贡献率均达 75%以上。TP 的非点源污染贡献率介于 65%～90%。NH_3-N

的非点源污染贡献率介于60%～85%。由非点源污染所产生的BOD_5及COD_{Mn}贡献率也均处于70%以上。2018年6个场次降雨中，SS除了20180415场次外，其余场次均达到90%以上，20180507更是达到了99.1%，进一步说明社岗排洪渠流域的水土流失倾向。由图5-18可以看出，各污染物的非点源污染贡献率均值均达到80%以上，与整个库区内非点源污染占比70%以上的结论相吻合，结果再次证明了社岗排洪渠流域的典型性和代表性。

5.5 社岗小流域非点源污染模拟

5.5.1 污染物数据处理

SWAT模型为日尺度模型，为解决场次降雨水质数据在率定日尺度模型上产生的尺度不匹配问题，本书的研究基于平均浓度法将5.4节所获得的场次降雨污染物平均浓度近似作为典型日非点源污染物浓度，来计算典型日非点源污染负荷，并将其作为SWAT模型参数率定及验证依据。因此，2017～2018年各典型日污染物浓度及负荷量数据见表5-13。

表5-13 2017～2018年各典型日污染物浓度及负荷量

典型日	SS浓度（mg/L）	TP浓度（mg/L）	TN浓度（mg/L）	NH_3-N浓度（mg/L）	SS负荷（t）	TP负荷（kg）	TN负荷（kg）	NH_3-N负荷（kg）
20170824	190.00	0.570	7.89	3.48	4.92	14.77	204.43	90.24
20170827	172.40	0.323	4.99	2.29	4.47	8.38	129.35	59.38
20170828	177.22	0.306	2.96	3.08	4.59	7.92	76.78	79.83
20170904	119.09	0.208	2.69	1.21	3.09	5.39	69.75	31.38
20170907	974.01	0.751	4.66	3.15	25.25	19.47	120.68	81.54
20180414	40.61	0.303	5.03	3.49	4.40	32.85	545.01	378.12
20180415	29.43	0.490	5.46	3.68	2.63	43.76	487.20	328.67
20180424	53.07	0.484	3.63	2.62	3.65	33.31	249.84	180.67
20180507	184.31	0.495	2.64	1.61	17.64	47.36	252.63	154.22
20180509	71.01	0.242	2.38	1.41	9.98	34.05	333.86	198.27
20180606	92.30	0.260	2.63	2.22	5.50	15.47	156.38	132.45

5.5.2 SWAT模型构建

1. 数据来源及处理

SWAT模型作为基于物理机制的大型分布式水文模型，其运行所需数据主要包括流域空间数据、属性数据、雨量数据、流域气象站点数据和流域水文站点数据。其中，空间数据包括流域DEM、流域土地利用/土地覆被类型数据和流域土壤类型数据；属性数据包括流域土壤物理属性数据。流域空间数据输入之前，首先在ArcGIS软件平台下，为保证各类数据具有统一的投影坐标，选取地理坐标系统为 D_WGS_1984，投影坐标系统为 WGS_1984_UTM_Zone_49N。

1）DEM 数据

DEM 是由美国麻省理工学院 Chaires 教授于 1956 年提出来的，它是对地球表面地形地貌的一种离散的数字表示。DEM 是流域划分、水系生成、子流域生成和流域地形因子（坡度、坡长）等提取的依据。社岗小流域 DEM 数据来自于中国科学院计算机网络信息中心地理空间数据云的 SRTMDEMUTM 的数字高程数据，其分辨率为 90m×90m。可知，社岗小流域的 DEM 高程值介于 11～421m。SWAT 模型可以根据流域 DEM 生成流域坡向、水流流向、流域分水线，进而自动提取流域河网水系，建立河道结构拓扑关系等，现提取出社岗小流域 DEM 及水系图，如图 5-19 所示。

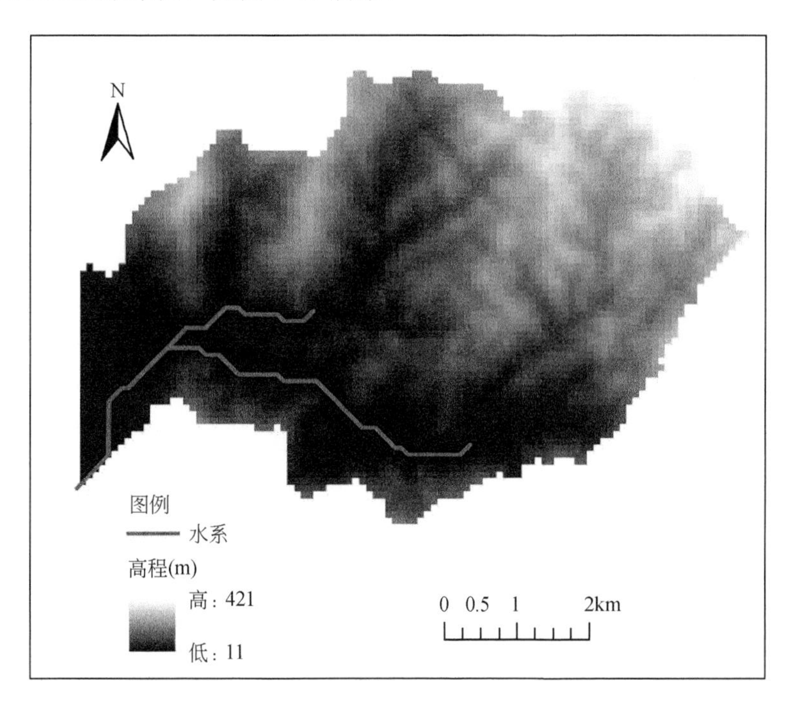

图 5-19　社岗小流域 DEM 及水系

2）土地利用数据

社岗小流域土地利用数据采用中国科学院计算机网络信息中心全球变化参量数据库提供的土地利用数据，由于 21 世纪以来，飞来峡流域整体土地利用情况变化不大，仍以耕地、林地为主，故社岗小流域采用静态土地利用数据。另外，SWAT 模型要求土地利用类型不超过 10 类，故根据土地利用/覆被变化（LUCC）数据分类体系，将土地利用类型重分为 4 类，分别为耕地、草地、林地及水域，如图 5-20 所示，各土地利用类型代码及所占流域总面积的比重见表 5-14。

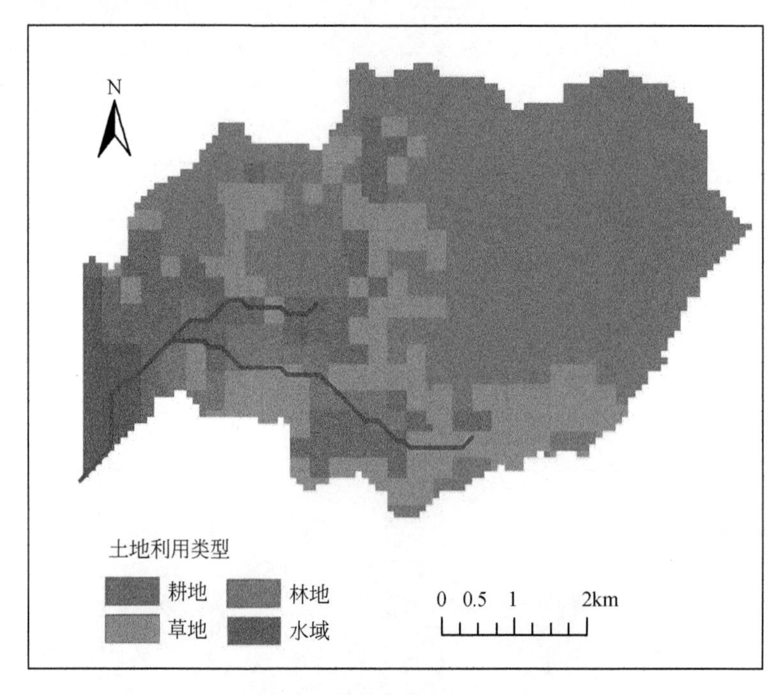

图 5-20　社岗小流域土地利用类型

表 5-14　社岗小流域土地利用类型分类

土地类型	SWAT 分类	模型代码	所占比重（%）	含义
耕地	agricultural land-generic	AGRL	13.68	种植农作物的土地，包括熟耕地、新开荒地、休闲地、轮歇地、草田轮作物地
林地	forest-mixed	FRST	22.44	生长乔木、灌木、竹类及沿海红树林等的林业用地
草地	pasture	PAST	60.13	以生长草本植物为主，覆盖度在 5%以上的各类草地，包括以牧为主的灌丛草地和郁闭度在 10%以下的疏林草地
水域	water	WATR	3.75	天然陆地水域和水利设施用地

3）土壤数据库的建立

SWAT 模型的土壤数据库主要用于存储模型模拟所需的土壤数据，包括土壤类型空间数据和土壤属性数据。土壤类型空间数据主要存储流域土壤空间类型，而土壤属性数据用于存储不同土壤类型各土层的物理属性。社岗小流域土壤数据采用联合国粮食及农业组织（FAO）和国际应用系统分析研究所（HASA）共同开发的世界土壤数据库（HWSD）。根据SWAT 模型的要求，按照土壤理化性质，包括土壤中黏粒、砂粒、砾石的含量，有机碳含量，盐度等，将土壤类型空间数据重分为 5 类，分别为粉质壤土 30.17%、砂土 2.61%、黏土 6.25%、壤土 3.40%及砂质黏壤土 57.57%，如图 5-21 所示。

接下来进行土壤物理属性数据库的建立。SWAT 模型自带的土壤数据库分为两类：物理属性库和化学属性库。其中，物理属性库为必要的，化学属性库是可选的。土壤剖面中气、水的运动情况与水文响应单元中的水循环属于物理属性，而类似氨、磷等污染物的浓度赋值属于化学属性。

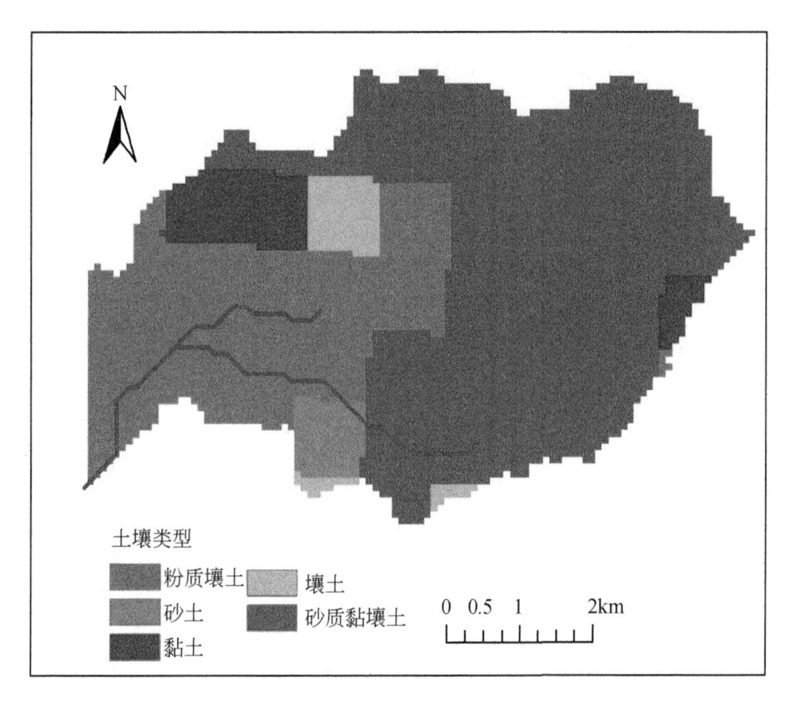

图 5-21　社岗小流域土壤类型

土壤物理属性数据库的参数众多，需要的信息量非常大，各参数情况详见表 2-1。将 SWAT 模型土壤数据库划分为 3 类，第 1 类为可从 HWSD 直接获取的参数；第 2 类为可借助其他方法间接计算的参数；第 3 类为难于获取，采用模型默认值的参数，详见 2.3.3 节，此处不再赘述。

4）雨量及气象数据

社岗小流域雨量数据来自广东省飞来峡水利枢纽管理处的飞坝上雨量站点，其经纬度为 23.783°N，113.233°E。气象数据选用佛冈气象站的逐日温度（最高、最低）、湿度、风速和太阳辐射数据等，数据来自于中国气象数据网。

2. SWAT 模型构建

SWAT 模型是基于流域-子流域-水文响应单元（HRU）的空间离散方法进行模拟的一种分布式水文模型，子流域通过集水面积阈值的设定而进行划分，基本单元 HRU 由土地利用、土壤类型和坡度共同定义，同样通过阈值划分。

1）子流域划分

流域最小集水单元面积的确定决定着子流域的划分和流域降水站点的选取。对于子流域划分来说，流域最小集水单元阈值越小，流域划分就越详细，河网就越密集，形成的 HRU 也就越多，模拟精度也有所提高，相应的计算量和计算时长也会增加，所以合适的阈值应该在保证模拟精度的前提下尽量提高模型的运行效率。综合考虑社岗小流域的实际情况，将阈值设定为 $1000hm^2$，生成 3 个子流域，如图 5-22 所示。

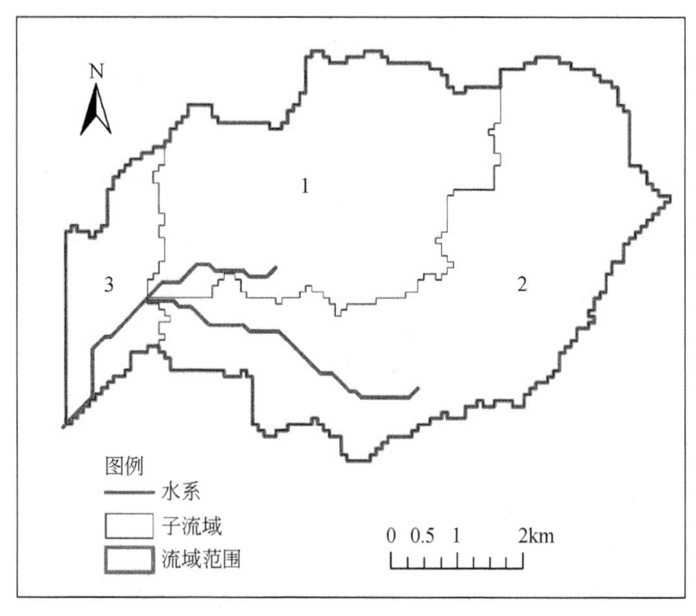

图 5-22　子流域划分情况

2）水文响应单元的生成

在子流域划分的基础上，输入土地利用、土壤类型及坡度划分等数据进行 HRU 划分。已对土地利用数据、土壤空间数据进行了处理说明，现直接利用索引表加载至模型中，土壤物理属性则需要将初步确定的各类参数输入土壤数据库中。坡度划分方面，社岗小流域划分为 3 种坡度，0°～1°、1°～10°及 10°以上，面积百分比分别为：4.76%、28.93%及 66.31%，流域坡度划分情况如图 5-23 所示。

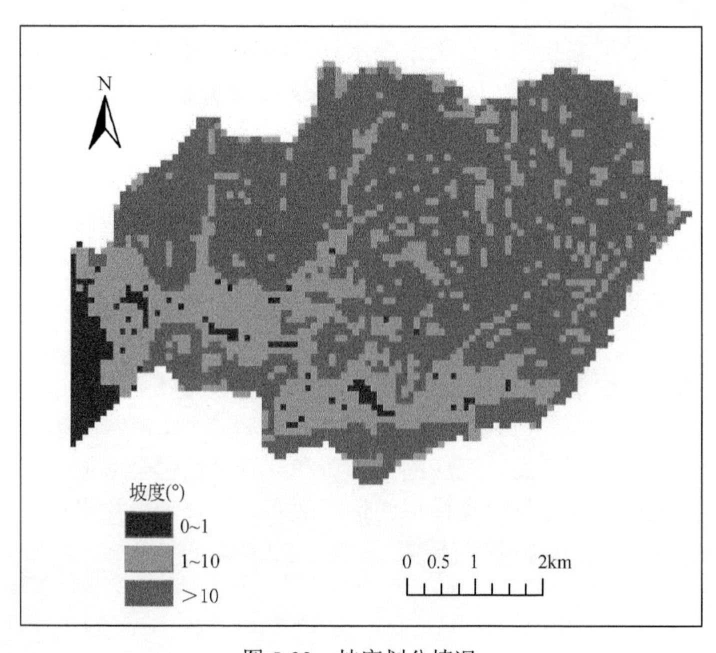

图 5-23　坡度划分情况

模型默认的 HRU 划分方法，即每个子流域可以划分为多个 HRU，通过设置土地利用、土壤类型和坡度占所在子流域面积大小或者面积百分比阈值，对流域进行 HRU 划分。经反复实验，按土地利用、土壤类型和坡度面积百分比的 3%、5%和 5%分别设置阈值较为合适，流域共划分为 48 个 HRU。

最后，按 SWAT 模型输入要求，将降水量、温度、湿度、风速和太阳辐射等水文气象数据分站点以.txt 文件的格式进行整理，一个站点对应一个.txt 文件，再为每个水文气象要素制作一个对应的.txt 索引表，索引表里包括各站点编号、站点名称、经纬度及站点高程，在模型中加载上述各索引表文件，即可在模型中自动写入输入文件，输入文件包括流域配置文件（.fig）、土壤数据文件（.sol）、气象文件（.wgn）、子流域文件（.sub）、水文响应单元文件（.hru）、地下水文件（.gw）、农业管理措施文件（.mgt）及主河道文件（.rte）等。至此，SWAT 模型构建完毕。

5.5.3　径流模拟及敏感性分析

1. 径流参数敏感性分析

SWAT-CUP 是由 SWAT 官网提供的可以被自由下载、使用和复制的公共程序，是近几年在 SWAT 参数敏感性分析等方面应用较广的一种软件。其程序界面如图 5-24 所示。

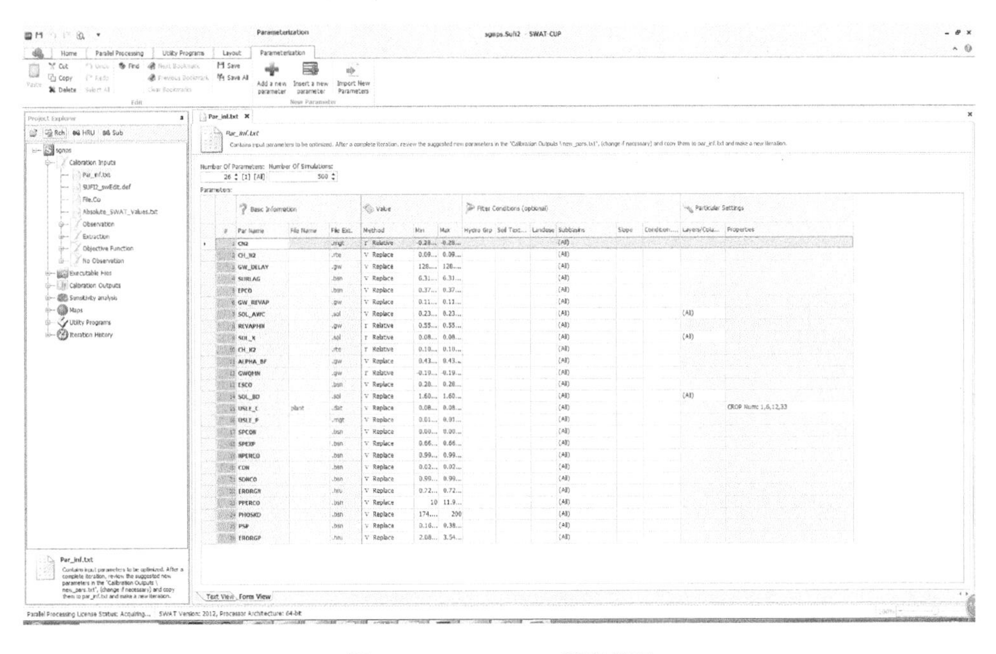

图 5-24　SWAT-CUP 程序界面

该程序包含多种敏感性分析方法，分别为 GLUE、ParaSol、SUFI-2 和 MCMC 等，SWAT-CUP 将此类分析方法与 SWAT 模型连接起来，对拉丁超立方抽样法的目标函数进行多元回归分析，评价模型参数的敏感度，对于目标函数可以有多种选择，其具有操作界面简单明了、算法多且运行效率高等优点。

本书的研究选取 SUFI-2 这种较为常用的敏感性分析方法对 SWAT 模型参数进行敏感性

分析。SUFI-2 算法是一种反演建模法，该方法首先定义较大的参数范围，而后程序进行多次迭代，进而调整参数范围，将参数值限定至最适合模型的参数范围，直至获得理想的迭代结果，并通过验证最终参数范围来综合评估模型的适用性。

本书的研究选取 2016 年为模型预备期，2017 年为参数率定期，2018 年为模型验证期。根据 SWAT 模型的应用经验及社岗小流域的基本情况，选取 14 个参数进行敏感性分析，分别为 CN_2、ALPHA_BF、GW_DELAY、GWQMN、SOL_K、SOL_AWC、ESCO、EPCO、CH_N2、CH_K2、GW_REVAP、SURLAG、SOL_BD 及 REVAPMN，并根据 SWAT-CUP 中的推荐设定各参数的初始范围，设置模型运行次数为开发者建议的 500 次，采用一种分层多维抽样方法——拉丁超立方抽样法生成 500 组参数，进行 500 次相互独立计算，读取计算结果可得各参数敏感性排序以及计算后推荐的新参数范围，将新参数范围覆盖初始范围（即迭代），再进行新一轮 500 次的相互独立计算。如此以往，进行多次迭代，完成参数率定，即可得到各参数敏感性分析结果以及最终参数范围，然后再进行模型验证。

参数敏感性分析方面，选用 *t*-stat 与 *p*-value 两个指标进行评价，*t*-stat 值给出了敏感性的程度，绝对值越大越敏感，*p*-value 决定了敏感性的显著性，其值越接近于 0 敏感性越显著。为了提高参数敏感性分析效率，根据参数变化范围选择两种参数变化方式，v 表示将给定值作为现有参数值，r 表示将初始参数值乘以（1+给定值）作为现有参数值，给定值是指在一定取值范围内采用拉丁超立方抽样法所得到的数值。所得到的各参数敏感性排序及率定结果见表 5-15，结果表明，对社岗小流域的径流过程有显著影响的参数依次为 CN_2、SOL_AWC、GW_DELAY、SOL_BD、GWQMN 和 SURLAG 等。

表 5-15　各参数敏感性排序及率定结果

参数名	物理意义	参数变化方式	*t*-stat	*p*-value	敏感性排序	最初范围	最终范围	最佳取值
CN_2	SCS 径流曲线系数	r	−10.912	0.000	1	−0.3～0.3	−0.295～−0.222	−0.267
SOL_AWC	土壤可利用水量	v	6.201	0.000	2	0～1	0.216～0.285	0.244
GW_DELAY	地下水滞后系数	v	−2.567	0.011	3	30～450	128.173～181.145	133.629
SOL_BD	土壤湿密度	v	2.416	0.016	4	0.9～2.5	1.500～1.624	1.580
GWQMN	浅层地下水径流系数	r	1.603	0.110	5	−0.3～0.3	−0.242～−0.154	−0.191
SURLAG	地表径流滞后时间	v	−1.395	0.164	6	0.05～24	4.782～9.939	5.457
REVAPMN	浅层地下水再蒸发系数	r	−1.257	0.210	7	−0.3～0.3	0.461～0.658	0.587
ALPHA_BF	基流退水系数	v	0.583	0.560	8	0～1	0.389～0.481	0.407
GW_REVAP	地下水再蒸发系数	v	0.560	0.576	9	0.02～0.2	0.099～0.118	0.113
ESCO	土壤蒸发补偿系数	v	0.506	0.613	10	0～1	0.240～0.307	0.269

续表

参数名	物理意义	参数变化方式	t-stat	p-value	敏感性排序	最初范围	最终范围	最佳取值
SOL_K	饱和水力传导度	r	0.444	0.658	11	-0.3～0.3	0.050～0.106	0.078
CH_K2	河道有效水力传导系数	r	0.253	0.801	12	-0.3～0.3	0.112～0.199	0.125
EPCO	植物吸收补偿系数	v	0.150	0.881	13	0～1	0.339～0.410	0.380
CH_N2	主河道曼宁系数	v	0.150	0.908	14	-0.01～0.3	0.077～0.130	0.090

2. 径流参数率定及验证

1）评价指标

为评价 SWAT 模型在研究流域的适用性，本书的研究选用纳什 NS（Nash-sutcliffe）系数、相对误差 Re（relative error）和决定系数 R^2 三个指标作为模型适用性评价的标准，评价指标的计算方法如下：

$$\text{NS}=1-\frac{\sum_{i=1}^{n}(Q_{\text{obs},i}-Q_{\text{sim},i})^2}{\sum_{i=1}^{n}(Q_{\text{obs},i}-\overline{Q_{\text{obs},i}})^2} \tag{5-15}$$

$$\text{Re}=\frac{\sum_{i=1}^{n}Q_{\text{sim},i}-\sum_{i=1}^{n}Q_{\text{obs},i}}{\sum_{i=1}^{n}Q_{\text{obs},i}}\times 100\% \tag{5-16}$$

$$R^2=\frac{\left[\sum_{i=1}^{n}\left(Q_{\text{obs},i}-\overline{Q_{\text{obs},i}}\right)\left(Q_{\text{sim},i}-\overline{Q_{\text{sim},i}}\right)\right]^2}{\sum_{i=1}^{n}\left(Q_{\text{obs},i}-\overline{Q_{\text{obs},i}}\right)^2\sum_{i=1}^{n}\left(Q_{\text{sim},i}-\overline{Q_{\text{sim},i}}\right)^2} \tag{5-17}$$

式中，n 为模拟序列长度；$Q_{\text{obs},i}$ 为第 i 个时段内实测流量，m^3/s；$\overline{Q_{\text{obs},i}}$ 为模拟序列长度内平均实测流量，m^3/s；$Q_{\text{sim},i}$ 为第 i 个时段内模拟流量，m^3/s；$\overline{Q_{\text{sim},i}}$ 为模拟序列长度内平均模拟流量，m^3/s。

2）总径流率定及验证

经过多次迭代，径流参数率定工作基本完成，由最后一次迭代 500 次模拟中的最佳模拟（第 126 次）对应的结果得到参数率定期实测、模拟的日均流量以及各评价指标，结果见表 5-16，模拟值与实测值的拟合结果如图 5-25 所示。将率定期所获得的最终参数范围带入验证期进行 500 次计算，即模型验证，得到模型验证期实测、模拟的日均流量以及各评价指标，见表 5-16，模拟值与实测值的拟合结果同列于图 5-25 中。

表 5-16　率定期和验证期日均流量模拟结果

时期	实测值（m^3/s）	模拟值（m^3/s）	NS	Re（%）	R^2
率定期	0.971	0.920	0.85	−5.28	0.86
验证期	0.622	0.533	0.73	−14.28	0.75

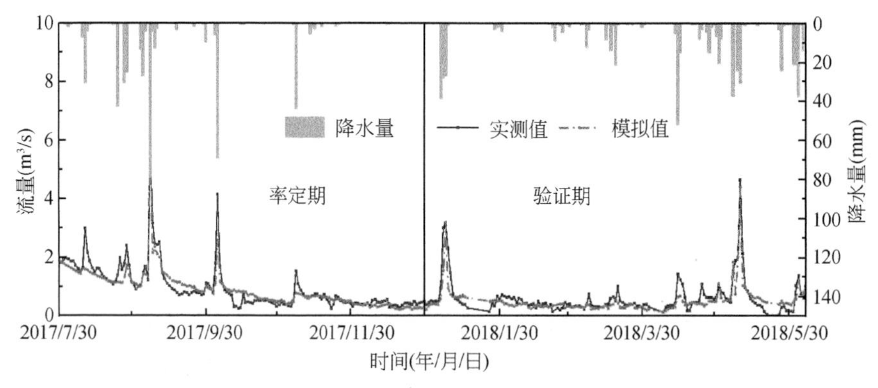

图 5-25　率定期及验证期日均流量模拟值与实测值拟合结果

由表 5-16 可知，率定期实测日均流量为 0.971m^3/s，模拟值为 0.920m^3/s，相对误差为−5.28%，模拟值稍微低于实测值。NS 系数值高达 0.85，R^2 为 0.86，模型模拟精度较高，说明 SWAT 模型适用于社岗小流域地区。验证期实测流量为 0.622m^3/s，模拟值为 0.533m^3/s，相对误差为−14.28%，同样是模拟值总体偏小于实测值。NS 系数值为 0.73，R^2 为 0.75，验证结果总体令人满意，表明所构建的 SWAT 模型具有良好的精度，可以为后期社岗小流域非点源污染负荷核算提供可靠的径流数据。

5.5.4　社岗小流域非点源污染模拟

由于实测非点源污染数据有限，本书的研究主要利用 2017 年及 2018 年典型日非点源污染数据，以 SS、TN、TP 等水质指标为例，进行水质参数率定和验证，所得到的水质参数和部分场次模拟结果分别见表 5-17 和表 5-18。需要指出的是，表 5-18 给出了 7 个场次暴雨水质模拟结果，由于其余 4 个场次降雨强度过小，SWAT 模型无法模拟其非点源污染状况，所以未列出其结果。

表 5-17　水质参数率定结果

类别	参数名	物理意义	初始参数范围	参数率定范围
SS	USLE_C	植物覆盖和管理因子	0.001～0.5	0.001～0.256
	USLE_P	水土保持措施因子	0～1	0.390～0.943
	SPCON	水流挟沙能力函数的线性系数	0.0001～0.1	0.003～0.009
	SPEXP	水流挟沙能力函数的幂指数	0～5	0.619～1.500
TN	NPERCO	氮下渗系数	0～1	0.654～1
	CDN	反硝化指数速率系数	0～3	0～0.769
	SDNCO	发生反硝化作用的土壤含水量阈值	0～1	0～0.275
	ERORGN	氮渗透系数	0～5	3.082～4.490

续表

类别	参数名	物理意义	初始参数范围	参数率定范围
TP	PPERCO	磷下渗系数	10～17.5	11.893～15.682
	PHOSKD	磷土壤分离系数	100～200	100～150.660
	PSP	磷吸附系数	0.01～0.7	0.297～0.7
	ERORGP	磷渗透系数	0～5	2.483～5

表 5-18　典型日非点源污染模拟结果

时期	典型日	SS			TN			TP		
		实测值（t）	模拟值（t）	相对误差（%）	实测值（kg）	模拟值（kg）	相对误差（%）	实测值（kg）	模拟值（kg）	相对误差（%）
率定期	20170828	4.59	5.40	17.63	76.78	49.13	−36.02	7.92	6.92	−12.65
	20170904	3.09	1.62	−47.39	69.75	27.76	−60.20	5.40	1.73	−68.01
	20170907	25.25	25.40	0.61	120.68	133.20	10.38	19.47	19.77	1.53
验证期	20180414	4.40	0.37	−91.68	545.01	52.30	−90.40	32.85	0.51	−98.46
	20180415	2.63	3.99	52.01	487.20	73.58	−84.90	43.76	5.45	−87.54
	20180507	17.64	21.17	20.03	252.63	72.88	−71.15	47.36	9.66	−79.61
	20180509	9.98	14.38	44.13	333.86	109.50	−67.20	34.05	17.60	−48.32

由表 5-18 可以看出，率定期 3 个典型日中雨强最大的 20170907 场次（日雨量为 79mm）的模拟效果最佳，SS 相对误差低至 0.61%，TN 相对误差为 10.38%，TP 相对误差为 1.53%。20170828 典型日（日雨量为 25mm）模拟效果次之，SS、TN、TP 相对误差分别为 17.63%、−36.02%、−12.65%，20170904 典型日（日雨量为 27mm）模拟结果相对较差。另外，由表 5-18 可以看出，雨强较大的典型日模拟效果较好，而在雨强较小时，对 TN、TP 等均出现较大程度的低估现象，说明 SWAT 模型更适用于大雨量、大雨强的情景。验证期除了 20180414 典型日外，其余 3 个典型日的 SS 模拟相对误差基本在 50%以内，且均属于高估情况。而对于 TN、TP 来说，验证期所有场次的模拟值均低于实测值，且误差较大。分析原因可知，2018 年 4～5 月处于春耕施肥时期，流域内耕地等处于农耕施肥的高峰期，且前期肥料均施于浅层地表，在强降雨的淋溶冲刷作用下，氮、磷等元素迅速进入河道，造成严重的非点源污染，而 SWAT 模型难以捕捉这一人为现象。

总体而言，SWAT 模型非点源污染模拟结果在率定期的表现优于验证期，与径流模拟相对应，基本能够反映非点源污染负荷的实际状况，由于非点源污染监测、基础数据采集、模型内部结构、参数等具有强烈的不确定性，可以初步认为 SWAT 模型在该流域的模拟结果基本符合要求，所得结果可用于飞来峡库区流域非点源污染的模拟预测及趋势分析。

5.6　小　结

利用飞来峡库区年污染物排放量，采用等标污染负荷法和聚类分析法对北江飞来峡库区流域的非点源污染现状进行评价，开展场次降雨径流水量水质监测实验，分析各场次降雨径流污染物特征，并应用 SWAT 模型对典型小流域进行径流及非点源污染模拟。所得结论如下：

（1）利用等标污染负荷法对飞来峡库区流域 4 种污染来源进行深入分析，结果显示，飞来峡库区 4 种污染来源负荷比大小排序为生活污水＞畜禽养殖业＞种植业＞水产养殖业，其中，生活污水占比 57.79%，畜禽养殖业占比 38.13%，应着重对这两方面污染来源进行源头控制及污染修复。

（2）利用聚类分析中的样本分析法将飞来峡 10 个镇区分为四类，结果显示，位于流域中上游的镇区污染程度最高，需对所涉及镇区的生活污水及畜禽养殖业污染进行重点防控。

（3）场次降雨的径流污染物浓度变化过程表明，SS 和 BOD_5 等污染物与径流量变化趋势基本一致，说明径流量对这两种污染物的输出起主导作用，而 TN、NH_3-N、TP 等易溶性污染物则表现出非常明显的初期冲刷效应。

（4）污染物浓度及其负荷量与径流量相关性分析表明，各场次降雨中，SS 与径流量均呈现不同程度的正相关，说明径流量对 SS 等冲刷起着重要作用，BOD_5、COD_{Mn}、TP 等与径流量也大多呈正相关，但 TN 和 NH_3-N 则和径流量呈负相关，与初期冲刷效应相对应。另外，污染物负荷量与径流量的相关性要好于污染物浓度与径流量的相关性。

（5）社岗小流域 SWAT 模型模拟结果表明，SWAT 模型径流模拟精度良好，NS 率定期为 0.85，验证期为 0.73。在典型日非点源污染模拟上，SWAT 对于高雨强、大雨量的典型日模拟效果最好，各污染物相对误差基本控制在 10%以内，但对于雨强较小的典型日则表现较差；另外，验证期由于受到春耕人类集中施肥影响，污染物实测值普遍高于模拟值。

第6章　北江飞来峡流域非点源污染模拟及优先控制区识别

6.1　基 本 概 况

6.1.1　自然地理

1. 地理位置

北江是珠江流域第二大水系，位于广东省中部偏北，111°55′E～114°50′E、北纬23°10′N～25°25′N，整个流域呈扇形。主源称浈水，发源于江西省信丰县石碣大茅山，河流自东北向西南流至广东省韶关市沙洲尾，其与发源于湖南省临武县三峰岭的武水汇合后始称北江，北江自北向南流，经曲江县、英德市、清远市至三水思贤滘与西江相通后，注入珠江三角洲河网区，主流由虎门出南海。思贤滘以上流域总集水面积46710km^2，占珠江流域面积的10.3%，其中92%的流域面积在广东省境内，其余8%的面积在江西、湖南省境内。主要支流有武江、南水、滃江、连江、潖江、滨江、绥江等，呈羽状分布于干流两侧。北江干流全长468km，河道平均比降为0.26‰。

以飞来峡水利枢纽为界，其以上流域称飞来峡流域，流域控制面积为34097km^2，占北江流域面积的73%，是北江流域重要组成部分，其区位图如图6-1所示。

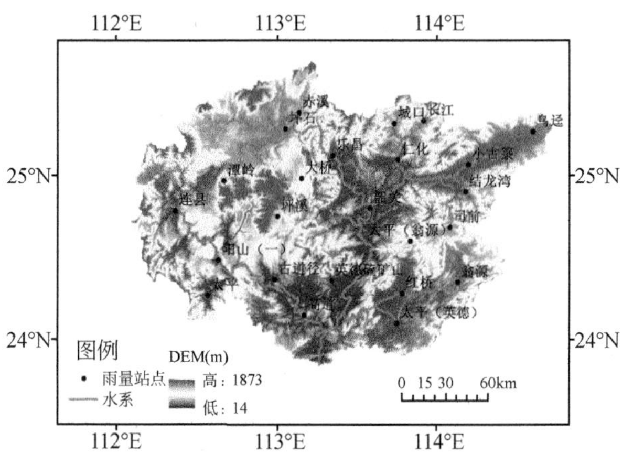

图6-1　飞来峡流域区位图

飞来峡水利枢纽位于北江干流中游清远市管辖境内，上距英德市 50km，下距清远市

33km，是广东省最大的以防洪为主的综合性水利枢纽，以防洪为主，兼有发电、航运、供水和改善生态环境等作用，是北江流域综合治理的关键工程，飞来峡水利枢纽整体布局如图 6-2 所示。

图 6-2 飞来峡水利枢纽整体布局

2. 地形地貌

北江流域地形总的趋势是北高南低。南临珠江三角洲平原，北面横亘南岭山脉。流域内河谷盆地纵横贯穿于山地丘陵之间，如滃江的英东盆地、连江的星子盆地和英西盆地以及北江干流的河谷盆地等。总的来说，全流域山地丘陵较多，平原较少。流域内海拔跨度介于 14～1873m，西北部的大东山是流域内海拔最高的山脉。飞来峡库区流域在地形地貌上主要分为两大段：北江干流自英德市区至盲仔峡段，该段河谷宽，沿河沙洲、河滩、冲积平原或盆地相继出现；盲仔峡至飞来峡之间干流两岸则是低山丘陵区。流域内植被良好且覆盖率较高，植物根系发达，土壤持水能力强。

3. 河流水系

北江水系发源于江西省信丰县石碣大茅山，主流流经广东省南雄县和始兴县，至韶关市再折向南流经英德市、清远市至佛山市三水区思贤滘，与西江相通后汇入珠江三角洲，于广州市番禺区黄阁镇小虎山岛淹尾出珠江口。干流在韶关市区以上称浈江（也称浈水），韶关以下始称北江。集水面积在 1000km^2 以上的一级支流有墨江、锦江、武江、南水、滃江、连江、湟江、滨江和绥江等。表 6-1 为集水面积在 1000km^2 以上的一级支流概况。

表 6-1 北江流域内一级支流概况

河段	河流名称	级别	发源地	河口	集水面积（km^2）	长度（km）	坡降（‰）
上游	墨江	1	始兴县棉地坑顶	始兴县上江口	1367	89	2.38
	锦江	1	江西省崇义县竹洞凹	曲江区白芒坝	1913	108	1.71
	武江	1	湖南省临武县三峰岭	韶关市沙洲尾	7097	260	0.91
中游	南水	1	乳源县安墩头	曲江区孟洲坝	1489	104	4.83
	滃江	1	翁源船肚东	英德东岸咀	4847	173	1.24
	连江	1	连州三姐妹峰	英德连江口镇江口咀村	10061	275	0.77

续表

河段	河流名称	级别	发源地	河口	集水面积（km^2）	长度（km）	坡降（‰）
下游	琶江	1	佛冈通天蜡烛	飞来峡江口汛	1386	82	1.74
	滨江	1	清新大雾山	清新飞水口	1728	97	1.1
	绥江	1	连山县擒鸦顶	四会市马房	7184	226	0.25
主河道	北江	干	江西信丰石碣	三水区思贤滘	46710	468	0.26

韶关市沙洲尾以上为上游，称浈江。河长 212km，河道平均坡降 0.59‰。流域面积 7554km^2。流域内多山地丘陵，间有小部分零星分布的河谷盆地。从上游乌迳以下到墨江口，河岸两侧平均 10km 以内为 100m 以下的丘陵地，10km 以外则是山地。河谷多为 V 形。上游的主要支流有墨江、锦江、武江。

韶关市沙洲尾至清远市飞来峡为中游，河长 173km，河道平均坡降 0.125‰，河谷多呈 U 形，河道一般顺直，也间有 4 个峡谷，即清远上游的飞来峡，长 9km；英德市波罗坑至连江口之间的盲仔峡，长 6km；在英德黎洞和清远横石之间有香炉峡和大庙峡，两者之长均不足 100m。河面平均宽度达 400m 左右，在盲仔峡及飞来峡，枯水期水深达 20～30m；而有沙洲的河道，水深常不足 1m。中游段的主要支流有南水、滃江、连江。

飞来峡至三水区思贤滘为下游段，河长 83km，河道平均坡降 0.0815‰。该河段已处平原区，河面宽阔，两岸多堤防，60km 长的北江大堤就处在该河段的三水区境内。下游段的主要支流有潖江、滨江、绥江。

4. 气候水文

飞来峡流域地处我国南方湿润地区，属亚热带季风型气候，季风影响显著，阳光充足，雨量充沛，热量丰富。大气环流随季节变化，夏季盛行东南风和偏南风，冬季常为北风和偏北风。四季的主要特点如下：春季阴雨，雨日较多；夏季高温湿热，水气含量大，暴雨集中；秋季常有热雷和台风雨；冬季低温，雨量稀少。年均降水量超过 1700mm，年内降水分布不均，主要集中在 4～9 月，多年平均气温约为 21℃，年内气温为 10～30℃，夏季最高温超过 30℃。无霜期年平均约 320d，多年平均日照时数为 1500～1700h。降雨以锋面雨为主，同时也受到台风雨的影响。最大年降水量为 2623mm（1975 年），最小年降水量为 1138mm，多年平均降雨天数为 158d。降水量年内分布不均，汛期（4～9 月）的降水量占年降水量的 70%～80%，其中 4～6 月占年降水量的 40%～50%。流域多年平均相对湿度为 76%～80%，多年平均风速为 1.1～1.9m/s。

飞来峡流域内水量丰富，以降雨为主要补给。中下游河道径流及其变化主要由上游及其区间降雨情况所决定，降水量年内变化决定径流年内变化。其径流年内分配极不均匀，每年 4～9 月为汛期，11 月～次年 3 月为枯水期。汛期的径流量占年径流量的 70%～80%，而枯水期只占 20%～30%。库区流域内雨量丰沛，降水特点主要有以下三点：一是雨量随季节变化分配不均匀，多集中在春夏两季，中下游及下游主要支流降雨集中在汛期 4～9 月，雨量占全年总雨量的 78.56%～82.06%，秋季雨量偏少，占全年总雨量的 12.1%，冬季干旱少雨，占全年总雨量的 6.3%；二是雨量年际间变化较大，主要原因是每年冷锋出现的次数、强度、速度不同导致暴雨量不稳定，流域多年平均降水量为1400～2500mm；三是暴雨多，以冷锋雨和地形雨为主，常受台风雨袭击。

飞来峡流域洪水具有山区河流洪水特点，洪水暴涨暴落，水位变幅大、历时短，峰型尖瘦而洪量相对不大。洪水过程以单峰和双峰为主，但由于经常断续出现多次降雨过程，洪水过程线也连续性多峰形式。洪水历时一般为7～15d，涨水历时一般为2～4d。整个流域基本同属一种暴雨类型，即锋面暴雨，一次暴雨过程往往遍及全流域，故中上游各支流经常遭遇洪水。流域中、下游地区是暴雨多发地区，干、支流洪峰多在横石河段遭遇，出现的峰高量大的洪水引发严重灾害。流域的洪水一般出现在4～7月，以5月、6月发生的概率最大。

6.1.2 经济社会概况

飞来峡流域包括了韶关市的乳源、乐昌、仁化、南雄、始兴、曲江、翁源、新丰、浈江和武江，清远市的佛冈、英德、阳山、连州、连山、连南、清新和清城等5市18县（区）。改革开放以来，该流域经济得到了较快发展，产业结构不断优化，第一产业所占比例不断下降，而第二、第三产业所占比例逐年上升。飞来峡流域地处亚热带、中亚热带，光热资源充足，气候温和，雨量充沛，十分有利于各种农作物生长，自然资源丰富，农林资源潜力大。其中，韶关和清远两市是广东省主要的农业地区。流域内交通便利，铁路和公路较为发达。京广铁路、京九铁路、京珠高速、广清公路、武广高铁等贯穿全境，为流域内的经济发展提供保障。

6.2 飞来峡流域径流模拟与参数敏感性分析

6.2.1 数据处理

SWAT 模型作为基于物理机制的大型分布式水文模型，其运行所需数据主要包括流域空间数据、属性数据、雨量数据、流域气象站点数据和流域水文站点数据。其中，流域空间数据包括流域 DEM、流域土地利用/土地覆被类型数据和流域土壤类型数据；属性数据包括流域土壤物理属性数据。同样地，流域空间数据输入之前，首先在 ArcGIS 软件平台下，为保证各类数据具有统一的投影坐标，选取地理坐标系统为 D_WGS_1984，投影坐标系统为 WGS_1984_UTM_Zone_49N。

1）DEM 数据

飞来峡流域 DEM 数据来自于中国科学院计算机网络信息中心地理空间数据云 SRTMDEMUTM 的数字高程数据，其分辨率为 90m×90m。由图 6-3 可知，飞来峡流域的 DEM 高程值介于 11～1873m。SWAT 模型可以根据流域 DEM 生成流域坡向、水流流向、流域分水线，进而自动提取流域河网水系，建立河道结构拓扑关系等，现提取出飞来峡流域 DEM 及水系图，如图 6-3 所示。

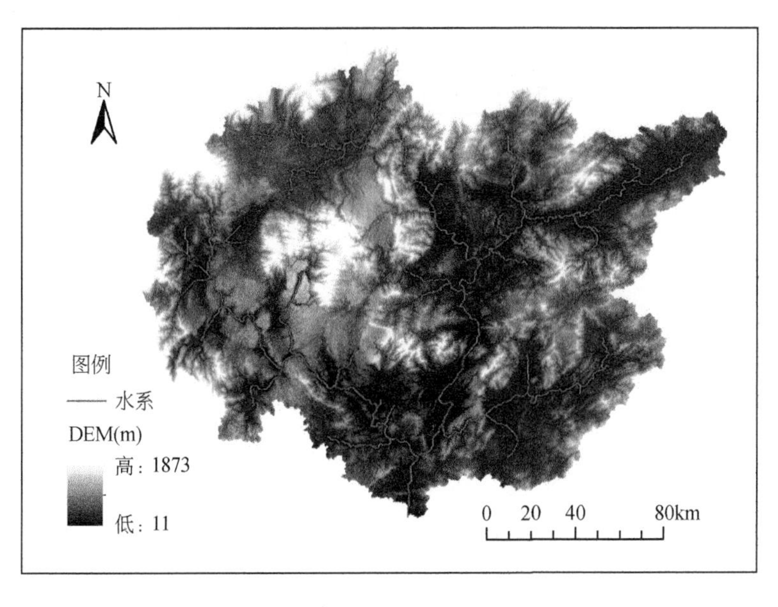

图 6-3　飞来峡流域 DEM 及水系图

2）土地利用数据

飞来峡流域土地利用数据采用中国科学院计算机网络信息中心全球变化参量数据库提供的土地利用数据，且由于 21 世纪以来，飞来峡流域整体土地利用情况变化不大，仍以耕地、林地为主，故采用静态土地利用数据。另外，SWAT 模型要求土地利用类型不超过 10 类，故根据 LUCC 数据分类体系，将土地利用类型重分为 6 类，分别为耕地、草地、林地、建设用地、裸地及水域，如图 6-4 所示，各土地利用类型代码及所占流域总面积的比重见表 6-2。

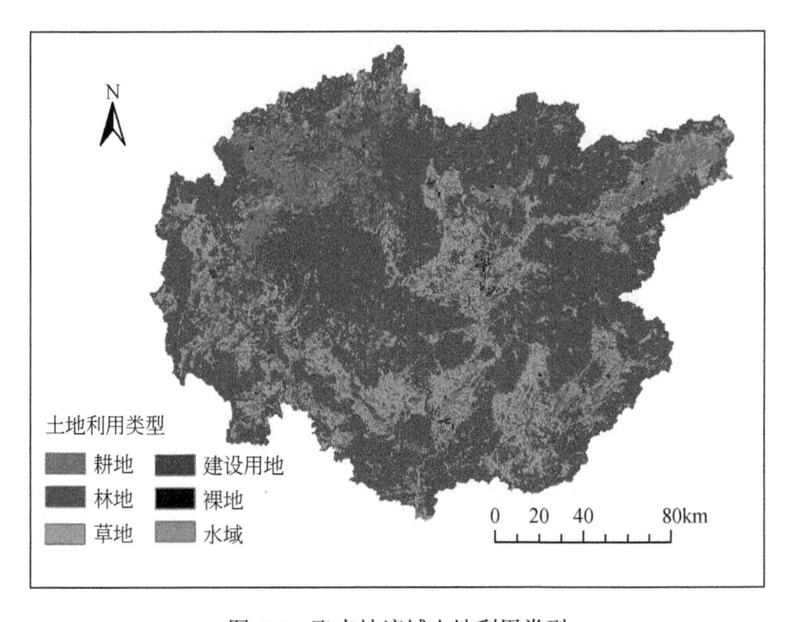

图 6-4　飞来峡流域土地利用类型

表 6-2　飞来峡流域土地利用类型分类

土地类型	SWAT 分类	模型代码	所占比重（%）	含义
耕地	agricultural land-generic	AGRL	16.188	种植农作物的土地，包括熟耕地、新开荒地、休闲地、轮歇地、草田轮作物地
林地	forest-mixed	FRST	70.128	生长乔木、灌木、竹类及沿海红树林等的林业用地
草地	pasture	PAST	12.644	以生长草本植物为主，覆盖度在 5%以上的各类草地，包括以牧为主的灌丛草地和郁闭度在 10%以下的疏林草地
建设用地	residential	URBN	0.483	城市住宅、商用、交通等用地
裸地	unutilized land	SWRN	0.003	未利用地
水域	water	WATR	0.555	天然陆地水域和水利设施用地

3）土壤数据库的建立

飞来峡流域土壤数据采用联合国粮食及农业组织（FAO）和国际应用系统分析研究所（HASA）共同开发的世界土壤数据库（HWSD）。根据 SWAT 模型要求，按照土壤理化性质，包括土壤中黏粒、砂粒、砾石的含量，有机碳含量，盐度等，将土壤类型空间数据重分为 5 类，分别为黏土 29.105%、壤土 15.268%、砂质壤土 0.357%、砂质黏壤土 40.915%及粉质壤土 14.355%，如图 6-5 所示。土壤物理属性数据库的建立前文已述及，现不再赘述。

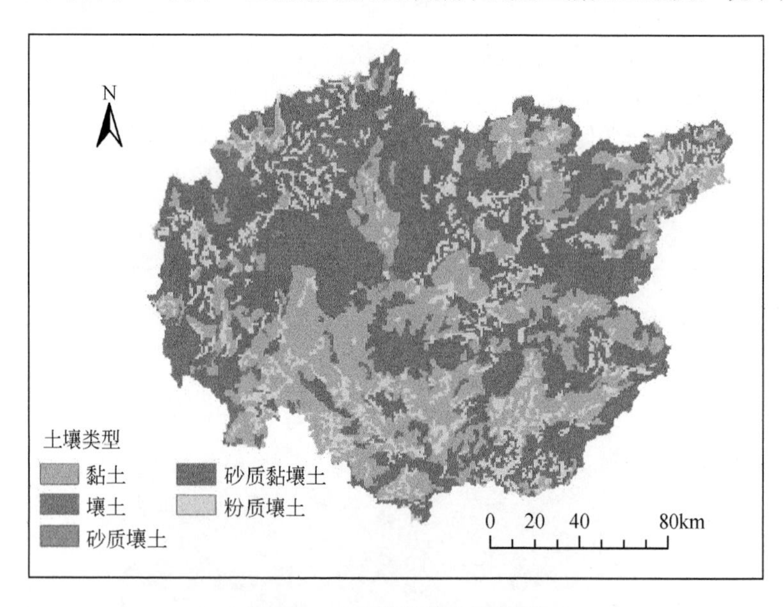

图 6-5　飞来峡流域土壤类型

4）雨量及气象数据

飞来峡流域水文气象数据包括 2010～2018 年流域内 24 个雨量站点的逐日降雨数据，流域水文控制站横石水文站 2010～2018 年的逐日径流数据以及韶关、南雄、连县、佛冈 4 个气象站点 2010～2018 年的日最高和最低气温、风速、湿度、日照时数等数据，以上降雨、径流数据来自于广东省水文局，气温、湿度等数据来自于中国气象数据网。具体站点信息见

表 6-3，具体站点位置如图 6-6 所示。

表 6-3　飞来峡流域站点信息表

	站点	纬度（°N）	经度（°E）
雨量站	太平（阳山）	24.2558	112.5578
	古道径	24.3558	112.9683
	长江	25.3336	113.9200
	翁源	24.3506	114.1217
	城口	25.3217	113.7353
	红桥	24.2783	113.7647
	潭岭	24.9678	112.6675
	坪溪	24.7492	112.9931
	坪石（二）	25.2881	113.0442
	赤溪（四）	25.3833	113.1333
	乌迳	25.2656	114.5986
	结龙湾	24.9000	114.1900
	司前	24.6833	114.0833
	太平（翁源）	24.6028	113.8381
	太平（英德）	24.0950	113.7600
	大桥	24.9831	113.1406
	高道	24.1592	113.1669
	乐昌（二）	25.1167	113.3500
	连县（三）	24.7708	112.3828
	仁化（三）	25.0967	113.7567
	韶关（二）	24.7889	113.5847
	小古菉	25.0667	114.2000
	阳山（一）	24.4833	112.6333
	英德硫矿山	24.3603	113.3417
气象站	韶关	24.6833	113.6000
	南雄	25.1333	114.3170
	连县	24.7833	112.3830
	佛冈	23.8667	113.5330
水文控制站	横石	23.8475	113.2614

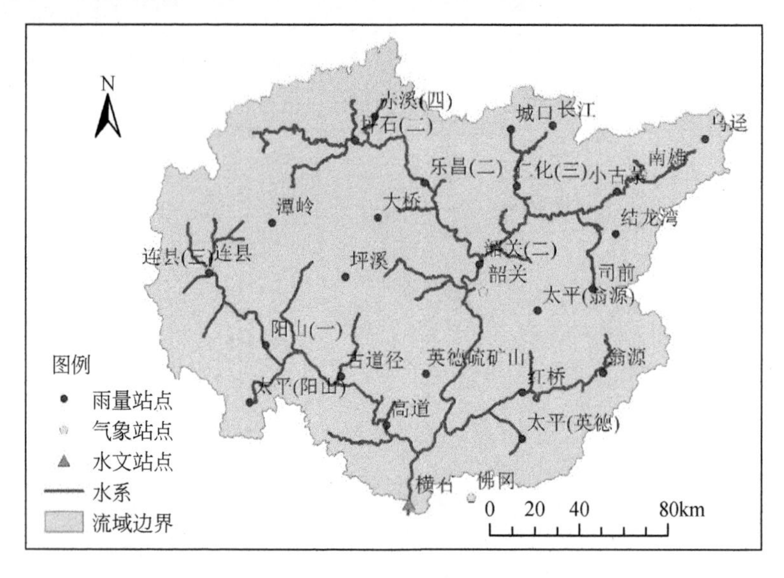

图 6-6　飞来峡流域站点图

6.2.2　SWAT 模型构建

SWAT 模型是基于流域-子流域-水文响应单元（HRU）的空间离散方法进行模拟的一种分布式水文模型，子流域通过集水面积阈值的设定而进行划分，基本单元 HRU 由土地利用、土壤类型和坡度共同定义，同样通过阈值来划分。

对于子流域划分来说，集水面积阈值越小，流域划分得越详细，河网越密集，形成的 HRU 也越多，模拟精度也越高，但相应的计算量和计算时长也会增加，所以合适的阈值应该在保证模拟精度的前提下尽量提高模型的运行效率。综合考虑飞来峡实际情况，将阈值设定为 300km^2，飞来峡流域生成 79 个子流域，如图 6-7 所示。

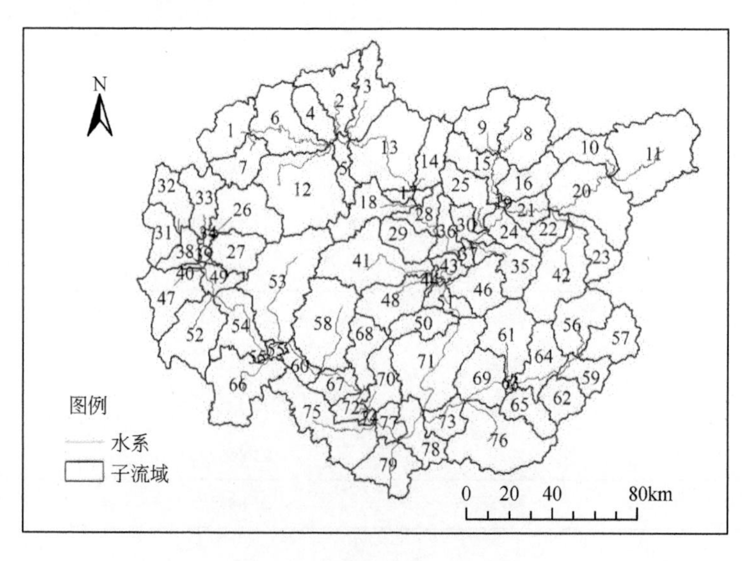

图 6-7　飞来峡子流域划分图

在子流域划分的基础上，应用土地利用类型、土壤类型及坡度划分等数据进行 HRU 划分。将研究区划分为 4 种坡度，0°～5°、5°～25°、25°～50°及 50°以上，坡度划分如图 6-8 所示。随后设定土地利用类型、土壤类型和坡度各占子流域面积 5%、20%和 20%以上的部分参与生成 HRU，最终生成 882 个水文响应单元。

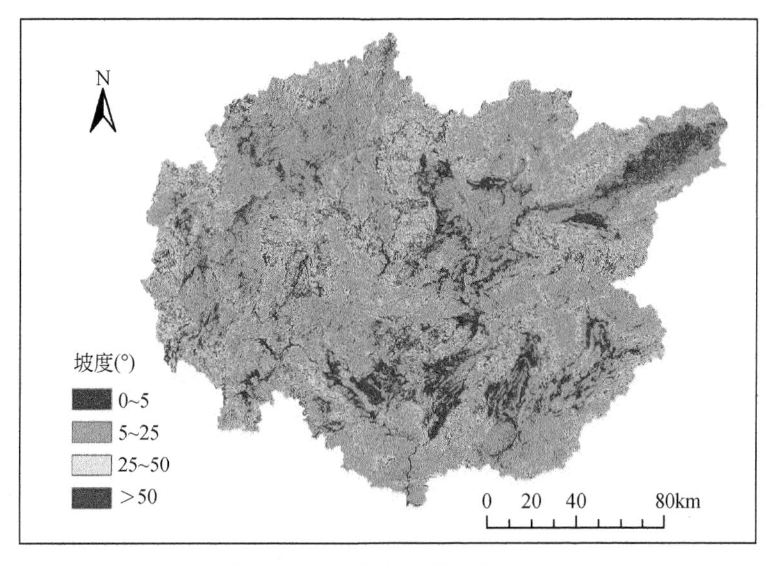

图 6-8　飞来峡流域坡度划分图

然后，按 SWAT 模型输入的要求，将降水量、温度、湿度、风速和太阳辐射等水文气象数据分站点以.txt 文件的格式进行整理，一个站点对应一个.txt 文件，再为每个水文气象要素制作一个对应的.txt 索引表，索引表里包括各站点编号、名称及经纬度，在模型中加载上述各索引表文件，即在模型中自动写入输入文件。再进行子流域点源污染数据库的构建，通过查找清远市、韶关市及郴州市的统计年鉴，统计各子流域城镇生活污水、农村生活污水、工业废水、农村畜禽养殖业、农村水产养殖业及农作物施肥等所包含的污水总量、总氮、总磷、氨氮以及 COD 等污染物的负荷量，构建 SWAT 模型点源污染数据库。最后，查找流域内具体的耕种、施肥、农药等农业管理措施。通过调查统计，流域内农作物主要为水稻，一年两熟，所施用化肥为氮肥、磷肥及复合肥，计算肥料的年施肥量，以及无机氮、有机氮、氨氮、无机磷和有机磷等的施肥强度，建立农业管理措施数据库。至此，SWAT 模型构建完毕。

6.2.3　参数敏感性分析

1. SUFI-2 方法

选用 SWAT 模型自带的自动校准工具 SWAT-CUP 进行参数敏感性分析，SWAT-CUP 是一个将 SWAT 模型与外部系统分析工具耦合的界面，该软件包含 5 种敏感性分析方法，分别为 SUFI-2、GLUE、ParaSol、MCMC 和 PSO，本书选取 SUFI-2 这种较为常用的敏感性分析方法对 SWAT 模型参数进行敏感性分析（Abbaspour，2011；Wu and Chen，2015；Yesuf et al.，2016）。

SUFI-2 算法是一种反演建模法，该方法首先定义较大的参数范围，然后对程序进行多次迭代，进而调整参数范围，将参数值限定至最适合模型的参数范围，直至获得理想的迭代结果，并通过验证最终参数范围来综合评估模型的适用性。

根据所获取的水质数据序列，选取 2010～2015 年为参数率定期，2016～2018 年为模型验证期。根据 SWAT 模型的应用经验以及飞来峡流域的基本情况，选取 14 个参数进行敏感性分析，分别为 CN_2、ALPHA_BF、GW_DELAY、GWQMN、SOL_K、SOL_AWC、ESCO、EPCO、CH_N2、CH_K2、GW_REVAP、SURLAG、SOL_BD 及 REVAPMN，并根据 SWAT-CUP 中的推荐设定各参数的初始范围，设置模型运行次数为开发者建议的 500 次，采用一种分层多维抽样方法——拉丁超立方抽样法生成 500 组参数，进行 500 次相互独立计算，读取计算结果可得各参数敏感性排序及计算后推荐的新参数范围，将新参数范围覆盖初始范围（即迭代），再进行新一轮 500 次的相互独立计算。如此以往，进行多次迭代，完成参数率定，即可得到各参数敏感性分析结果以及最终参数范围，然后再进行模型验证。

2. 敏感性分析结果

针对径流参数敏感性，选用 *t*-stat 与 *p*-value 两个指标进行评价，*t*-stat 值给出了敏感性的程度，绝对值越大越敏感，*p*-value 决定了敏感性的显著性，其值越接近 0 越显著。

参数率定期对模型进行了 3 次迭代，直到获得参数敏感性分析及率定的理想结果，即可从最后 1 次迭代的 500 次模拟中得出最佳模拟，并将最佳模拟的 NS 系数及相对误差等作为模型结果进行分析，本书的研究的最佳模拟为模型最后 1 次迭代（即第 3 次迭代）的 500 次模拟中的第 101 次。

为了提高参数敏感性分析效率，根据参数变化范围选择两种参数变化方式，v 表示将给定值作为现有参数值，r 表示将初始参数值乘以（1+给定值）作为现有参数值，给定值是指在一定取值范围内采用拉丁超立方抽样法所得到的数值。所得到的各参数敏感性排序及率定结果见表 6-4，结果表明，对飞来峡流域的径流过程有显著影响的参数依次为 CN_2、GW_DELAY、ALPHA_BF、SOL_K、EPCO 和 SURLAG 等。

表 6-4　各参数敏感性排序及率定结果

参数名	物理意义	参数变化方式	*t*-stat	*p*-value	敏感性排序	最初范围	最终范围	最佳参数值
CN_2	SCS 径流曲线系数	r	5.618	0.000	1	−0.3～0.3	−0.257～0.003	−0.097
GW_DELAY	地下水滞后系数	v	2.179	0.030	2	30～450	30～160.742	40.025
ALPHA_BF	基流退水系数	v	2.138	0.033	3	0～1	0～0.435	0.104
SOL_K	饱和水力传导度	r	−1.936	0.054	4	−0.3～0.3	0.085～0.3	0.259
EPCO	植物吸收补偿系数	v	−1.705	1.705	5	0～1	0.470～0.987	0.816
SURLAG	地表径流滞后时间	v	−1.451	0.148	6	0.05～24	11.876～22.771	19.600

续表

参数名	物理意义	参数变化方式	t-stat	p-value	敏感性排序	最初范围	最终范围	最佳参数值
GWQMN	浅层地下水径流系数	r	1.295	0.196	7	−0.3～0.3	−0.3～−0.114	−0.161
CH_K2	河道有效水力传导系数	r	−1.236	0.217	8	−0.3～0.3	−0.132～0.118	−0.064
CH_N2	主河道曼宁系数	v	−1.165	0.244	9	−0.01～0.3	0.184～0.3	0.227
ESCO	土壤蒸发补偿系数	v	1.116	0.265	10	0～1	0.075～0.692	0.585
GW_REVAP	地下水再蒸发系数	v	−0.787	0.432	11	0.02～0.2	0.114～0.172	0.128
SOL_AWC	土壤可利用水量	v	0.731	0.465	12	0～1	0～0.345	0.157
REVAPMN	浅层地下水再蒸发系数	r	0.179	0.858	13	−0.3～0.3	0.059～0.3	0.069
SOL_BD	土壤湿密度	v	−0.063	0.950	14	0.9～2.5	0.9～1.150	1.019

另外，由各参数值与纳什 NS 系数之间的散点图，即抽样点分布，能够更直观地阐述参数的敏感性，如图 6-9 所示（限于篇幅，仅选取敏感性排序前 6 位的参数）。

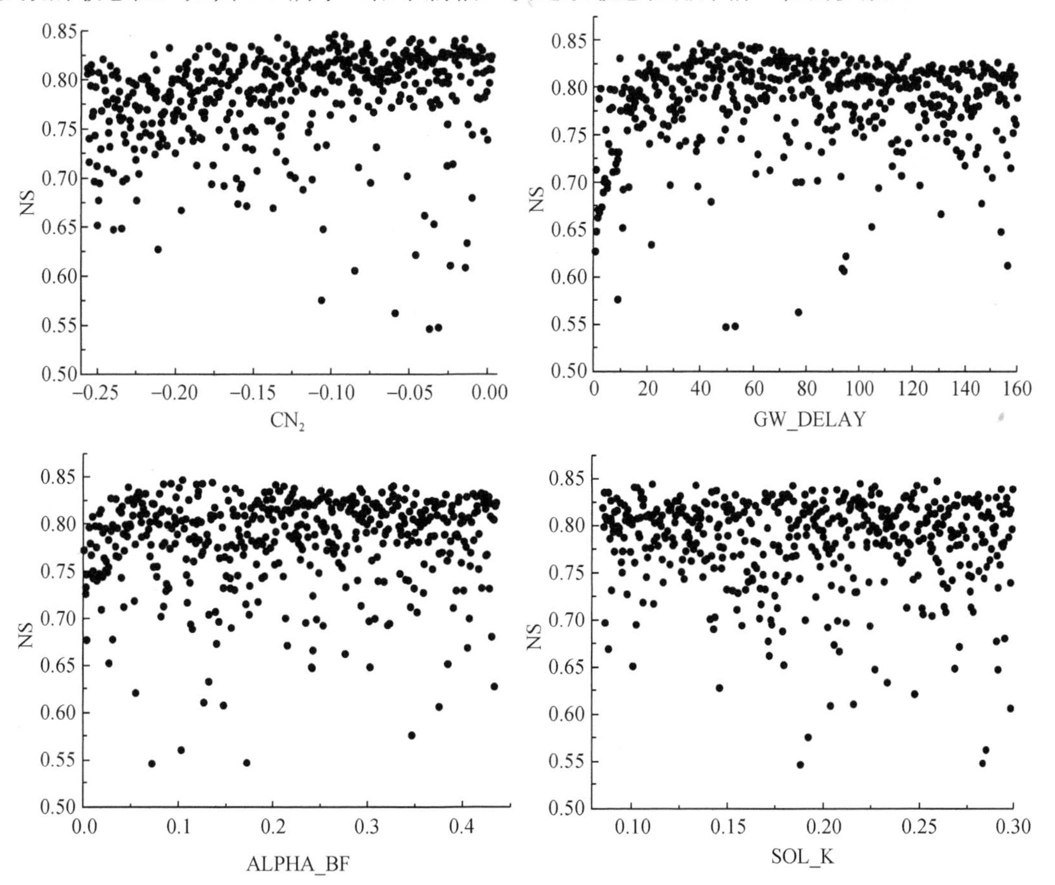

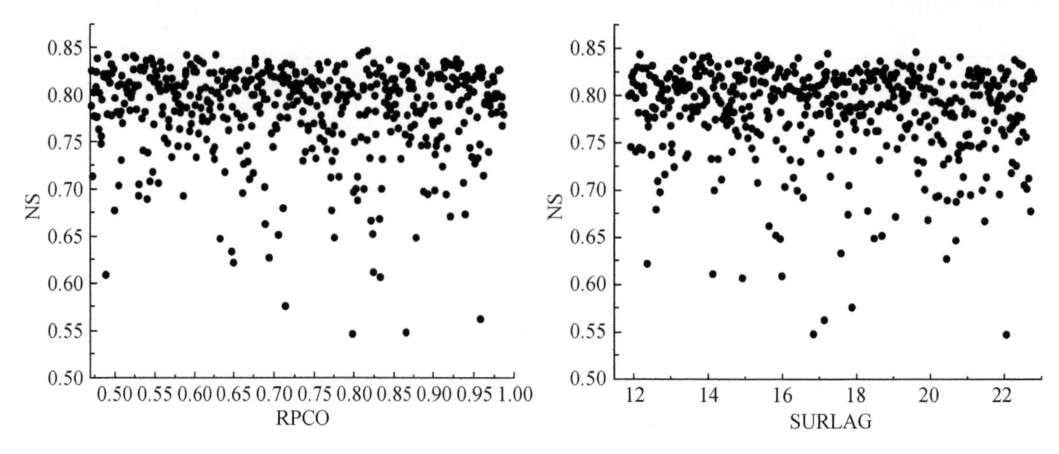

图 6-9 各参数值与目标函数值 NS 散点图

由图 6-9 不难发现，SCS 径流曲线系数 CN_2 在前半段表现出较为稳定且分散的偏低值，均值约为 0.7，而在后半段，NS 系数往高值集中的同时，稳定性变弱。就地下水滞后系数 GW_DELAY 而言，NS 系数随 GW_DELAY 的增大从较分散的偏低值向高值聚集，随后又向低值扩散，体现了较为明显的规律性。其余参数不做一一分析。

6.2.4 径流模拟结果分析

同样选用 NS 系数、R^2 及 Re 作为评价模拟值和实测值拟合效果的评价指标。由最佳模拟对应的结果得到的参数率定期实测、模拟的日均流量以及各评价指标见表 6-5，模拟值与实测值的拟合结果如图 6-10 所示。将率定期所获得的最终参数范围带入验证期进行模拟，即模型验证，得到的模型验证期实测、模拟的日均流量以及各评价指标见表 6-5，模拟值与实测值的拟合结果如图 6-11 所示。

表 6-5 率定期和验证期日均流量模拟结果

时期	实测值（m^3/s）	模拟值（m^3/s）	NS 系数	R^2	Re（%）
率定期（2010～2015 年）	1119.29	1080.24	0.85	0.85	−3.61
验证期（2016～2018 年）	1207.87	1139.37	0.77	0.79	−6.01

由表 6-5 和图 6-10、图 6-11 可以看出，在径流模拟中，率定期实测日均流量平均值为 1119.29m^3/s，模拟日均流量平均值为 1080.24m^3/s，NS 系数和 R^2 均为 0.85，Re 为−3.61%，模型稍微低估了实测值；验证期实测日均流量平均值为 1207.87m^3/s，模拟日均流量平均值为 1139.37m^3/s，NS 系数为 0.77，R^2 为 0.79，Re 为−6.01%，同样是模型低估了实测值，但低估程度比率定期明显。

另外，由图 6-10 和图 6-11 可以看出，不论是在洪峰数值上还是在峰现时间上，日均流量模拟和实测过程均较为吻合，特别是在率定期，因为率定期处于较为稳定的平水年组，SWAT 模型在平水年组表现出了高精度和强适应性。而验证期恰好存在丰水年、平水年和枯水年，2016 年流域出口实测流量均值达到 1664.76m^3/s，而 2017 年和 2018 年则分别为 1113.08m^3/s 和 852.08m^3/s，导致 SWAT 模型在验证期的适应性较差一些，因此模型在率定期的表现优于验证期。

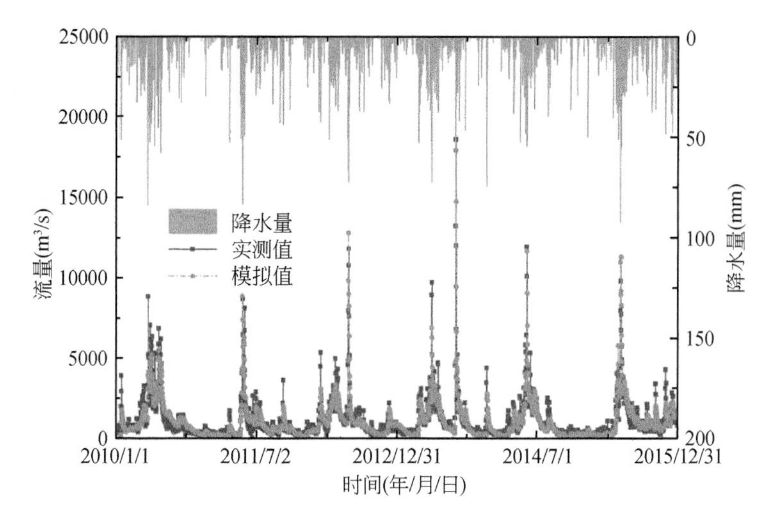

图 6-10　率定期日径流模拟值与实测值拟合结果

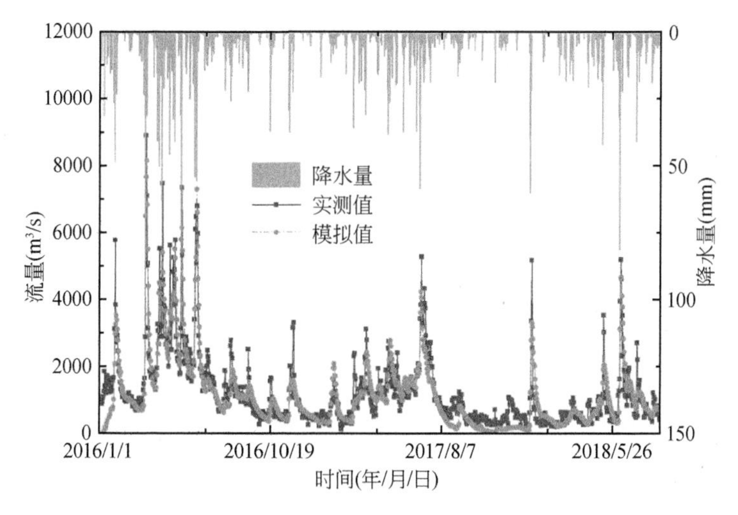

图 6-11　验证期日径流模拟值与实测值拟合结果

另外，采用 95PPU 不确定性带（95% prediction uncertainty）来表示模拟过程中产生的不确定性，如图 6-12（率定期）和图 6-13（验证期）所示，并采用 *P*-factor 和 *R*-factor 两个指标来衡量不确定性的大小。

95PPU 不确定性带是指通过拉丁超立方采样的输出结果在 2.5%和 97.5%分位数上的累积分布所得到的具有 95%置信度的不确定性范围，实测值落在该范围的比例越大代表模拟结果的不确定性越小。

P-factor 表示实测值落在 95PPU 不确定性带上的概率，其计算公式如式（6-1）所示：

$$P\text{-factor}=\frac{n_1}{n} \tag{6-1}$$

式中，n_1 为实测值落在 95PPU 不确定性带上的个数；n 为实测值的总个数。

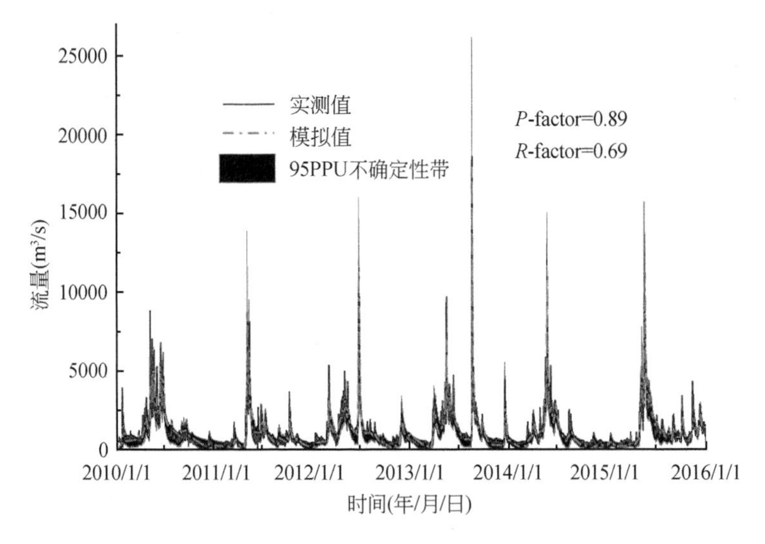

图 6-12　率定期 95PPU 不确定性带

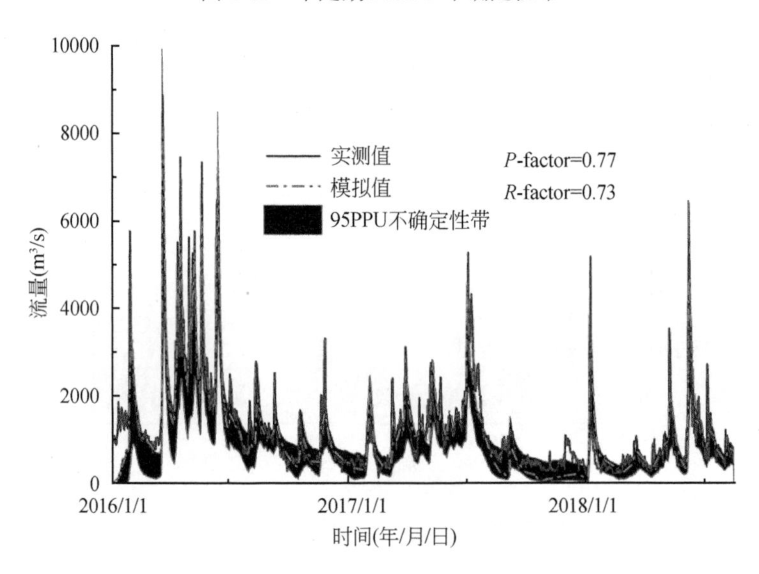

图 6-13　验证期 95PPU 不确定性带

R-factor 表示 95PPU 不确定性带的平均厚度与实测数据的标准偏差的比值，其计算公式如式（6-2）所示：

$$R\text{-factor}=\frac{\frac{1}{n}\sum_{i=1}^{n}(y_{i,97.5\%}-y_{i,2.5\%})}{\sigma_x} \tag{6-2}$$

式中，$y_{i,97.5\%}$和$y_{i,2.5\%}$分别为不确定性带的上限和下限；σ_x为实测流量值的标准偏差；n为实测值的总个数。

理论上，*P*-factor 的取值范围为 0～1，*P*-factor 越接近于 1，模拟结果的不确定性越小。*R*-factor 的取值范围为 0～∞；同样地，*R*-factor 越接近于 0，模拟结果的不确定性越小。此外，也可以定义 *P*-factor 与 *R*-factor 的比值来综合评价模拟结果的不确定性，比值越大，仿真不确定性越小。

更进一步地，由图 6-12 和图 6-13 可知，率定期实测值落在 95PPU 不确定性带上的概率为 0.89，*R*-factor 的值为 0.69，两者的比值是 1.29；验证期 *P*-factor 为 0.77，*R*-factor 为 0.73，两者的比值为 1.05，结果同样表明，率定期所获得的不确定性比验证期较小。

众所周知，影响径流模拟结果的主要因素有水文气象数据精度、降雨空间分布及径流参数优化选取等，总体而言，本书的研究采用 SUFI-2 方法对径流参数进行优化选取，获得了模型模拟和验证的较高精度，也表明本书的研究所构建的 SWAT 模型适用于飞来峡流域的径流模拟。

6.3　飞来峡流域非点源污染模拟

6.3.1　水质数据说明

由于所获取的水质资料有限，因此本书的研究选取氨氮和总氮作为代表进行飞来峡流域的非点源污染模拟和分析，且由于水质数据的监测频率多为每月一次，因此，本书的研究对飞来峡流域的非点源污染情况进行月尺度的模拟和验证。

根据水质断面的分布及水质数据的连续性，选取孟州坝、白石窑和飞来峡 3 个断面（分别对应编号 43 号、71 号和 79 号子流域的出口），进行飞来峡流域氨氮和总氮负荷情况的模型率定和验证。水质断面如图 6-14 所示。除 79 号子流域总出口外，其余 2 个水质断面的污染物负荷量由对应的子流域月径流模拟结果与相应的实测污染物浓度的乘积所得，而 79 号子流域总出口负荷量由实测径流量与实测污染物浓度的乘积所得。水质数据序列长度分别为孟州坝断面 2013～2018 年、白石窑断面 2013～2018 年、飞来峡断面 2010～2018 年。选取 2010 年为模型预热期、2011～2015 为模型率定期、2016～2018 年为模型验证期。

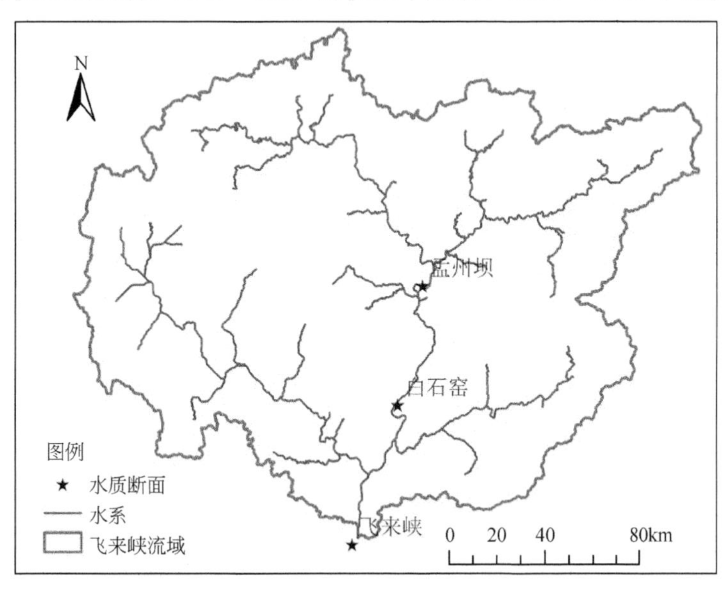

图 6-14　水质断面位置示意图

6.3.2 水质参数选取

除了径流模拟中已选取的CN2、SOL_AWC、ESCO等参数会对水质模拟产生影响外，还有另外一些参数也对氮的模拟产生巨大影响，本书的研究针对氨氮和总氮选用NPERCO、CDN等11个参数，详细信息及参数率定结果见表6-6。

表6-6 氮相关参数物理意义

参数名	物理意义
NPERCO	氮下渗系数
CDN	反硝化指数速率系数
SDNCO	发生反硝化作用的土壤含水量阈值
ERORGN	氮渗透系数
N_UPDIS	氮吸收分布参数
SHALLST_N	地下水中硝酸盐浓度对子流域的贡献量
CH_ONCO	河道内有机氮浓度
CMN	活性有机氮腐殖质矿化速率因子
BC1_BSN	20℃时NH_4生物氧化为NO_2的速率常数
BC2_BSN	20℃时NO_2到NO_3的生物氧化速率常数
BC3_BSN	20℃时有机氮转化为氨氮的速率常数

6.3.3 SWAT模型率定及验证

1. 评价指标

与社岗小流域相似，采用NS系数、Re和R^2三个指标作为模型适用性评价的标准，另外，再选用Willmott一致性指数d对模型的模拟结果进行一致性评价。d的计算公式如式（6-3）所示：

$$d = 1 - \frac{\sum_{i=1}^{n}(O_i - S_i)^2}{\sum_{i=1}^{n}(|S_i - \overline{O}| + |O_i - \overline{O}|)^2} \tag{6-3}$$

式中，n为观测值（模拟值）的个数；O_i为实测值；S_i为模拟值；$\overline{O}$为实测值的平均值；d的取值范围为-∞～1，d越接近于1，表示模拟值与实测值的一致性越高，模型的模拟结果越可靠。

2. 径流率定及验证结果分析

对流域总出口的月径流进行模拟验证，结果见表6-7。月径流率定及验证过程线如图6-15所示。与前述日尺度径流量模拟及验证结果相比，月尺度径流的模拟精度更高，表明SWAT模型对月尺度径流模拟具有强适应性。具体来看，率定期NS系数值为0.963，率定效果非常好，相对误差仅为4.720%，一致性指数更是高达0.991，表明SWAT模型在率定期的高精度表现。验证期结果较率定期稍差，NS系数为0.797，相对误差在10%以内。从

图 6-15 可以看出，验证期模拟结果较差由 2017 年汛期模拟值偏低所致。另外，经统计可得，飞来峡流域年均径流总量为 368.22 亿 m^3，大约占珠江流域多年平均径流总量（3360 亿 m^3）的十分之一，径流量年内分布不均的情况也显而易见，如图 6-16 所示。汛期 4～9 月的径流量占全年径流量的 70%左右，与流域内汛期雨量占全年总雨量 78.56%～82.06%的结论基本吻合。因此，可以认为径流模拟结果精度高，其可作为后续非点源污染的基础数据，进行氨氮和总氮的模拟。

表 6-7　飞来峡流域月径流率定及验证结果

时期	实测流量（m^3/s）	模拟流量（m^3/s）	NS	R^2	Re（%）	d
率定期（2011～2015 年）	1091.22	1142.72	0.963	0.966	4.720	0.991
验证期（2016～2018 年）	1261.65	1140.64	0.797	0.817	−9.591	0.943

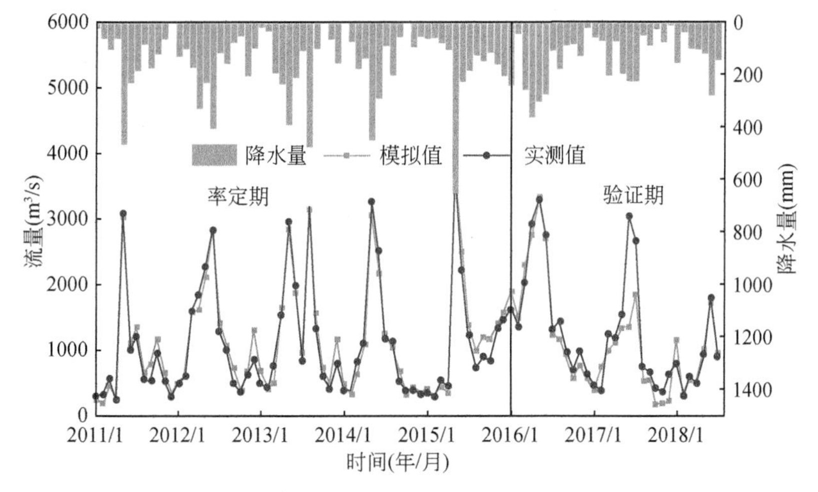

图 6-15　飞来峡流域月径流率定及验证过程线图

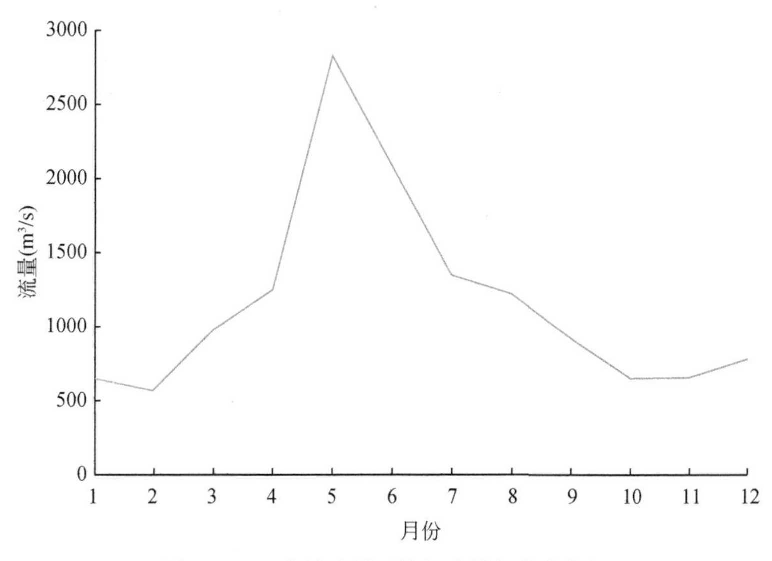

图 6-16　飞来峡流域月均径流量年内分布图

3. 营养盐率定及验证结果分析

对氨氮和总氮进行参数率定，经过多次的迭代计算，将氮相关参数的范围逐步缩小，见表 6-8，可得到飞来峡流域氨氮和总氮的模拟结果，见表 6-9。

表 6-8　氮相关参数率定结果

参数名	参数变化方式	初始参数范围	最终参数范围	最佳参数值
NPERCO	v	0～1	0.396～0.799	0.656
CDN	v	0～3	0.756～1.716	1.580
SDNCO	v	0～1	0.407～0.683	0.681
ERORGN	v	0～5	2.032～3.823	2.854
N_UPDIS	v	0～100	0～28.502	22.716
SHALLST_N	v	0～1000	639.38～1000	897.945
CH_ONCO	v	0～100	50.96～87.03	68.529
CMN	v	0.001～0.003	0.002165～0.003	0.002667
BC1_BSN	v	0.1～1	0.676～0.983	0.907
BC2_BSN	v	0.2～2	1.511～2	1.694
BC3_BSN	v	0.2～0.4	0.245～0.336	0.252

表 6-9　氨氮和总氮的模拟结果

营养盐	时期	评价指标	孟州坝	白石窑	飞来峡
			43 号	71 号	79 号
氨氮	率定期（2011～2015 年）	NS	0.765	0.724	0.775
		R^2	0.843	0.773	0.884
		Re（%）	−21.54	−23.57	23.34
		d	0.947	0.926	0.954
	验证期（2016～2018 年）	NS	0.457	0.463	0.633
		R^2	0.688	0.639	0.804
		Re（%）	−31.90	−37.46	−23.28
		d	0.850	0.840	0.926
总氮	率定期（2011～2015 年）	NS	0.887	0.700	0.589
		R^2	0.942	0.883	0.688
		Re（%）	−25.69	−35.15	−17.43
		d	0.971	0.931	0.902
	验证期（2016～2018 年）	NS	0.626	0.574	0.589
		R^2	0.643	0.631	0.693
		Re（%）	8.03	6.90	−0.16
		d	0.868	0.888	0.906

由表 6-9 可知，从整体来看，率定期的氨氮和总氮的模拟表现普遍优于验证期，与径流模拟对应。针对氨氮，流域总出口飞来峡断面在率定期 NS 系数为 0.775，验证期为 0.633，R^2 均高于 0.8，相对误差均在 25%以内，一致性指数 d 均高于 0.9，说明 SWAT 模型在飞来

峡流域的氨氮模拟中获得了比较高的模拟精度，模拟效果较好；从主河道其余两个断面来看，率定期 NS 系数均达到 0.7 以上，相对误差也在 25%以内，模拟值低于实测值；验证期则稍差，NS 系数分别为 0.457 和 0.463，相对误差分别为-31.90 和-37.46，模拟值也低于实测值。针对总氮，流域总出口飞来峡断面的表现较好，率定期 NS 为 0.589，相对误差在 20%以内。验证期 NS 系数为 0.589，相对误差仅为-0.16%；其余两个断面的表现稍优于总出口断面，率定期模拟值低于实测值，验证期模拟值稍高于实测值。总体来说，SWAT 模型在飞来峡的氨氮和总氮的模拟中表现出了较高的精度和适应性，模拟效果较好，可靠性较高，说明 SWAT 模型适用于飞来峡流域的非点源污染。

图 6-17～图 6-19 分别为三个水质断面 SWAT 模型氨氮和总氮率定期及验证期的过程线图。直观来说，模型的模拟效果达到了预期要求，可进行后期的非点源污染负荷分析及优先控制区识别研究。

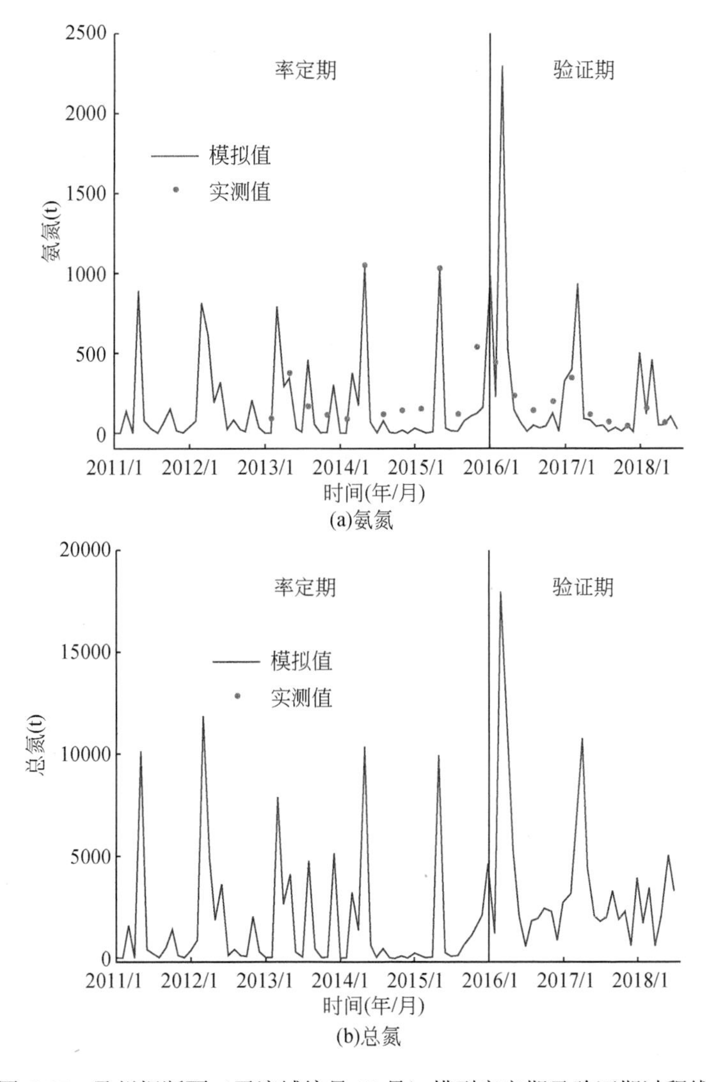

图 6-17　孟州坝断面（子流域编号 43 号）模型率定期及验证期过程线

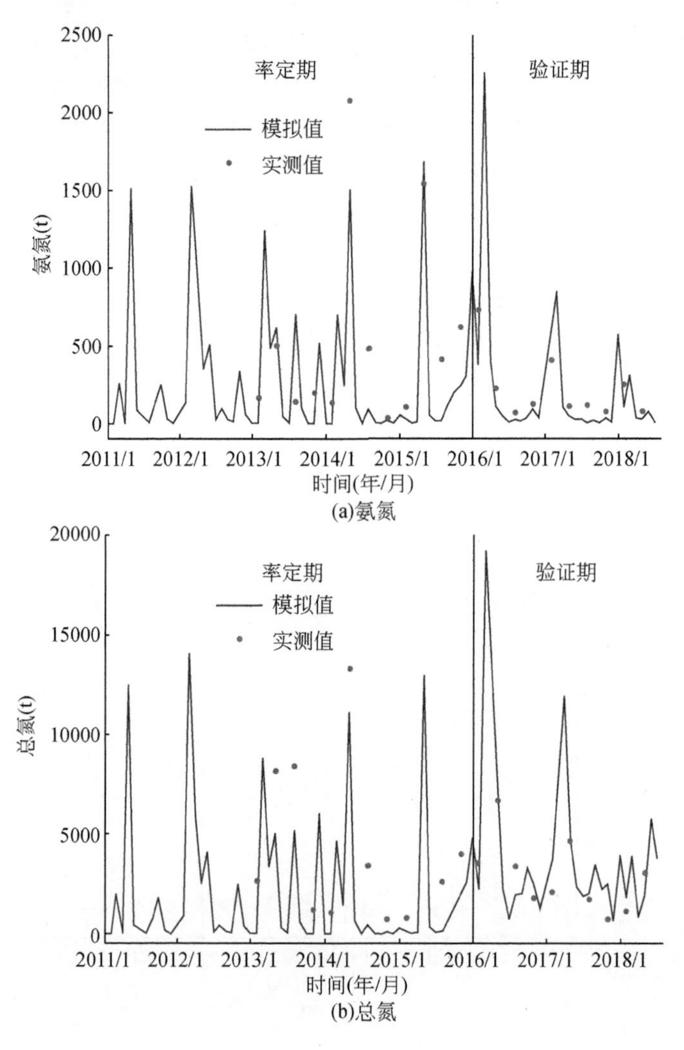

图 6-18　白石窑断面（子流域编号 71 号）模型率定期及验证期过程线

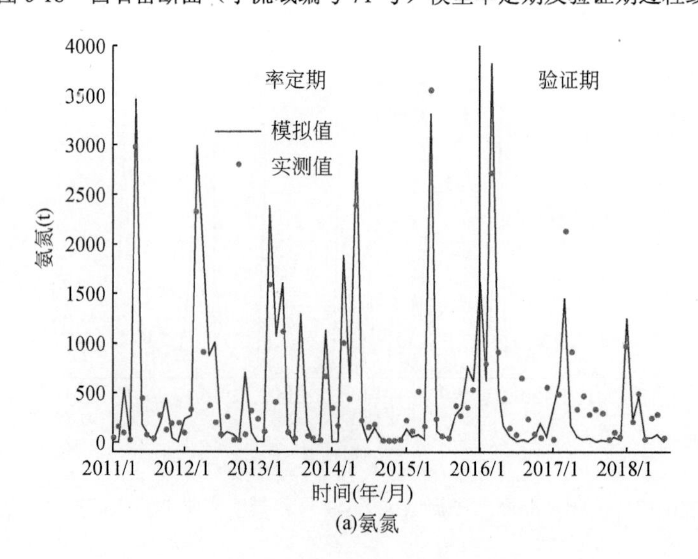

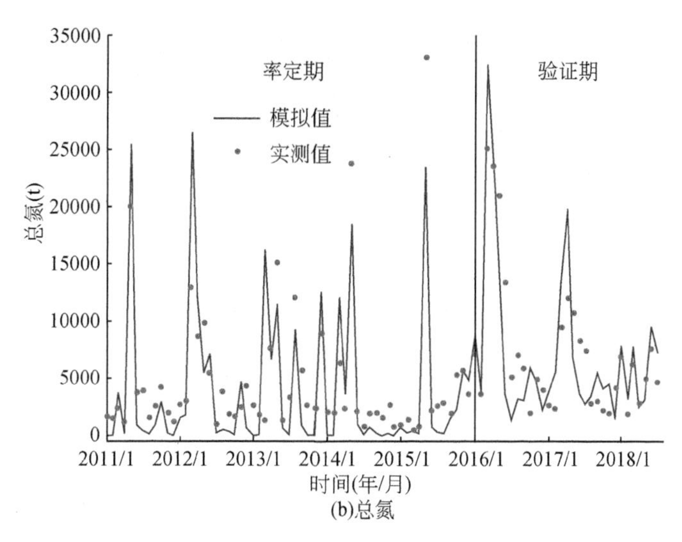

(b)总氮

图 6-19　飞来峡断面（子流域编号 79 号）模型率定期及验证期过程线

6.4　飞来峡流域非点源污染空间分布

为了对飞来峡流域的非点源污染程度进行定量计算，对流域范围内的非点源污染关键区域进行识别，本书的研究结合《地表水环境质量标准》（GB3838—2002）对飞来峡流域内的非点源污染程度进行分级，从而为相关流域管理部门进行飞来峡流域非点源污染规划和治理提供可靠的理论基础和科学依据。

本书的研究根据 SWAT 模型月尺度径流和污染物负荷的模拟结果，计算飞来峡流域内每个子流域的氨氮和总氮 2011～2018 年的月尺度浓度，统计得出每个子流域氨氮和总氮的年度浓度均值，从而得到飞来峡流域年均氨氮和总氮浓度分布图，如图 6-20 和图 6-21 所示。

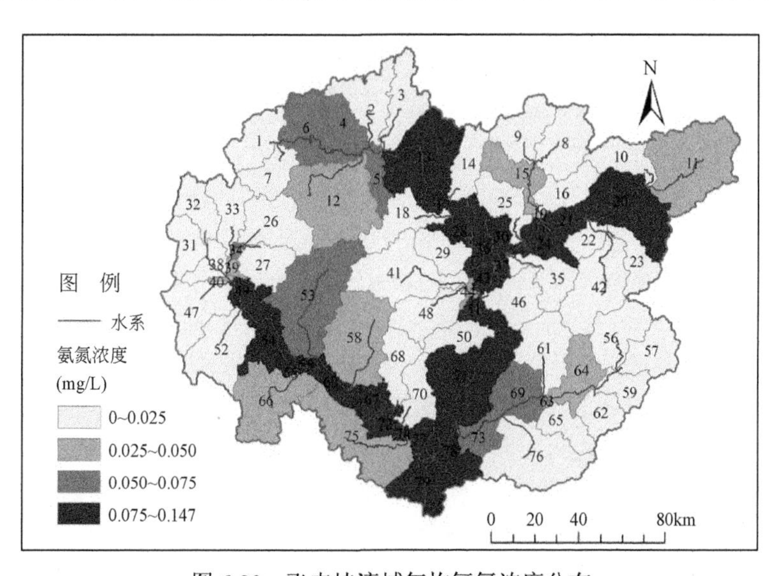

图 6-20　飞来峡流域年均氨氮浓度分布

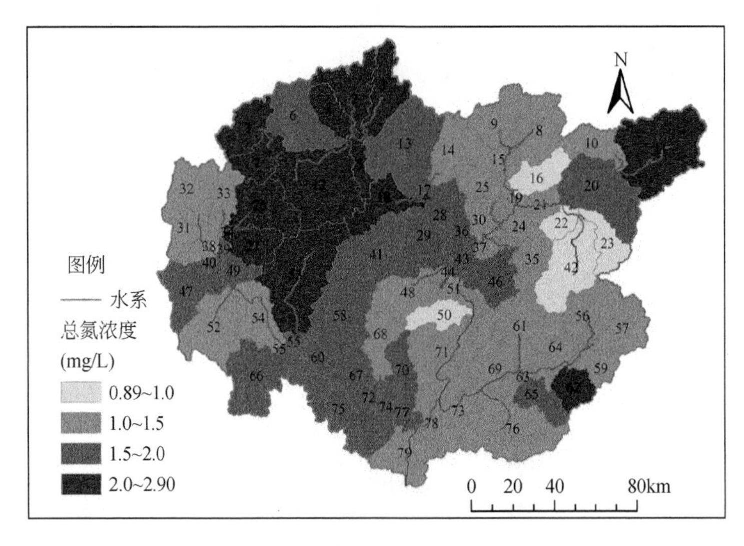

图 6-21 飞来峡流域年均总氮浓度分布

由图 6-20 可知，总体来看，流域年均氨氮浓度存在明显的地区差异，浓度较高的区域主要位于流域的主河道地区，其浓度为 0.075～0.147mg/L，究其原因，可能是主河道地区人口密度大，生活污水散排现象严重，污水中氨氮浓度高。除此之外，流域内其余区域氨氮浓度均较低。

同样地，飞来峡流域内的年均总氮浓度分布也存在明显的差异性，且反映出飞来峡流域内总氮污染情况不容乐观的现象。西北部武水流域、东北部浈水流域上游和西南部连江流域上游等地区总氮污染情况最为严重，浓度为 2.0～2.90mg/L，按《地表水环境质量标准》（GB3838—2002）来看，水质均为劣 V 类。究其原因可知，流域内耕地基本分布在武水流域和连江流域上游及东北部浈水流域上游。耕地面积多、农耕期施肥量大，导致这部分地区非点源污染源潜在量大，加之这部分区域海拔较高、坡度较大，尤其在汛期，降雨丰沛，径流峰高量大，在降雨径流的冲刷淋溶作用下，污染物很快进入河道，造成严重的非点源污染，建议将这部分区域作为重点控制区域优先进行非点源污染治理。流域中部至连江流域下游地区污染程度较为严重，对应水质为Ⅴ类，这部分区域人口密度较大，生活污水散排现象较为严重，而污水中氮污染物含量较大，也需要重点关注。此外，流域其余区域主要为流域东南部地区，非点源污染程度较轻。

此外，降雨径流是非点源污染输出负荷的强大驱动力，降雨的冲刷淋溶作用加上径流的迁移扩散，会加速营养盐和溶解有机质等不断进入水体，对于降雨时空分布极度不均，且主要集中在汛期的飞来峡流域来说更是如此。降雨的时空分布不均导致非点源污染存在明显的季节性，因此，本书的研究对飞来峡流域氨氮、总氮的季节性平均浓度进行统计，得到季节性氨氮和总氮浓度空间分布图，如图 6-22 和图 6-23 所示。

总体来看，各季节的氨氮污染严重程度排序是春季＞冬季＞秋季＞夏季，春季（3～5 月）开始进入汛期，也开始进入春耕施肥期，附着于土壤表层中的可溶于水的部分肥料极易经由暴雨径流冲刷进入河道，因此，流域内春季的非点源污染最为严重。夏季（6～8 月）由于土壤表层附着的肥料已在前期被径流冲刷殆尽或被农作物吸收，加之径流量大，因此各子流域氨氮浓度普遍较低，也即非点源污染程度最轻。

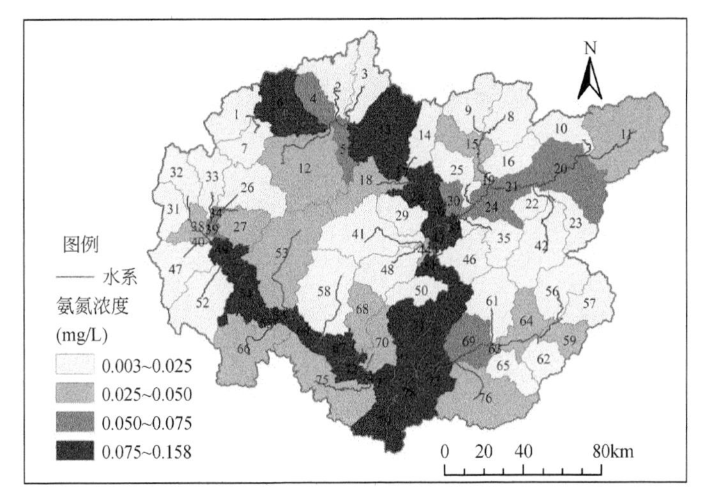
N
图例
—— 水系
氨氮浓度
(mg/L)
0.003~0.025
0.025~0.050
0.050~0.075
0.075~0.158
0 20 40 80km

(a)冬季

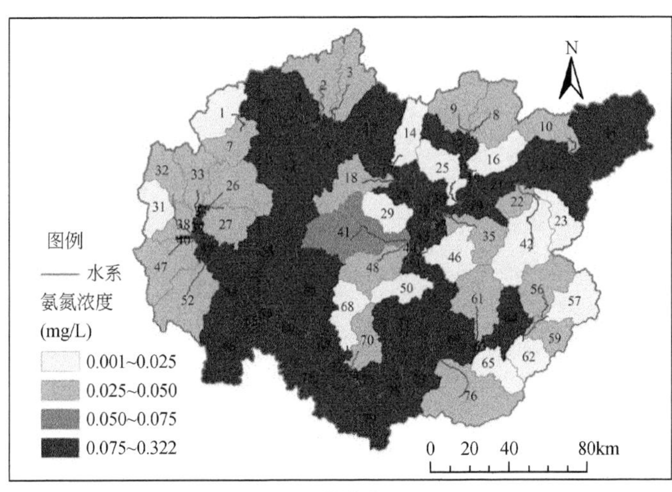
N
图例
—— 水系
氨氮浓度
(mg/L)
0.001~0.025
0.025~0.050
0.050~0.075
0.075~0.322
0 20 40 80km

(b)春季

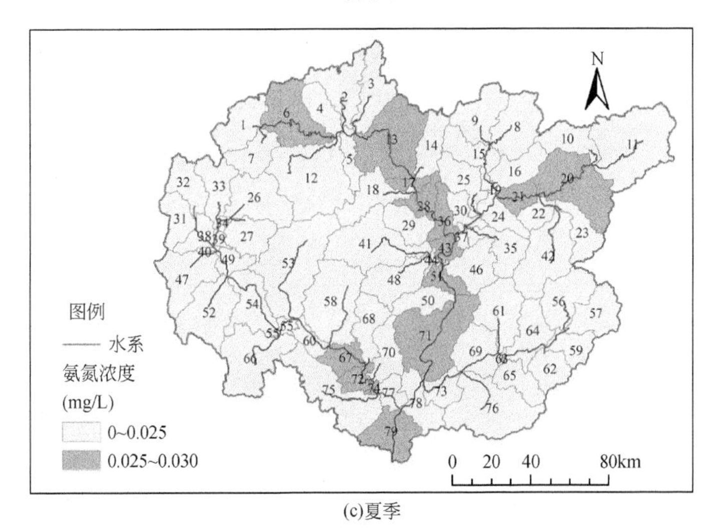
N
图例
—— 水系
氨氮浓度
(mg/L)
0~0.025
0.025~0.030
0 20 40 80km

(c)夏季

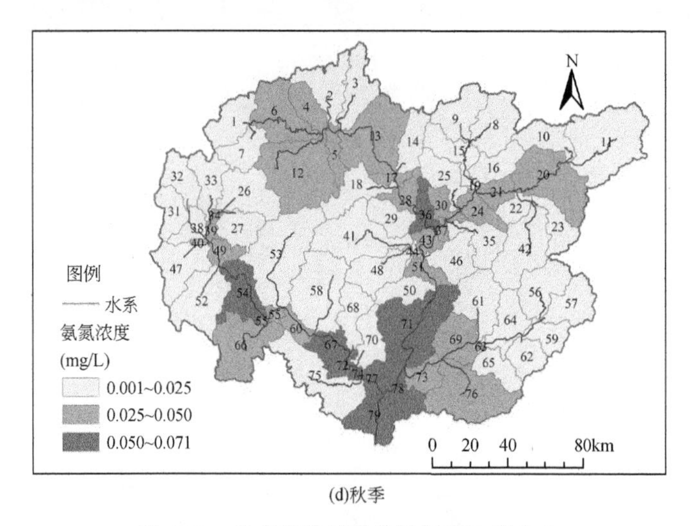

(d)秋季

图 6-22 飞来峡流域季节性氨氮浓度分布

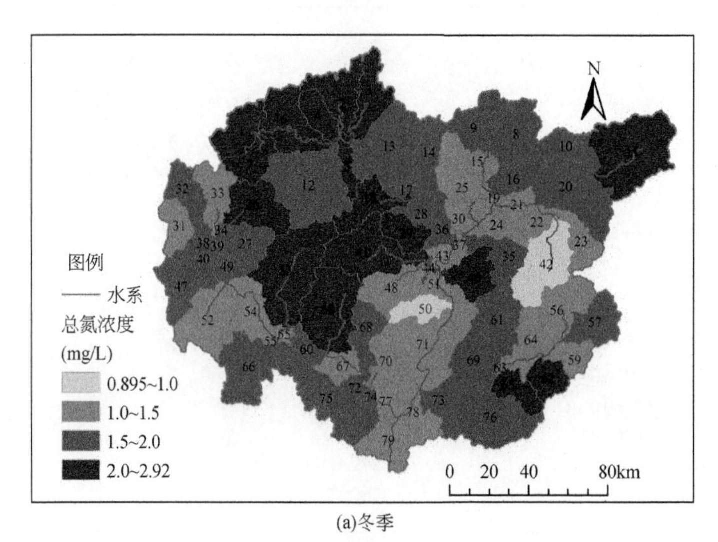

(a)冬季

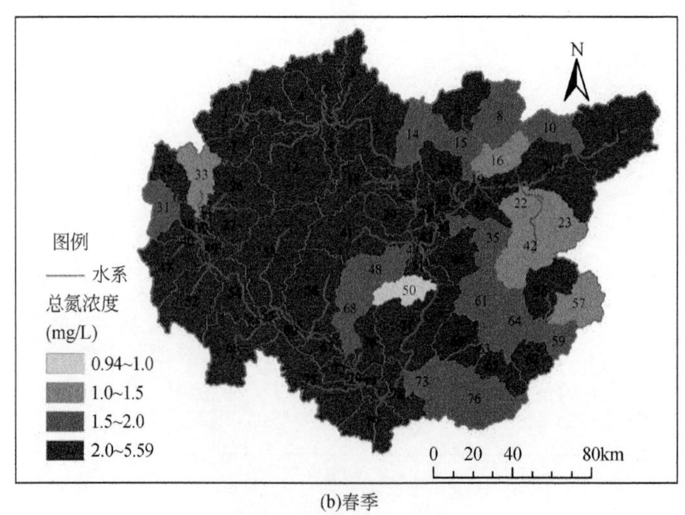

(b)春季

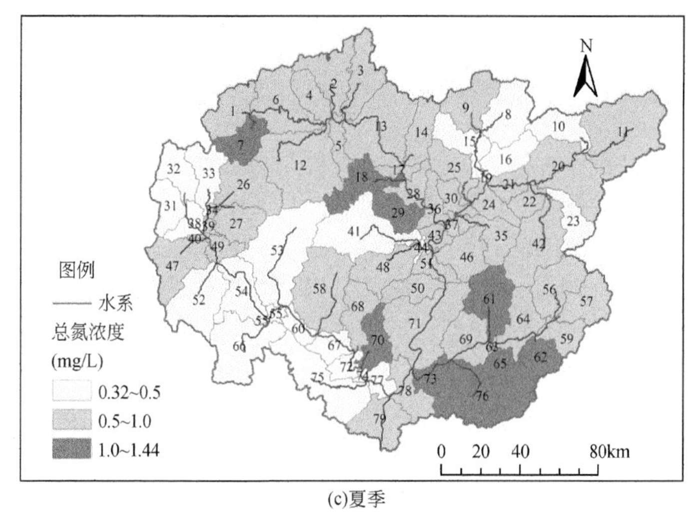

(c)夏季

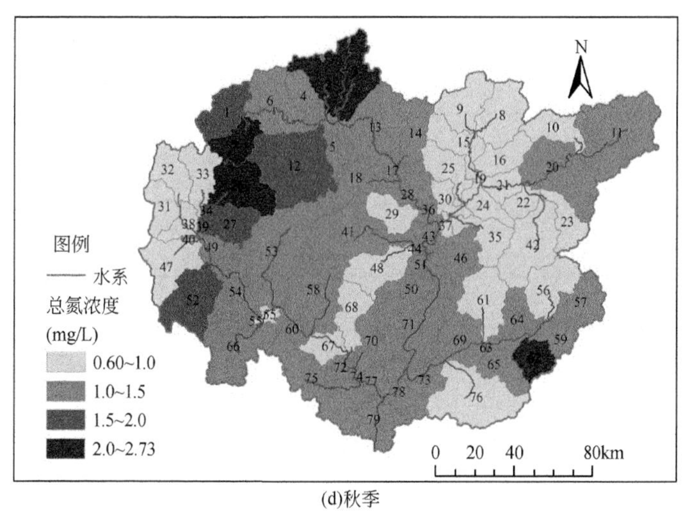

(d)秋季

图 6-23　飞来峡流域季节性总氮浓度分布

同样地，对于总氮来说，各季节的污染严重程度排序是春季＞冬季＞秋季＞夏季，并且可以通过观察得出，在春季，除了流域东部滃江流域的水质状况稍好外，其余大部分子流域的总氮浓度均在 2.0mg/L 以上，对应于《地表水环境质量标准》（GB3838—2002）的劣Ⅴ类水，说明春季是流域非点源污染事件的高发时段，流域西北大部、流域东北角及流域总出口库区范围等农业活动密集的区域是非点源污染事件的高发区域。相反地，在夏季，因为降水量集中，所以径流对污染物的稀释作用很强，且由于前期种植业肥料大部分已被吸收或者被冲刷，因此，在夏季时，流域内农业活动密集区表现出较低的污染程度，如连江流域基本上对应于Ⅱ类水，在滃江流域等非农业区则表现出较春季略低且较其他农业密集区稍高的比较稳定的污染程度。秋季仍主要是武水上游和连江上游区域污染程度较大，整体来说，秋季处于流域后汛期，径流也有较明显的稀释作用。冬季处于非汛期，径流量小，因此，在同等负荷情况下，总氮浓度相对较高。

6.5 飞来峡流域非点源污染优先控制区识别

受气候、水文、地形、土壤、土地利用方式和管理方式等众多因素的共同作用，流域内非点源污染的空间变异性强，流域内各空间单元的污染强度差异显著，少数区域输出的污染物往往占据全流域污染的绝大部分。因此，识别出流域内的高污染区域，将有限的人力、财力和物力匹配到治理重点上，优先对高污染区域或危害性较大但范围相对较小的敏感区域进行治理，已经成为国内外非点源污染控制的基本思路（杨胜天等，2006；陈磊和沈珍瑶，2014）。

非点源污染的分级方法多种多样，最常见的是根据非点源污染负荷对每个控制区进行分级。但与负荷量相比，污染物浓度似乎更能直观地表现出流域内非点源污染的程度，与国家地表水质量标准进行对比，也更能直观地了解研究区的水质状况，从而达到在流域内分区域、有侧重性地进行非点源污染治理的目的。

因此，本书的研究将 SWAT 模型与《地表水环境质量标准》（GB3838—2002）相结合，由此来确定各子流域非点源污染级别，从而识别出飞来峡流域的非点源污染优先控制区，具体分级标准见表 6-10。

表 6-10　非点源污染控制区分级标准

污染浓度 C_i（mg/L）	$C_i \leqslant C_1$	$C_1 < C_i \leqslant C_2$	$C_2 < C_i \leqslant C_3$	$C_3 < C_i \leqslant C_4$	$C_4 < C_i \leqslant C_5$	$C_i > C_5$
控制区级别	五级	四级	三级	二级	一级	特级

注：C_1，C_2，C_3，C_4，C_5 分别为《地表水环境质量标准》（GB3838—2002）中对应于水质标准为 I 类、II 类、III类、IV类和 V 类的污染物标准限值，单位为 mg/L。

本书的研究针对氨氮和总氮，查找《地表水环境质量标准》（GB3838—2002），对应的 C_1，C_2，C_3，C_4，C_5 值分别见表 6-11。

表 6-11　污染物标准限值

标准限值（mg/L）	C_1（I 类）	C_2（II 类）	C_3（III类）	C_4（IV类）	C_5（V 类）
氨氮	0.15	0.5	1.0	1.5	2.0
总氮	0.2	0.5	1.0	1.5	2.0

因此，综合氨氮和总氮进行全流域优先控制区划分，结果如图 6-24 所示，再进行季节性全流域优先控制区划分，结果如图 6-25 所示。

由于总氮负荷是有机氮、氨氮、硝态氮和亚硝态氮等各种形态氮负荷的总和，因此，总氮负荷总是大于氨氮负荷，同理，总氮浓度也总是大于氨氮浓度。但由污染物标准限值可以得知，氨氮和总氮的污染限值除了 I 类水略有区别外，其余限值均是相同的，因此，综合氨氮和总氮所得到的整个流域的控制区划分结果图基本上是以总氮浓度为依据的。

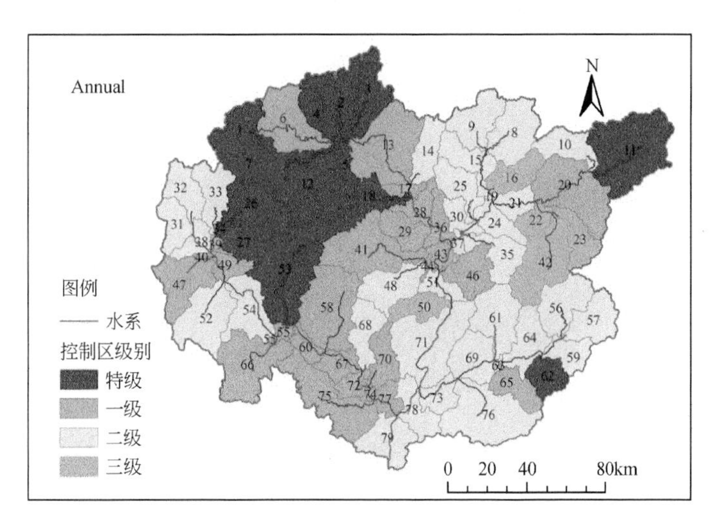

图 6-24　飞来峡流域优先控制区划分结果

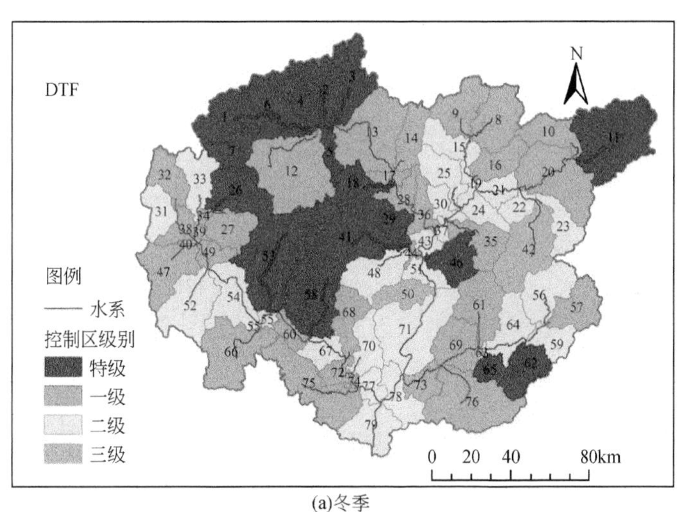

(a)冬季

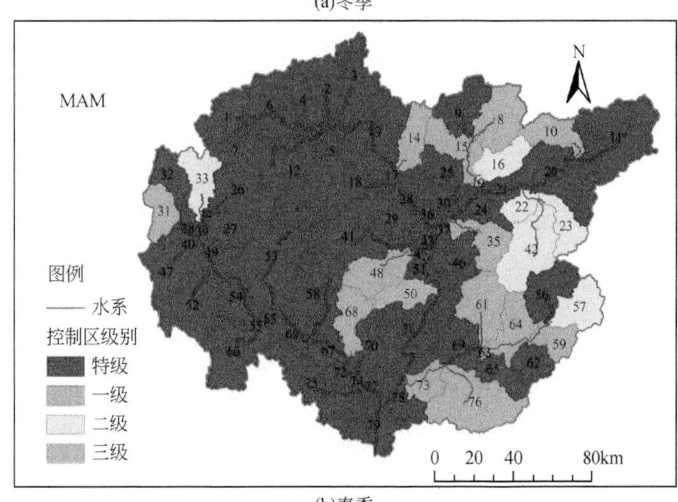

(b)春季

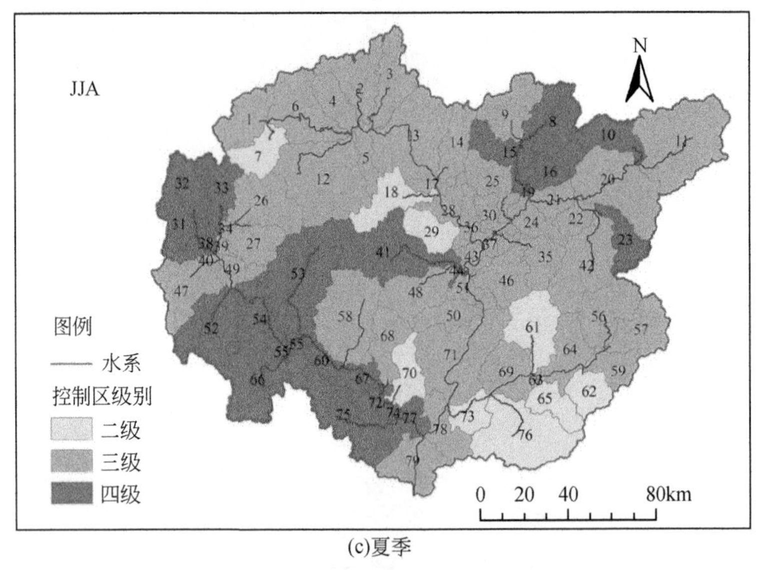

(c)夏季

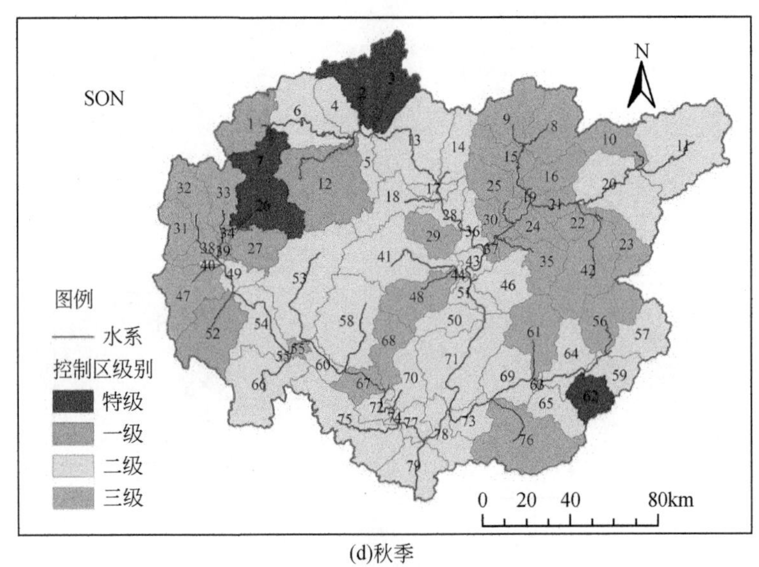

(d)秋季

图 6-25　飞来峡流域季节性优先控制区划分结果

由图 6-24 可以看出，特级控制区均分布在西北部武水上游、连江上游流域和浈水上游流域，即土地利用类型多为耕地的区域，一级控制区多位于武水流域中下游和连江流域中下游地区，二级控制区多位于流域的主河道地区。由图 6-25 可以看出，冬季特级优先控制区多位于流域东北部耕地区域和流域中部偏西、坡度较大的区域。春季整个流域的水质状况均不容乐观，除去东部一部分地区外，流域大部分位于特级优先控制区内，应着重关注春季整个流域的非点源污染情况，采用合理的耕作方式，尽量减少化肥的过度施用，并采用一些有效措施防止肥料流失，如设定合理的灌溉方式，在农田和受保护水体之间设立缓冲带等，防止养分流入周围河流、湖泊和水库等水体。夏季和秋季流域内的水质状况相对较好。

6.6　飞来峡水库库区污染情况分析

根据子流域面积初步判断，飞来峡水库库区包含的子流域为 70 号、73 号、74 号、75 号、77 号、78 号和 79 号，流域面积大约为 2600km^2，其上游污染物汇入北江干流流域（武水和浈水流域）、滃江流域及连江流域。现分别对北江干流、滃江、连江等上游流域以及库区内的氨氮和总氮负荷进行年度平均统计，具体结果见表 6-12，负荷过程结果如图 6-26 和图 6-27 所示。

表 6-12　各分区流域污染负荷及其占比情况

营养盐		北江干流（武水和浈水）	滃江	连江	库区范围	流域总出口
氨氮	负荷（t）	3116.7	265.4	1930.2	768.8	6081.0
	占比（%）	51.25	4.36	31.74	12.64	100.00
总氮	负荷（t）	32155.2	5963.7	18593.4	2134.5	58846.7
	占比（%）	54.64	10.13	31.60	3.63	100.00

由表 6-12 可知，飞来峡流域总出口的氨氮年均负荷量为 6081.0t，其中库区范围内为 768.8t，占比 12.64%，说明库区内氨氮污染负荷绝大部分来自于上游汇入，占比高达 87.36%，其中来自于北江干流（浈水和武水合流）的部分占比 51.25%，滃江流域占比 4.36%，连江流域占比 31.74%。流域总出口的总氮年均负荷量为 58846.7t，而库区范围内仅为 2134.5t，占比 3.63%，说明库区总氮负荷绝大部分来自于上游汇入，包括干流占比 54.64%，滃江占比 10.13%，连江占比 31.60%。

据广东省水利科学研究院于 2010 年编制完成的《广东省飞来峡水利枢纽库区污染源普查报告》，在主要入库污染物中，以 BOD_5 为例，有约 94%来自上游流域，仅有 6%由库区流域贡献；此外，上游流域也为库区贡献了约 99.8%的铜和锌、95%的总氮以及约 75%的总磷，也就是说，库区流域上游为飞来峡库区贡献了绝大多数的污染物。

其中，上游流域和库区流域总氮分别为 44557.65t 和 2311.35t，两者之和为 46869t，上游流域和库区流域占比分别为 95.07%和 4.93%；本书的研究利用 SWAT 模型估算的占比分别为 96.37%和 3.63%（表 6-12），且估算的总氮相对误差仅为 25%，说明本书的研究所得结果可靠性较高。

由图 6-26 和图 6-27 可知，各分区流域的污染物负荷之间的变化趋势与降水量的变化趋势基本一致，各年份负荷峰值大致都出现在汛期。2011 年 5 月、2015 年 5 月及 2016 年 3 月，流域内平均降水量分别达到 463mm、656mm 和 259mm 时，氨氮负荷分别达到了 3459t、3314t 及 3820t，总氮负荷分别达到了 25410t、23460t 及 32390t。

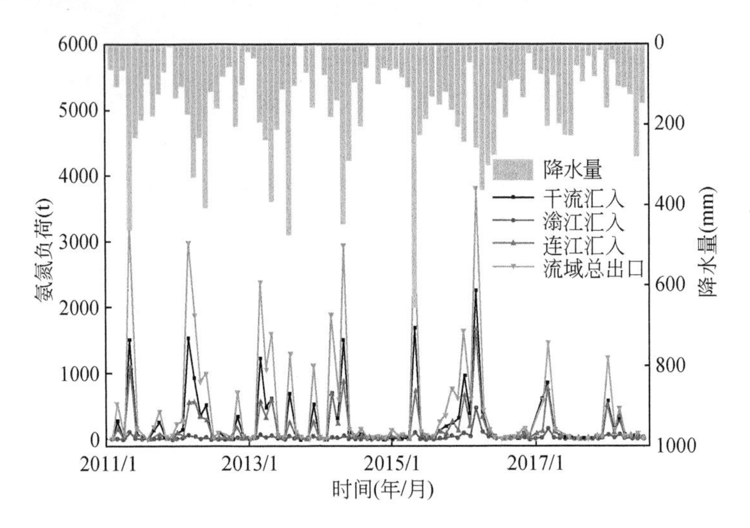

图 6-26　各分区流域氨氮负荷过程

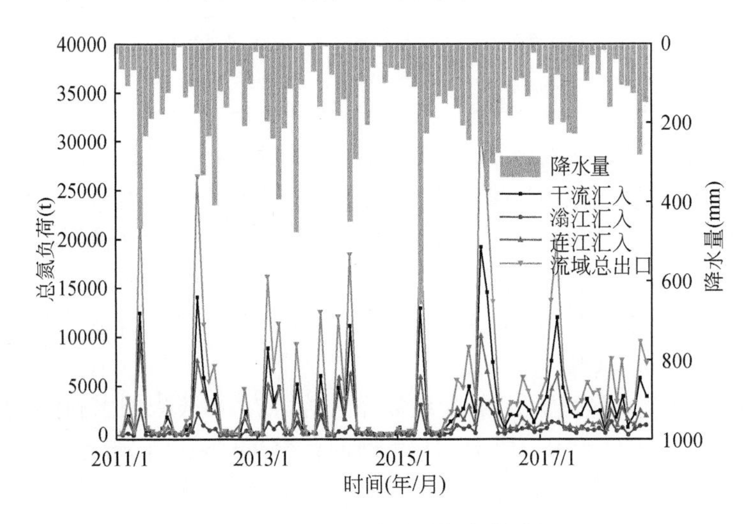

图 6-27　各分区流域总氮负荷过程

6.7　小　　结

基于飞来峡流域基础资料构建 SWAT 径流模型，并运用 SWAT-CUP 中的 SUFI-2 方法进行敏感性分析及参数率定，以及进行日尺度径流模拟效果定量评价；采用 SWAT 模型对飞来峡流域进行非点源污染模拟，结合《地表水环境质量标准》（GB3838—2002）对飞来峡流域非点源污染程度进行分级，识别流域内优先控制区，最后对飞来峡库区流域的非点源污染情况进行深入分析。主要结论如下。

（1）对飞来峡流域的径流过程有显著影响的参数依次为 SCS 径流曲线系数 CN2、地下水滞后系数 GW_DELAY、基流退水系数 ALPHA_BF、饱和水力传导度 SOL_K、植物吸收补偿系数 EPCO 和地表径流滞后时间 SURLAG 等。

（2）飞来峡流域日径流量率定期 NS 系数和 R^2 均为 0.85，Re 为–3.61%，验证期 NS 系数为 0.77，R^2 系数为 0.79，Re 为–6.01%。总体而言，模型模拟和验证均获得了较高精度，表明本书的研究所构建的 SWAT 模型适用于飞来峡流域的径流模拟，可为飞来峡流域非点源污染负荷核算提供可靠的径流数据。

（3）无论氨氮还是总氮，率定期的模拟普遍优于验证期，SWAT 模型表现出较高的精度和适应性，模拟效果较好，可靠性较高，表明 SWAT 模型适用于飞来峡流域，可进行后期的非点源污染负荷分析及优先控制区识别研究。

（4）从整体来看，氨氮和总氮浓度均存在明显的地区差异，且反映出飞来峡流域内总氮污染情况不容乐观的现象，氨氮浓度较高的区域主要位于流域的主河道地区；农业活动密集的地区总氮污染程度最为严重，人口密度较大的地区污染程度也较为严重，流域东南部地区非点源污染程度较轻。各季节的氨氮和总氮污染严重程度排序均为春季＞冬季＞秋季＞夏季。

（5）飞来峡流域内特级控制区均分布在西北部武水上游、连江上游流域和浈水上游流域，即土地利用类型多为耕地的区域，一级控制区多位于武水流域中下游和连江流域中下游地区，二级控制区多位于流域的主河道地区，所得结果可为流域相关管理部门进行非点源污染定位控制和靶向管理提供一定的科学依据。

第7章　水葫芦生物碳表征及制备

7.1　概　　述

生物碳也称为生物炭或生物黑炭。关于其概念，国内还没有统一的说法。通常认为，生物碳是指生物质材料在限氧（或无氧）及相对低温（通常<700℃）的情况下进行热裂解而生成的一类固态材料，具有难熔、稳定、多孔、高度芳香化、富含碳素等特点，农业废弃物（如畜禽粪便、木屑、秸秆、动物骨头）、工业有机废弃物、市政污泥等物质是生物碳的主要原材料来源。在理化性质方面，生物碳与黑炭具有相似的特点，即高度的生化稳定性、热稳定性及生物惰性，因此，生物碳在广义上又属于黑炭的范畴。

水葫芦又名凤眼蓝、凤眼莲，也称为水浮莲，是世界上生长周期最短、繁育能力最强的水生植物之一。随着水体富营养化程度的不断提高，中国许多地区由于水葫芦泛滥带来的水生态环境问题日趋严重，从而给生态系统的可持续性带来了很大威胁。此外，水葫芦会影响水厂的安全生产，并对城乡饮用水供应造成危害。对于水葫芦处理，目前大部分采用三种方法：物理方法、化学方法、生物方法。

物理方法，即人工或机械打捞水葫芦是一种最为常见的方法，然而这种治理方法的成本非常高昂，如何处理打捞上来的水葫芦也是一个非常棘手的问题，填埋场处置不仅占用土地空间，而且可能再次对地下水和土壤造成污染；化学方法，即使用农药和除草剂杀死水葫芦，该方法操作简单、效果迅速，但化学试剂对当地水生态系统的危害性大，并且不能彻底去除水葫芦种子，其成效难以持久；生物方法，即引入该种植物的天敌，抑制其生长，这种措施可能导致新的生物入侵，并且短时间内很难见效。目前，亟须开发新的资源化技术来寻找切实可行的新途径。鉴于水葫芦中含有大量优质多孔纤维，如果能将水葫芦资源化利用，热解制成性能优良的生物碳，那么就可以变废为宝，解决水葫芦问题。

7.2　水葫芦生物碳的制备与结构表征

由于生物质材料、制备工艺及热解条件等因素不同，生物碳在理化性质方面具有非常大的差异性，使其出现不同的环境功能。近年来，研究人员对稻壳、玉米秆、木屑、市政污泥等生物质材料进行了大量热解实验，主要包括碳化温度、升温速度、碳化时间、灰分含量等影响因素。研究发现，这些因素不仅作为单一变量影响生物碳理化性质，而且各因素间还存在共同影响，导致生物碳在结构和性能上存在差异。

7.2.1 生物碳制备方法

实验材料为水葫芦、旱伞竹、废弃木料、去离子水和锡箔纸，实验设备主要为恒温干燥箱和马弗炉。生物碳制备方法如下。

1）原材料的预处理

用水清洗水葫芦，除去叶子上的浮尘及根部的泥沙，将其放置于通风干燥处晾干表面水分；摘除旱伞竹顶端伞装叶片，洗净晾干，把植物原材料放置于恒温干燥箱中进行烘干，保持干燥箱内温度为 85℃，干燥 48～72h。

取出脱水后的植物原材料进行进一步处理：用植物剪刀剪去水葫芦的根部和叶片，留下茎部，再剪成小于 1～2cm 的块状颗粒，旱伞竹则取根部 10cm 以上的茎秆部位，用植物剪刀剪成 1cm 左右大小的块状颗粒，分别用密封袋保存备用。

废弃木料主要为废弃桌椅等家居及装修所用压缩板，对其预处理主要为去除附着在木料上的塑料、铁钉等，然后将其粉碎为小于 5cm 的块体，堆放保存。

2）人工湿地植物生物碳的制备

人工湿地植物水葫芦和旱伞竹制成生物碳的具体操作如下：先将预处理好的原材料用锡箔纸密封三层后置于铁盘，然后将其放进马弗炉内进行高温裂解；待炉内温度升至目标制备裂解温度后，恒温裂解 2h；裂解结束后，待炉内温度降至室温后将托盘取出；制备好的生物碳用密封袋装好写上编号后常温密封保存。

制备原材料为水葫芦和旱伞竹，裂解温度分别为 300℃、400℃、500℃，编号分别为 S300、S400、S500 和 H300、H400 和 H500。其中 S、H 分别代表水葫芦和旱伞竹，300、400 和 500 等数字代表生物碳的裂解温度。

3）废弃木料生物碳的制备

使用工业制备生物碳的方法进行废弃木料生物碳的制备。将预处理好的废弃木料块状物用皮带送至生物汽化炉进料口，在炉内进行高温裂解 2～3h，炉体内有搅拌器翻转木料，使木料均匀受热，裂解温度设置为 950℃。制成的废弃木料生物碳用 W950 表示。

制备好的生物碳如图 7-1 和图 7-2 所示。

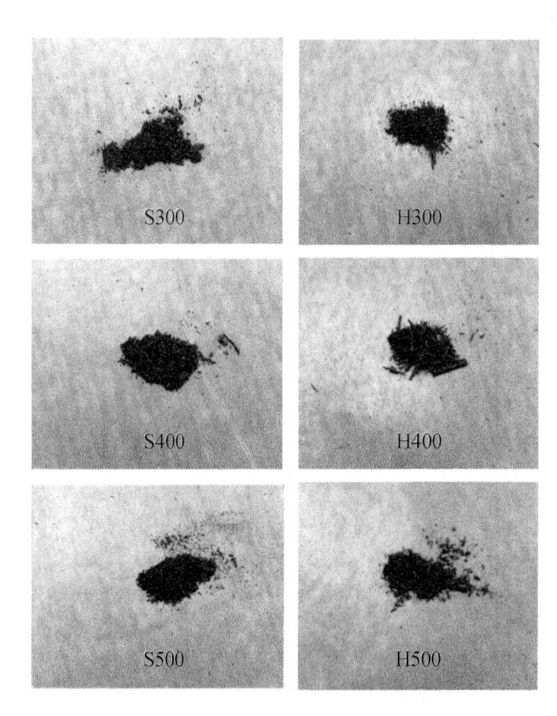

图 7-1　水葫芦生物碳、旱伞竹生物碳碾碎后样貌

 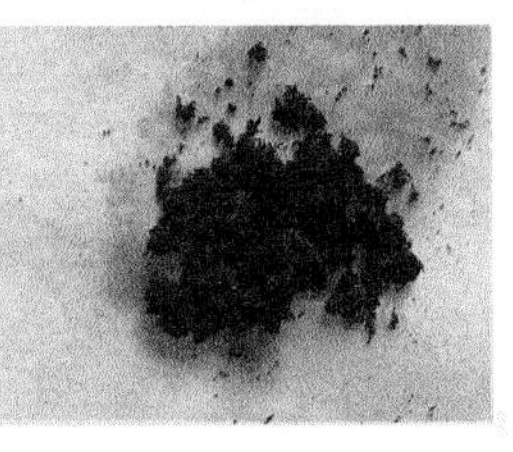

图 7-2　废弃木料生物碳样貌

7.2.2　生物碳结构表征及分析

1. 生物碳测定及结构表征

1）生物碳产率及 pH 测定

人工湿地植物生物碳产率为烧制后得到的生物碳成品质量（M_1）与烧制前的生物质材料质量（M_0）的比例，生物碳产率的计算公式如下：

$$生物碳产率=\frac{M_1}{M_0}\times 100\% \tag{7-1}$$

将生物碳粉碎并过 40 目筛，将质量与体积比为 1∶10（W/V）的生物碳粉末与纯水置于 50mL 离心管中混合，将离心管置于恒温振荡器中，在常温 25℃条件下，以 160r/min 的转速振荡 24h，然后置于离心机上，以 5000r/min 离心 20min 后取上清液。在常温条件下，使用 pH 计对生物碳上清液的 pH 进行测定。

2）CHN 元素分析和 BET 测试

通过 CHN 元素分析仪测定生物碳样品中主要有机元素（C、H、N 等）的百分含量，每个样品取样 4～5mg，样品分析前，先在 100℃真空条件下脱气 12h，平衡间断时间为 10s。

采用 BET 比表面积测试法得到生物碳样品的比表面积，并利用 BET 方程得到单层吸附容量 V_m，从而得到生物碳比表面积、微孔比表面积及孔隙半径，孔体积取相对压力 P/P_0=0.99 时的吸附量进行计算。

3）扫描电子显微镜（SEM）分析

扫描电子显微镜是一种主要利用二次电子信号就能够产生样品表面形态、放大相貌、观察样品表面形态的观察研究手段，使用 Menlin 型扫描电镜仪对人工湿地植物生物碳的空隙结构进行扫描，可直观地看到生物碳表面的微观形貌结构，从而从微观角度对不同原材料和制备温度的生物碳进行分析。取适量生物碳样品黏附于实验片上，并进行喷金处理，仪器电压为 20kV，放大倍数为 500～20000 倍。

2. 测定及结构表征结果分析

1）生物碳产率及 pH

实际生产中，生物碳产率高低对于生产运用、成本控制有着很大影响，是限制生物碳实际应用的重要因素。生物碳产率及 pH 结果见表 7-1，变化趋势如图 7-3 所示。

表 7-1　生物碳产率及 pH

原材料种类	样品名	制备温度（℃）	产率（%）	pH
水葫芦	S300	300	44.98	7.42
	S400	400	37.24	8.82
	S500	500	35.17	9.54
旱伞竹	H300	300	40.42	8.48
	H400	400	34.07	9.12
	H500	500	29.09	9.48
废弃木料	W950	950	—	9.22

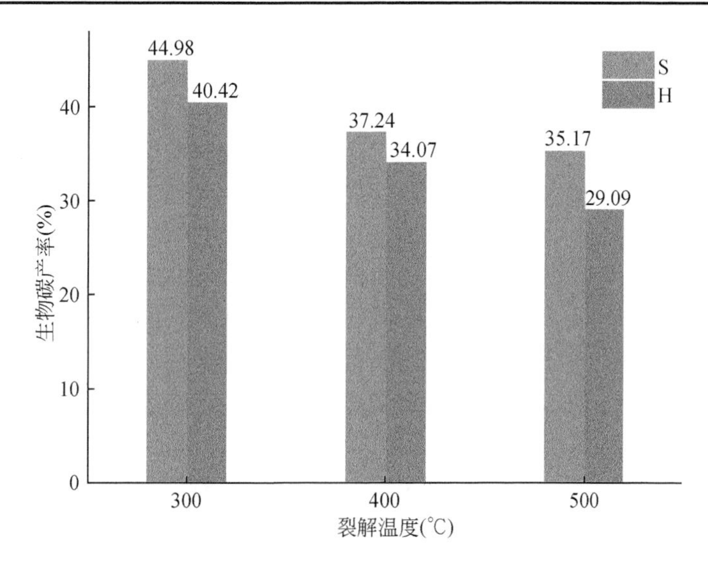

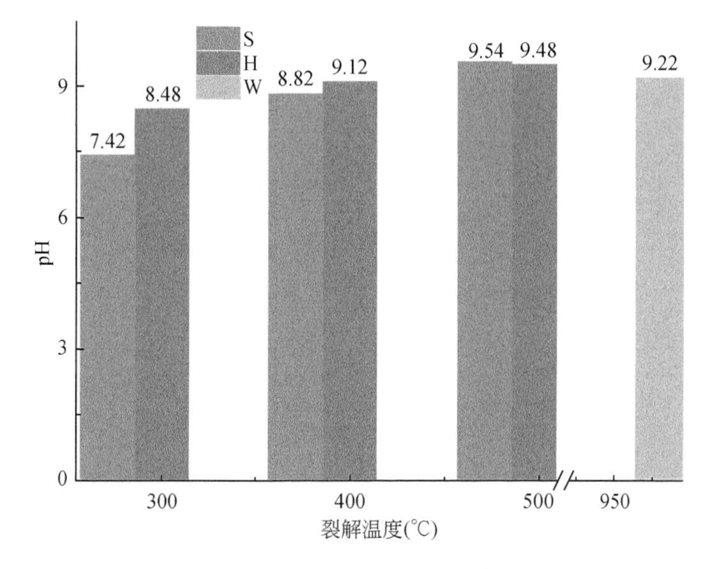

图 7-3　生物碳产率及 pH 与裂解温度的关系图

从表 7-1 和图 7-3 可以看出，不同原材料的生物碳产率随着温度的升高而逐渐降低，其中水葫芦生物碳产率从 300℃的 44.98%降低至 500℃的 35.17%，旱伞竹生物碳产率从 300℃的 40.42%降低至 500℃的 29.09%，两种生物碳产率均在 300～400℃温度区间内下降幅度较大。总的来说，旱伞竹生物碳产率下降幅度更大，而水葫芦生物碳产率下降则较为平缓。

水葫芦生物碳产率相对较高，旱伞竹生物碳产率处于平均水平（曾峥，2013）。其原因与原材料本身的半纤维素、纤维素、木质素等成分有关。水葫芦生物碳的海绵空心状、葫芦状的茎部中多数水分以自由水的形式存在，在预处理的干燥期间已经去除了材料本身的大部分水分。而旱伞竹生物碳根茎部分的纤维素生物质中的水分除去自由水外，还有很多水分以吸附水、结合水等形式存在于细胞壁中，预处理时的烘干温度不能将其全部去除，故其生物碳产率总体低于水葫芦。

生物碳水溶液均呈碱性，且碳化温度对 pH 的影响十分明显。随着生物碳裂解温度的升高，其水溶液 pH 逐渐变大，碱性增强。随着生物碳裂解温度从 300℃上升至 500℃，水葫芦生物碳 pH 从 7.42 升至 9.54，旱伞竹生物碳 pH 从 8.48 上升至 9.48，废弃木料生物碳 pH 为 9.22。生物碳的 pH 是由其表面含有的羧基、羟基等含氧活性官能团和灰分共同决定的。生物碳表面官能团在水中以阴离子形式存在，可以吸收氢离子，从而导致溶液呈现碱性；而灰分是生物质在燃烧后生成的无机物质，如碳酸盐（$MgCO_3$、$CaCO_3$），其含量随着裂解温度的升高而增加。随着生物碳裂解温度的升高，生物碳中碳酸盐灰分含量增多，有机官能团在低温下更为丰富。pH 升高很可能是生物碳表面有机酸性官能团减少且碳酸盐灰分增加所致（Gaskin et al.，2008）。

同制备温度下，旱伞竹生物碳水溶液 pH 均高于水葫芦生物碳，且随着制备温度的升高，旱伞竹生物碳水溶液的 pH 上升幅度更大，其原因之一可能是受生物碳灰分的影响。随着生物碳裂解温度的升高，生物碳灰分含量增加，生物碳产率的变化趋势在一定程度上体现灰分增量的变化趋势，旱伞竹生物碳灰分稍高于水葫芦生物碳。而废弃木料生物碳由于本身木材的性质，其 pH 低于 500℃制备的水葫芦及旱伞竹生物碳。

2）生物碳元素分析

生物碳原材料水葫芦、旱伞竹和废弃木料的纤维素、半纤维素和木质素含量均较高（蒋波等，2010），C、H、O、N 等元素是组成纤维的酚基、苯环环状、环氧醚类、亚甲基等有机物质的主要元素。对水葫芦、旱伞竹和废弃木料等生物碳进行 C、H、N 等元素测定，结果见表 7-2。结果显示，随着裂解温度的升高（300～500℃），C 元素含量逐渐上升，H 元素和 N 元素含量逐渐降低。

表 7-2　生物碳元素组成及其百分比

样品	裂解温度（℃）	元素组成（%）				原子比		
		N	C	H	O	H/C	O/C	（O+N）/C
S300	300	2.1	47.2	3.6	47.1	0.911	0.749	0.788
S400	400	1.7	44.2	2.8	51.3	0.765	0.869	0.902
S500	500	1.8	53.4	2.0	42.8	0.447	0.601	0.630

续表

样品	裂解温度（℃）	元素组成（%）				原子比		
		N	C	H	O	H/C	O/C	（O+N）/C
H300	300	1.0	57.9	4.3	18.8	0.887	0.238	0.252
H500	500	0.8	69.2	2.3	20.8	0.391	0.225	0.235
W950	950	0.6	64.6	2.2	31.4	0.398	0.364	0.372

水葫芦生物碳 C 元素含量从 47.2%（S300）上升到 53.4%（S500），但 S400 的 C 含量低于 S300；旱伞竹生物碳 C 元素含量从 57.9%（H300）上升到 69.2%（H500）。废弃木料生物碳的制备温度较高，其碳元素含量为 64.6%，含碳量较高。C 元素含量的增加可能是随着温度上升，生物碳的碳化程度也随之增加，从生物碳外观也可以看出，随着碳化温度的升高，水葫芦、旱伞竹生物碳颜色从开始的棕褐色不断加深，废弃木料生物碳制备温度较高，生物质碳化程度较为彻底。水葫芦生物碳 H 元素含量从 3.6%（S300）下降到 2.0%（S500）；旱伞竹生物碳 H 元素含量从 4.3%（H300）下降到 2.3%（H500）。水葫芦生物碳 O 元素含量从 47.1%（S300）下降到 42.8%（S500）；旱伞竹生物碳 O 元素含量总体略有增量，从 18.8%（H300）稍稍上升至 20.8%（H500）。C、O 元素变化不太稳定，这可能与生物碳中含 C、O 的官能团的不稳定性有关。N 元素的含量与 C、O 元素相比整体相对稳定，水葫芦生物碳 N 元素含量从 2.1%（S300）下降到 1.8%（S500），旱伞竹生物碳 N 元素含量从 1.0%下降到 0.8%。废弃木料生物碳 H 元素含量为 2.2%，O 元素含量为 31.4%，其 H 元素含量水平与高裂解温度下的水葫芦、旱伞竹生物碳相近，而 O 元素含量介于高裂解温度下的水葫芦和旱伞竹生物碳之间。随着碳化温度不断上升，生物碳中含氧有机官能团不断被破坏，含量降低，生物碳裂解过程伴随着去碳酸基作用及脱水现象（Baldock and Smernik，2002）。

生物碳 H/C、O/C 和（O+N）/C 原子比见表 7-2。H/C 表示生物碳的芳香性，O/C 表示生物碳的亲水性，（O+N）/C 则表示生物碳的极性（Chen et al.，2005）。芳香性与 H/C 值成反比，数值越小，芳香性越大；亲水性与 O/C 值成正比，数值越大，亲水性越好；极性与（O+N）/C 值也成正比，数值越大，极性越好。水葫芦生物碳 H/C 值从 0.911 降至 0.447，旱伞竹生物碳 H/C 值从 0.887 降至 0.391，废弃木料生物碳 H/C 值为 0.398，数值介于 500℃制备温度下水葫芦生物碳和旱伞竹生物碳之间。H/C 值随着裂解温度升高而下降规律明显，生物碳芳香性随裂解温度升高而加强。水葫芦生物碳的 O/C 值为 0.601～0.869，旱伞竹生物碳 O/C 值为 0.225～0.238，废弃木料生物碳 O/C 值为 0.364，稍高于旱伞竹生物碳。水葫芦生物碳（O+N）/C 值为 0.630～0.902，旱伞竹生物碳（O+N）/C 值为 0.235～0.252，废弃木料生物碳（O+N)/C 值为 0.372，稍高于旱伞竹生物碳。各种类生物碳的 O/C 值和（O+N）/C 值变化波动不大，但是水葫芦生物碳均明显高于旱伞竹生物碳和废弃木料生物碳，可见水葫芦生物碳亲水性和极性均高于旱伞竹生物碳和废弃木料生物碳。

上述研究表明，生物碳表面的亲水性和极性随着碳化温度的不断升高而降低，而芳香性明显增加。随着碳化温度的升高，生物碳的芳香性增加而极性降低，表明生物碳状态从“软碳质”向“硬碳质”转变（Gunasekara et al.，2003）。受生物质影响，水葫芦生物碳亲水性和极性均高于旱伞竹生物碳和废弃木料生物碳。

3）生物碳的比表面积和空隙分析

作为一种去除环境污染物吸附材料，生物碳的比表面积（SA）对于污染物的吸附去除起着很大作用。各种生物碳的比表面积和孔隙结构参数见表 7-3，从表 7-3 中可知，水葫芦生物碳随碳化温度的升高，各项指标变大，旱伞竹生物碳除了平均孔径（APR）外都满足该变化规律。随着碳化温度的上升，水葫芦生物碳的比表面积从 120.359m^2/g 上升至 583.865m^2/g，总孔体积（TPV）从 0.058cm^3/g 上升至 0.147cm^3/g，平均孔径从 4.759nm 上升至 5.798nm；旱伞竹生物碳的比表面积从 6.298m^2/g 上升至 385.145m^2/g，总孔体积从 0.116cm^3/g 上升至 0.171cm^3/g，而平均孔径从 5.392nm 下降至 4.598nm，原因可能是升高的碳化温度有利于生物碳支链碳原子结构的断裂，从而不断产生孔隙。两种生物碳在该变化规律上的异同点是受原材料影响所致，构成水葫芦的纤维组织比旱伞竹的材料更为柔软，受温度影响较大，比较低的碳化温度就可以使其内部孔隙结构发生变化，随着温度升高孔隙变得丰富，但微孔结构发生坍塌，使一些微孔扩展为中孔甚至大孔（Bruun et al.，2012）；而旱伞竹的组成成分纤维木质素纤维含量更高，温度对其影响不如水葫芦，300～500℃温度还处于不断形成微孔结构的阶段，故虽比表面积和总孔体积都在上升而平均孔径却在下降。而废弃木料生物碳也受生物质组成的影响，比表面积为 20.359m^2/g、总孔体积为 0.058cm^3/g、平均孔径为 4.761nm，即使碳化温度最高，但其比表面积和总孔体积均不大于最低制备温度下的水葫芦生物碳和旱伞竹生物碳。

表 7-3　生物碳的比表面积和孔隙结构参数

原材料种类	碳化温度（℃）	SA（m^2/g）	TPV（cm^3/g）	APR（nm）
水葫芦 S	300	120.359	0.058	4.759
	400	392.896	0.090	4.940
	500	583.865	0.147	5.798
旱伞竹 H	300	6.298	0.116	5.392
	400	221.604	0.144	5.014
	500	385.145	0.171	4.598
废弃木料 W	950	20.359	0.058	4.761

4）扫描电子显微镜（SEM）分析

使用扫描电子显微镜对水葫芦生物碳、旱伞竹生物碳及废弃木料生物碳的微观孔隙结构进行观察，结果如图 7-4～图 7-6 所示。由图 7-4～图 7-6 可见，生物碳均具有多孔结构，但不同原材料生物碳在不同裂解温度下的空隙结构表现不同。就水葫芦生物碳而言（图 7-4），在 300℃裂解温度下的生物碳空隙结构不如在 500℃裂解温度的生物碳丰富，后者的结构松散，呈现层状堆叠，形成不规则的空穴结构，表面也更为粗糙。裂解温度升高对旱伞竹生物碳表面结构的影响更为清晰，由图 7-5 可见，300℃裂解温度下的旱伞竹生物碳植物纤维结构仍然比较明显，但表面出现了破碎和空隙，与 500℃裂解温度的旱伞竹生物碳表面相比更为光滑。后者植物纤维虽明显，但生物碳表面破碎更加细小，结构更加松散，出现层状堆叠但并不非常丰富。从图 7-6 可以看出，在 950℃裂解温度下制备而成的废弃木料生物碳的成孔情况与旱伞竹生物碳相似，虽然表面形成了由于高温裂解而出现的破碎和空隙，但其植物纤维结构较为明显。

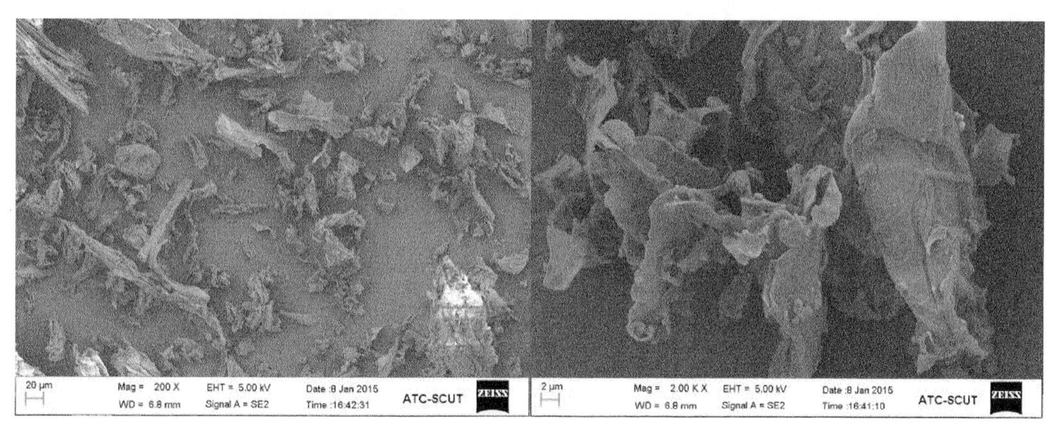

(a)300℃

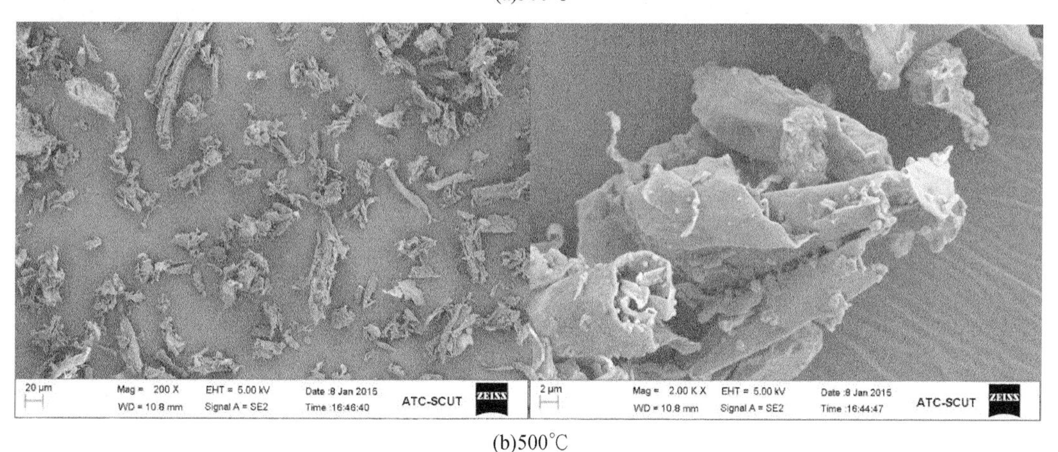

(b)500℃

图 7-4　水葫芦生物碳（S300 和 S500）SEM 图

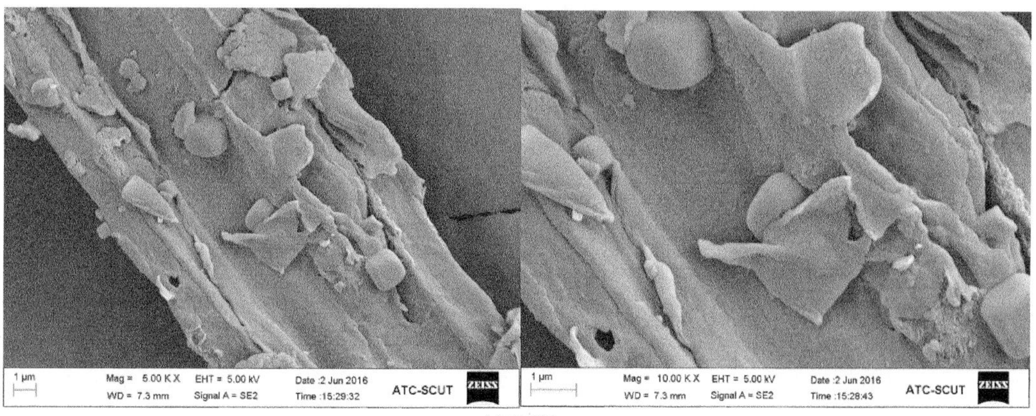

(a)300℃

(b)500℃

图 7-5　旱伞竹生物碳（H300 和 H500）SEM 图

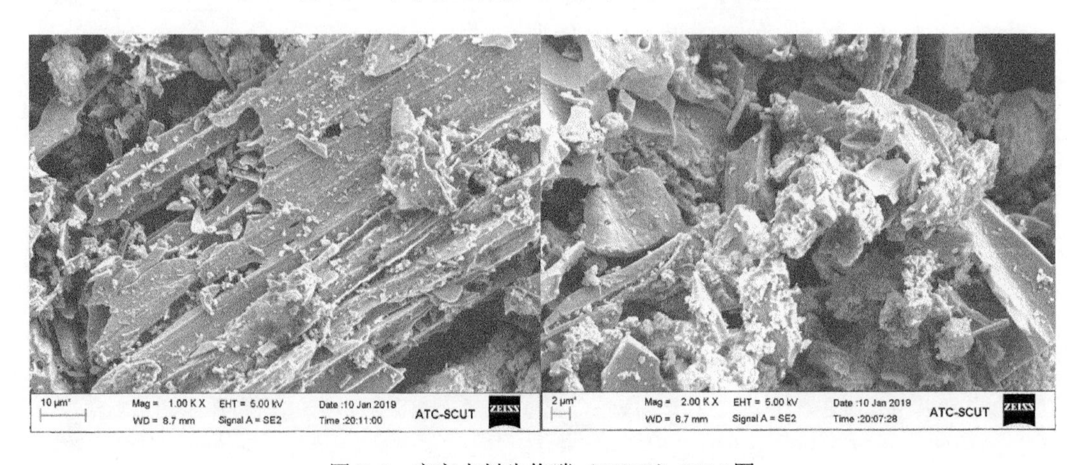

图 7-6　废弃木料生物碳（W950）SEM 图

7.3　生物碳对氨氮的吸附实验

氨氮是生活污水及面源污染中最为常见的一种污染物，此处以已制备的水葫芦生物碳、旱伞竹生物碳和废弃木料生物碳为吸附剂进行一系列吸附实验，探究生物碳对氨氮的吸附效果和机理，为生物碳应用于人工湿地基质时对氨氮的去除提供理论基础。

7.3.1　生物碳对氨氮的吸附实验设计

1. pH 对生物碳去除氨氮的影响

取 0.02g 人工湿地生物碳放入 50mL 离心管中，分别加入 10mL 初始 pH 为 5.0±0.1、7.0±0.1、9.0±0.1 的 NH_4Cl 溶液，分别模拟在酸性、中性和碱性条件下对氨氮的吸附影响，溶液浓度为 100mg/L NH_4Cl。每种材料设置 3 个平行样，将离心管置于恒温振荡器中，在室温 25℃、160r/min 条件下振荡 24h，取出溶液置于离心机中，以 4000r/min 的转速离心

10min；取上层清液用 0.45μm 滤膜过滤后，使用哈希 DR900 多参数水质测定仪测定滤液中的氨氮浓度。用浓度为 0.1mol/L 的 HCl 和 0.1mol/L 的 NaOH 溶液来调节溶液的初始 pH 及测定氨氮浓度时的 pH。

2. 生物碳对氨氮的等温吸附实验

取 0.05g 生物碳样品置于 50mL 离心管中，加入 20mL 不同浓度的 NH_4Cl 溶液（浓度分别为 0、1mg/L、5mg/L、10mg/L、20mg/L、50mg/L、100mg/L）。每个样品有 3 个平行样，并将吸附背景溶液 pH 设置为 7.0±0.1。样品在恒温振荡器中以 160r/min 的转速离心，在温度为 25℃的恒温振荡器中振荡 24h 后过滤取上清液，使用哈希 DR900 多参数水质测定仪测定滤液中氨氮浓度，从而得到不同浓度下氨氮的平衡吸附量，并绘制等温吸附曲线。用浓度为 0.1mol/L 的 HCl 和 0.1mol/L 的 NaOH 溶液来调节溶液的初始 pH 及测定氨氮浓度时的 pH。

3. 生物碳对氨氮的吸附动力学实验

取 0.05g 各个生物碳样品置于 50mL 离心管中，加入 20mL 一定浓度的 NH_4Cl（浓度为 100mg/L）。时间设置 t=0、30min、60min、120min、240min、480min、720min、1080min 和 1440min，每个样品有 3 个平行样，并将吸附背景溶液 pH 设置为 7.0±0.1。样品在恒温振荡器（温度为 25℃）中以 160r/min 的转速离心，在不同时刻取出样品，使用哈希 DR900 多参数水质测定仪对上清液中氨氮含量进行测定。用浓度为 0.1mol/L 的 HCl 和 0.1mol/L 的 NaOH 溶液来调节溶液的初始 pH 及测定氨氮浓度时的 pH。

其中，生物碳吸附量 Q_t（mg/g）的计算公式如下：

$$Q_t=\left(C_0-C_t\right)V/W \tag{7-2}$$

式中，Q_t 为 t 时刻生物碳吸附量，mg/L；C_0 为初始浓度，mg/L；C_t 为吸附实验 t 时刻上清液浓度，mg/L；t 为吸附时间，min；V 为溶液体积，L；W 为添加生物碳质量，g。

7.3.2　吸附实验结果分析

1. pH 对生物碳去除氨氮的影响

在不同的 pH 范围下，生物碳对氨氮的吸附作用会受到一定程度的抑制或促进作用。图 7-7（a）为生物碳在不同 pH 背景下对氨氮的吸附情况，总的来说，当 pH 为 5 时生物碳对氨氮的吸附量最大，当 pH 为 7 时对氨氮的吸收量次之（除 S500 外），当 pH 为 9 时生物碳对氨氮的吸附量最弱。氨氮以 NH_4^+ 和游离态 $NH_3 \cdot H_2O$ 两种形态存在于溶液中，两者会伴随溶液的酸碱性变化而发生形态转化。在酸性溶液中，氨氮主要以 NH_4^+ 形式存在，该形态有利于生物碳对其吸附，但 H^+ 与 NH_4^+ 发生竞争吸附，会影响生物碳对氨氮的吸附效果。随着 pH 增大，NH_4^+ 逐渐减少而游离态 $NH_3 \cdot H_2O$ 增加，该形态不利于生物碳对氨氮的吸附，故吸附量减少。从图 7-7（a）中也可以看出，W950 和 S300 对氨氮的吸附量受 pH 的影响最大，在 pH 为 9 时对氨氮的吸附量急剧下降，其余生物碳受影响程度较小。综合氨氮在水中形态变化及竞争离子间两个因素，当 pH 为 6～7，即溶液呈弱酸性时为最佳去除条件。

不同初始 pH 溶液实验结束后 pH 变化如图 7-7（b）所示，可见在生物碳自身碱性的影响下，所有溶液的 pH 最终都有不同程度的上升，初始 pH 为 5 的最终溶液 pH 分别为 8.59

（W950）、7.45（S300）、8.89（S500）、8.42（H300）、8.85（H500），初始 pH 为 7 的最终溶液 pH 分别为 8.88（W950）、7.52（S300）、8.63（S500）、8.38（H300）、8.83（H500），初始 pH 为 9 的最终溶液 pH 分别为 9.34（W950）、8.68（S300）、9.05（S500）、8.73（H300）、9.00（H500）。生物碳碱性越强，平衡时 pH 越大，其中，S300 对 pH 影响很小，其次是 H300，剩余四种生物碳对溶液 pH 的影响效果相似。

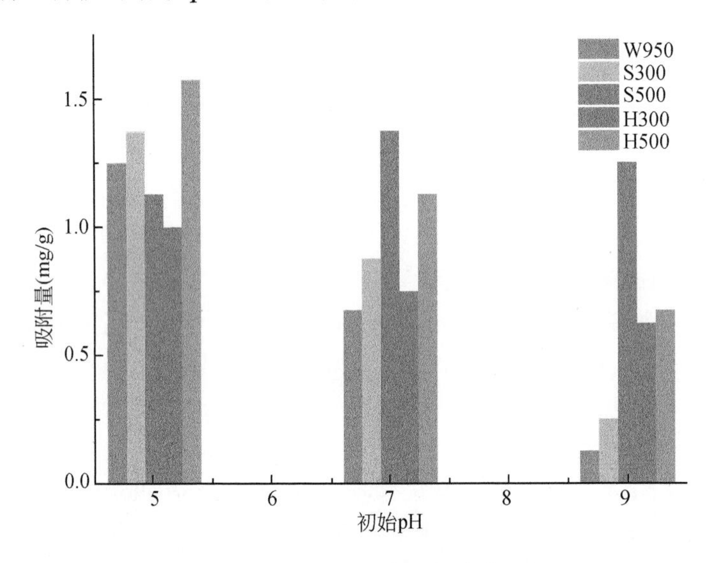

（a）不同初始 pH 对生物碳吸附氨氮的影响

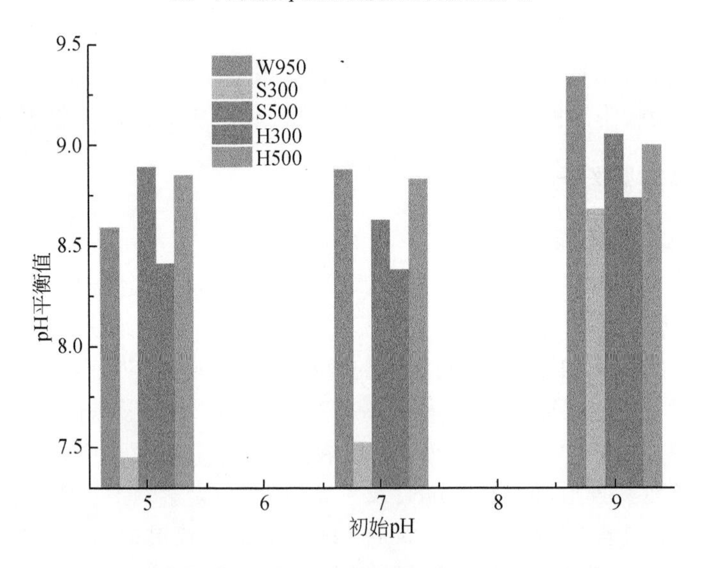

（b）不同初始 pH 条件下，生物碳吸附氨氮平衡溶液 pH

图 7-7　不同初始 pH 对生物碳吸附氨氮的影响及平衡溶液 pH

2. 生物碳对氨氮的等温吸附线

等温吸附线表示在吸附平衡时，溶液中水葫芦生物碳对氨氮的吸附量与溶液中氨氮浓度的关系，水葫芦生物碳对氨氮的等温吸附线如图 7-8 所示。从图 7-8 中可以看出，当初始浓度为 0 时，生物碳水溶液中检测出少量氨氮含量，氮元素作为组成生物碳质的基本元素，在转化为生物碳的过程中少量氮元素以氨氮的形式出现，之后随着溶液氨氮含量的升高，生物碳对氨氮的吸附量逐渐增大。

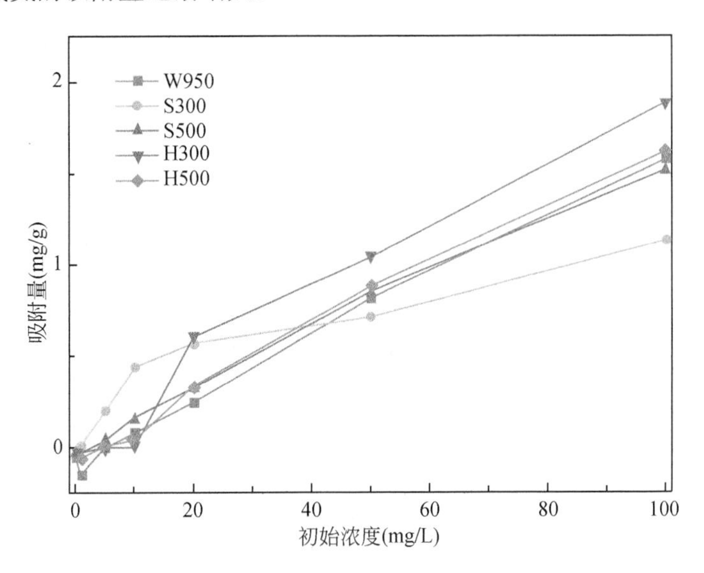

图 7-8　生物碳对氨氮的等温吸附线

Langmuir 和 Freundlich 为研究生物碳吸附实验中最常用的吸附模型，分别介绍如下。

1）Langmuir 等温吸附方程

Langmuir 模型有以下假定：①吸附发生在单分子层；②固体表面是均匀的且吸附剂表面具有相同的吸附活性点位；③被吸附的粒子相互独立；④吸附平衡处于动态平衡状态。Langmuir 方程如下：

$$Q_e = \frac{Q_{max} K_L C_e}{1 + K_L C_e} \tag{7-3}$$

Langmuir 方程线性化后形式如下：

$$\frac{C_e}{Q_e} = \frac{1}{Q_{max}} C_e + \frac{1}{K_L Q_{max}} \tag{7-4}$$

式中，Q_{max} 为最大吸附量，mg/g；C_e 为平衡时指标浓度，mg/L；K_L 为吸附平衡常数，L/mg。

2）Freundlich 等温吸附方程

Freundlich 等温吸附线是一个经验方程，没有假设条件，Freundlich 方程如下：

$$Q_e = K_f C_e^N \tag{7-5}$$

Freundlich 方程线性化后形式如下：

$$\lg Q_e = \lg K_f + N \lg C_e \tag{7-6}$$

式中，K_f 为 Freundlich 亲和力常数，$mg^{1-N}/(g \cdot L^N)$；N 为 Freundlich 指数。其中，N 值通常为 0～1，其值的大小表示浓度对吸附量影响的强弱，N 越小，吸附性能越好；N 为 0.1～0.5 时，易于吸附；$N>3$ 时，难吸附。

通过上述两种常用模型分别对生物碳对氨氮的吸附实验数据进行拟合，得到的参数见

表 7-4。从表 7-4 中可以看出，生物碳对氨氮的吸附更适合用 Langmuir 模型进行描述。不同生物碳对氨氮的最大吸附量分别为 2.962mg/g（W950）、2.929mg/g（S300）、3.538mg/g（S500）、3.436mg/g（H300）和 2.811mg/g（H500）。水葫芦生物碳中，S500 的最大吸附量大于 S300；而旱伞竹生物碳中 H300 最大吸附量大于 H500。两种生物质制备的生物碳具有不同规律，可能是受到不同生物质原材料在 300℃和 500℃时碳化程度、孔隙形成程度、形成矿物灰分情况、官能团存在及破坏程度等的共同影响。S500 吸附量大可能是因为其含有丰富的孔隙结构，且有不同孔径的孔隙，相比其他生物碳还有较为丰富的矿物形成，从而有利于生物碳对氨氮的吸附，而旱伞竹在相同的制备温度下 H500 并未能形成丰富的孔隙结构，低温制备的 H300、S300 及废弃木料生物碳 W950 表面官能团含量丰富，可能与 NH_4^+ 发生了络合作用，故对氨氮的吸附程度高于 H500。

表 7-4　水中氨氮污染物在不同生物碳等温吸附方程中的相关参数

生物碳种类	Langmuir 模型			Freundlich 模型		
	Q_{max}（mg/g）	K_L（L/mg）	R^2	K_f［mg^{1-N}/（g·L^N）］	N	R^2
W950	2.962	0.0059	0.9819	0.0095	1.113	0.9802
S300	2.929	0.0798	0.9415	0.1108	0.503	0.9629
S500	3.538	0.0131	0.9975	0.0198	0.945	0.9942
H300	3.436	0.0145	0.9559	0.0249	0.943	0.9523
H500	2.811	0.0078	0.9916	0.0132	1.048	0.9866

3. 生物碳对氨氮的吸附动力学

图 7-9 是五种生物碳（W950、S300、S500、H300、H500）对氨氮的吸附量随吸附时间的变化曲线，从图 7-9 中可知，生物碳在前期对氨氮的吸附速率很快，当吸附时间为 480min 左右时，基本达到平衡值，随后的时间吸附量呈波动变化且略有下降。平衡时生物碳对氨氮的吸附量大小依次为 H300＞S500＞W950≈S300＞H500。

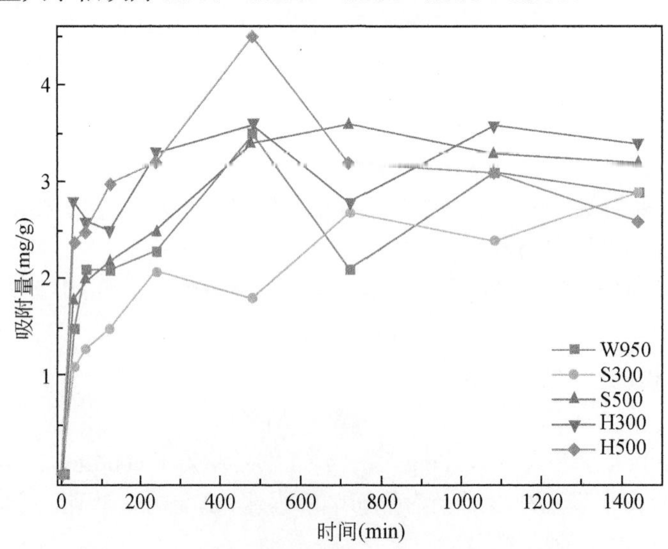

图 7-9　生物碳对氨氮吸附量与吸附时间变化曲线

分别用准一级动力学模型、准二级动力学模型和 Elovich 动力学模型对实验数据进行拟合，拟合参数结果见表 7-5。准一级动力学模型拟合结果中相关系数 R^2 范围为 0.7738～0.8628、Elovich 动力学模型拟合结果中相关系数 R^2 范围为 0.6677～0.9510，而准二级动力学模型拟合结果中相关系数 R^2 范围为 0.9608～0.9935，准二级动力学模型相关系数 R^2 优于其余两种动力学模型，理论吸附量也与实际吸附量较为接近，说明准二级动力学模型能更好地描述五种生物碳对氨氮的吸附过程，与其他学者研究的不同原材料制备而得的生物碳对氨氮的吸附过程的结论基本一致。准二级动力学模型包含了吸附过程的液膜扩散过程、颗粒内扩散过程，全面地反映了氨氮在实验所用五种生物碳上的吸附，也说明化学吸附过程是生物碳对氨氮吸附的主要控制步骤。同时，水葫芦生物碳的吸附动力学数据通过 Elovich 动力学模型拟合的相关系数 R^2 也很大（分别为 0.9291 和 0.9510），拟合效果较好，也说明水葫芦生物碳对氨氮的吸附过程包括表面液膜的扩散和非均匀的多层吸附。

表 7-5　生物碳对氨氮吸附动力学模型拟合参数

生物碳种类	准一级动力学			准二级动力学			Elovich 动力学		
	Q_e（mg/g）	K_1（h^{-1}）	R^2	q_e（mg/g）	K_2［mg/（g·h）］	R^2	a	b	R^2
W950	2.732	0.0221	0.7865	2.934	0.0092	0.9608	0.409	0.1436	0.8329
S300	2.411	0.0112	0.8303	2.837	0.0040	0.9663	0.382	−0.1427	0.9291
S500	3.183	0.0158	0.8628	3.357	0.0109	0.9935	0.483	0.0425	0.9510
H300	3.147	0.0608	0.8515	3.440	0.0135	0.9868	0.441	0.5388	0.8248
H500	3.254	0.0350	0.7738	2.772	0.0098	0.9751	0.428	0.5933	0.6677

生物碳对氨氮的吸附动力学实验过程中 pH 的变化如图 7-10 所示，由图 7-10 可知，在初始溶液 pH 为 7 的情况下，受到不同生物碳自身酸碱性的影响，平衡时溶液的 pH 也有不

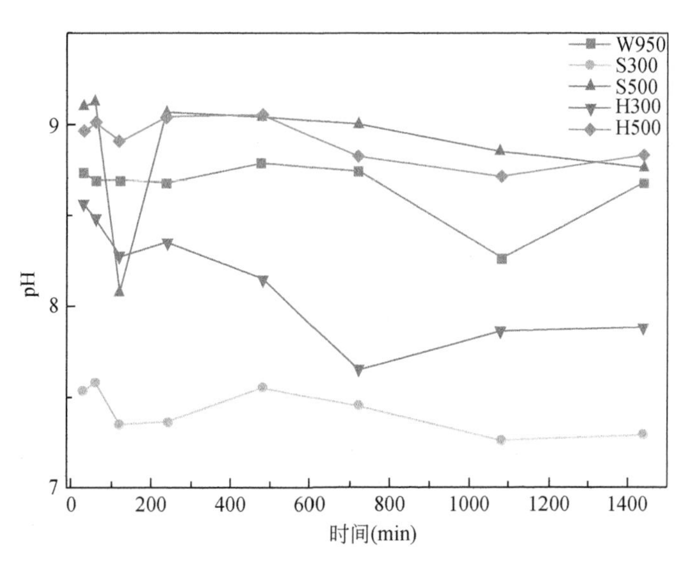

图 7-10　吸附动力学实验中 pH 随时间变化（初始 pH 为 7）

同程度的上升，平衡时 pH 分别为 8.68（W950）、7.29（S300）、8.76（S500）、7.88（H300）和 8.83（H500），生物碳碱性越强，平衡时 pH 越大。基本的变化规律是 pH 先迅速上升后稍微下降至稳定，碱性较弱的生物碳 S300、H300 的 pH 下降时间（240min 左右）稍早于其余碱性较强的生物碳（720min 左右）。氯化氨属于强酸弱碱盐，其水溶液呈现弱酸性，离子的电离过程使最后平衡时溶液 pH 稍微下降。

7.4 生物碳对湿地基质的影响

通过分析生物碳的孔隙结构及其对污染物氨氮的吸附效果和机理，为进一步研究生物碳在人工湿地中的应用效果，进行生物碳对基质微生物的影响实验和生物碳基质实验柱对氨氮的去除效果实验。

7.4.1 实验及测试方法

1. 实验设计

取定量石英砂，装在 500mL 的烧杯中，加入定量研磨粉碎处理的生物碳，充分混合直至两者均匀。该实验旨在探究生物碳添加后对基质微生物生长的影响，取华南理工大学东湖湖水（检测其氨氮浓度范围为 1.0～2.0mg/L）作为初始水源及菌种来源进行培养。在混合均匀的烧杯中加入 40mL 东湖湖水，使水面刚刚淹没基质，置于生化培养箱中培养（设置温度为 25℃），每天定时补充水分（纯水），使基质一直保持湿润状态。在培养期的第 0d、第 1d、第 5d、第 10d、第 20d、第 30d 进行采样分析。各种基质配置情况见表 7-6。

表 7-6 混合基质配置情况

序号	编号	处理情况
1	A	空白对照，加入 100.0g 石英砂
2	S300	添加 1.0%的生物碳（99.0g 石英砂+1.0g 水葫芦生物碳 S300）
3	S500	添加 1.0%的生物碳（99.0g 石英砂+1.0g 水葫芦生物碳 S500）
4	H300	添加 1.0%的生物碳（99.0g 石英砂+1.0g 旱伞竹生物碳 H300）
5	H500	添加 1.0%的生物碳（99.0g 石英砂+1.0g 旱伞竹生物碳 H500）
6	W950	添加 1.0%的生物碳（99.0g 石英砂+1.0g 废弃木料生物碳 W950）

2. 微生物测试方法

微生物菌落数：采用平板计数法测定微生物菌落数。用无菌采样袋进行样品采集。在无菌超净台上，取试样（5g）放置于装有 45mL 生理盐水（0.9%）的锥形瓶中，充分震荡 2min；然后取 0.5mL 稀释液加入 4.5mL 的小试管内，依次连续稀释水样，取稀释后 0.1mL 稀释液滴至灭菌营养琼脂培养皿上，用玻璃棒交叉方向轻轻推开液体，使液体在培养基上均匀扩散。静置 20～30s 后将培养基倒置放置于无菌培养箱中，28℃恒温培养 48h 后进行平板计数。每个稀释梯度做两个平行样，配置好的生理盐水、使用的枪头均要提前进行灭菌处理，整个过程除取样外，均在超净台上进行。

7.4.2　生物碳对基质微生物的影响分析

1. 生物碳混合基质状态

用手持显微镜观察 30d 后基质表面情况，如图 7-11 所示。从图 7-11 中可以较为明显地区分添加了不同种类生物碳的基质情况，经过 30d 培养，并未在基质表面形成明显的菌落或菌斑，但通过观察发现，除去未添加生物碳的空白对照组 A，其余添加了生物碳的基质在进行培养的塑料烧杯的杯壁上均生成了生物碳膜。在与基质结合程度方面，总体来说，水葫芦生物碳与基质石英砂之间的附着黏附程度最大，旱伞竹生物碳次之，废弃木料生物碳与基质石英砂之间的附着黏附程度最弱。

由于较低的制备温度未能使生物质完全碳化，添加了 S300、H300 的混合基质呈现黄褐色和深褐色，用滤纸过滤加入了 S300 的混合基质，其澄清水溶液颜色呈现比较明显的黄色。而添加 H300 混合基质滤液颜色较浅，基本无色，其余生物碳混合基质滤液均无色无味且澄清。由于 S300 会对水体颜色造成影响，一定程度上不太建议将使用较低温度制备的水葫芦生物碳添加到湿地基质中。

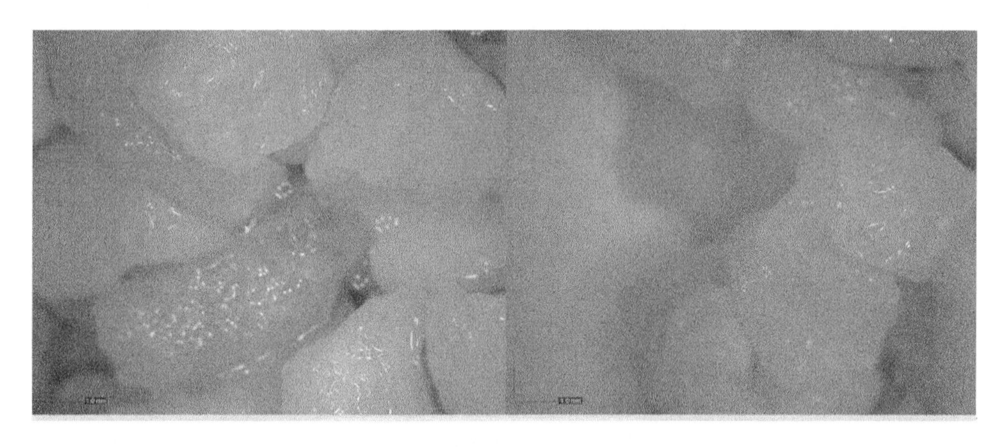

（a）基质（空白对照组）A 放大图像

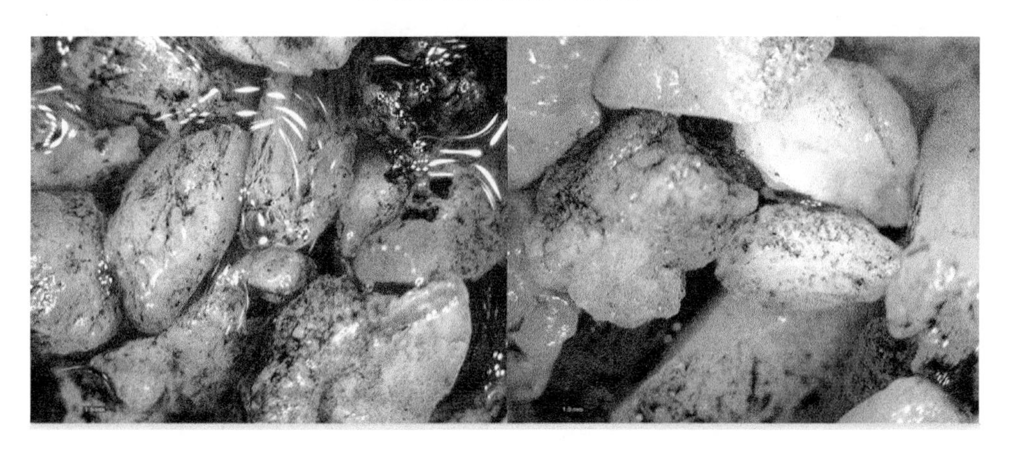

（b）水葫芦生物碳 S300 混合基质放大图像

（c）水葫芦生物碳 S500 混合基质放大图像

（d）旱伞竹生物碳 H300 混合基质放大图像

（e）旱伞竹生物碳 H500 混合基质放大图像

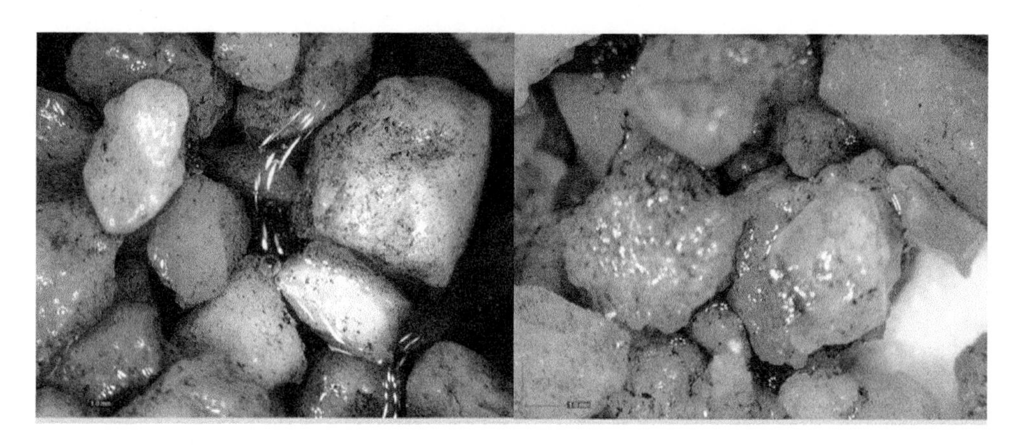

（f）废弃木料生物碳 W950 混合基质放大图像

图 7-11　30d 后基质表面情况

2. 基质微生物生长情况

基质中微生物菌落总数见表 7-7，其变化过程如图 7-12 所示。图 7-13～图 7-17（图中括号中显示稀释次数，如-2 则为稀释了 100 倍）直观地对比不同基质中随着培养时间的变化微生物的生长过程，展示不同培养时间各基质微生物（相近稀释倍数）生长培养基情况。

表 7-7　基质中微生物菌落总数随培养时间变化

基质类型	基质中微生物菌落总数均值（CFU/g）					
	0	1d	5d	10d	20d	30d
A	1.5×10	0.90×10^4	3.75×10^3	4.00×10^3	1.10×10^3	2.80×10^3
S300	7.0×10	1.22×10^7	6.30×10^6	5.10×10^6	1.09×10^6	5.05×10^5
S500	1.0×10	1.39×10^5	2.82×10^6	1.10×10^7	1.54×10^6	5.75×10^5
H300	1.0×10	1.31×10^4	4.70×10^5	4.50×10^6	2.49×10^6	5.75×10^5
H500	3.5×10	1.24×10^5	1.18×10^6	4.50×10^6	1.38×10^6	7.25×10^5
W950	5.5×10^2	1.78×10^4	7.86×10^5	3.00×10^5	1.01×10^5	3.25×10^4

从表 7-7 和图 7-12 中可以看出，在培养初始（第 0d），除去废弃木料生物碳的基质，各基质的微生物菌落总数差别较小。但经过一天培养，各基质中的微生物呈爆发式增长，其中添加生物碳处理的基质中微生物菌落总数增长均大于空白组，其中添加了水葫芦生物碳 S300 的混合基质中微生物增长幅度最大，高达 10^7，添加了水葫芦生物碳 S500 和旱伞竹 H500 的混合基质微生物增长幅度达到 10^5，其余两种生物碳混合基质数量级与空白对照组基质量级相似，也增长到 10^4。培养至第 5d 时，添加了生物碳的混合基质的塑料烧杯中水呈现黏腻感，形成了生物膜。培养期第 5～第 20d，各基质中微生物菌落总数经过不同程度的增长后基本保持平稳（稳定期），到第 30d，除去空白对照组外，其余基质中菌落总数均出现了一定程度的减少。这可能是因为在该实验过程中，未给基质中的微生物外加碳源，且微生物在代谢过程中排出的废物使基质中微生物出现一定程度的消亡减少。除去初始阶段，添加了水葫芦生物碳 S300 和 S500 的混合基质微生物菌落总数数量级从 10 增长到

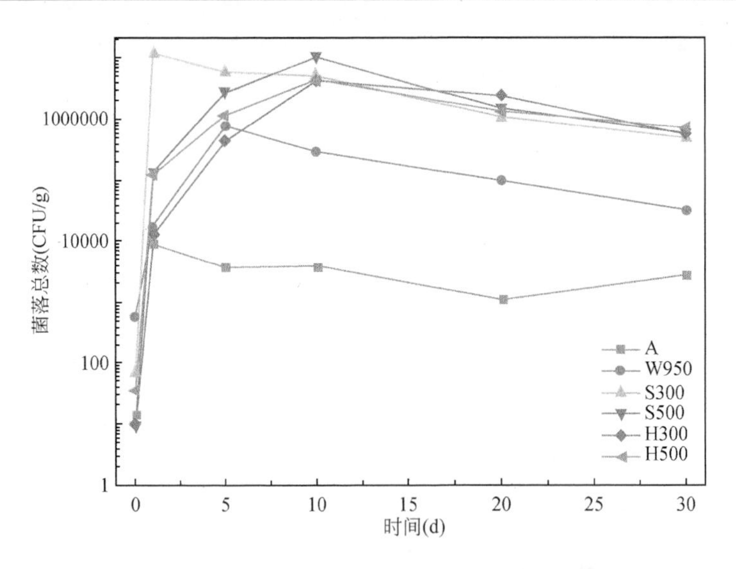

图 7-12　不同基质微生物菌落总数随培养时间变化

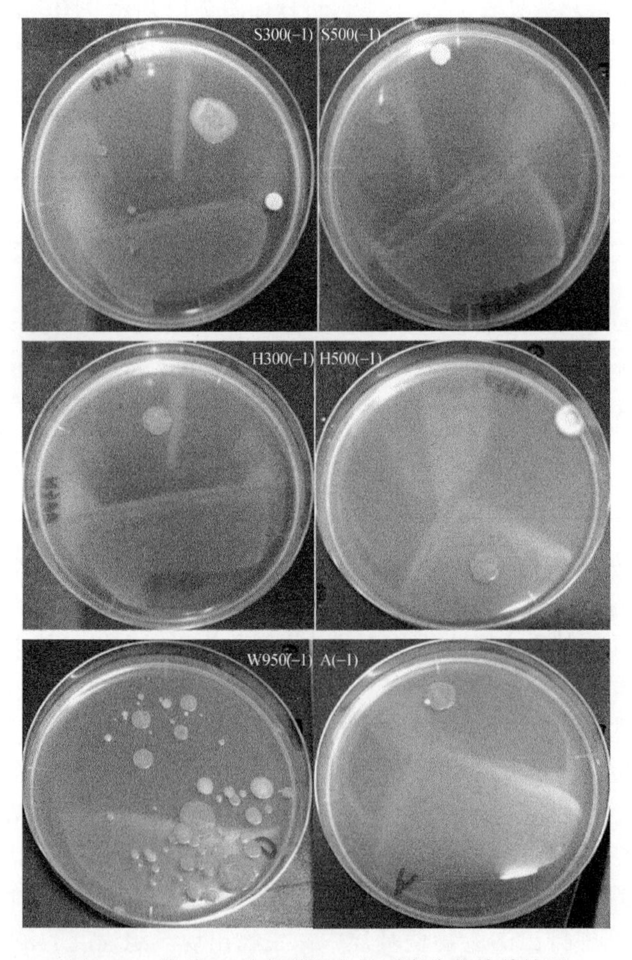

图 7-13　培养 0d 生物碳混合基质微生物培养情况

10^7，之后稳定在 10^6 后稍下降到 10^5，其中 S300 增长较快，第 1d 就达到最大值。而 S500 中微生物到第 10d 达到最大值，其原因可能是水葫芦生物碳 S500 水溶液 pH 高于 S300，微生物在适应了较高 pH 下的生长环境后繁殖。添加旱伞竹生物碳 H300 和 H500 的混合基质中微生物菌落总数数量级从 10 增长并稳定到 10^6 后稍下降到 10^5，而添加废弃木料生物碳的混合基质中微生物菌落总数数量级从 10^2 增长并稳定到 10^5 后稍下降到 10^4，优于未添加生物碳的空白对照组基质（增长并稳定在 10^3），弱于水葫芦生物碳和旱伞竹生物碳。

总的来说，添加了生物碳的混合基质中微生物菌落总数均大于未添加生物碳的空白对照组基质，说明生物碳对基质中微生物的生长起到有益的促进作用，生物碳为微生物生长提供了适宜的场所和营养物质（如碳源等），该有益作用的强弱为水葫芦生物碳＞旱伞竹生物碳＞废弃木料生物碳。综合与基质的结合程度和对水体的影响，建议使用生物碳顺序为 S500、H300/H500、W950、S300。

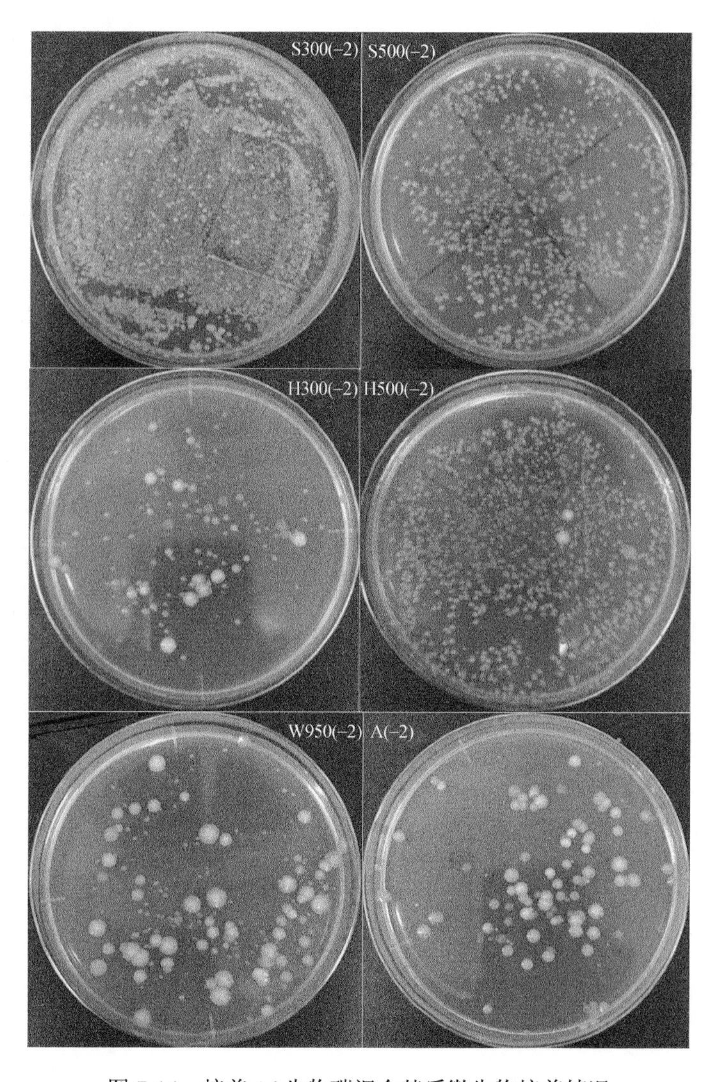

图 7-14　培养 1d 生物碳混合基质微生物培养情况

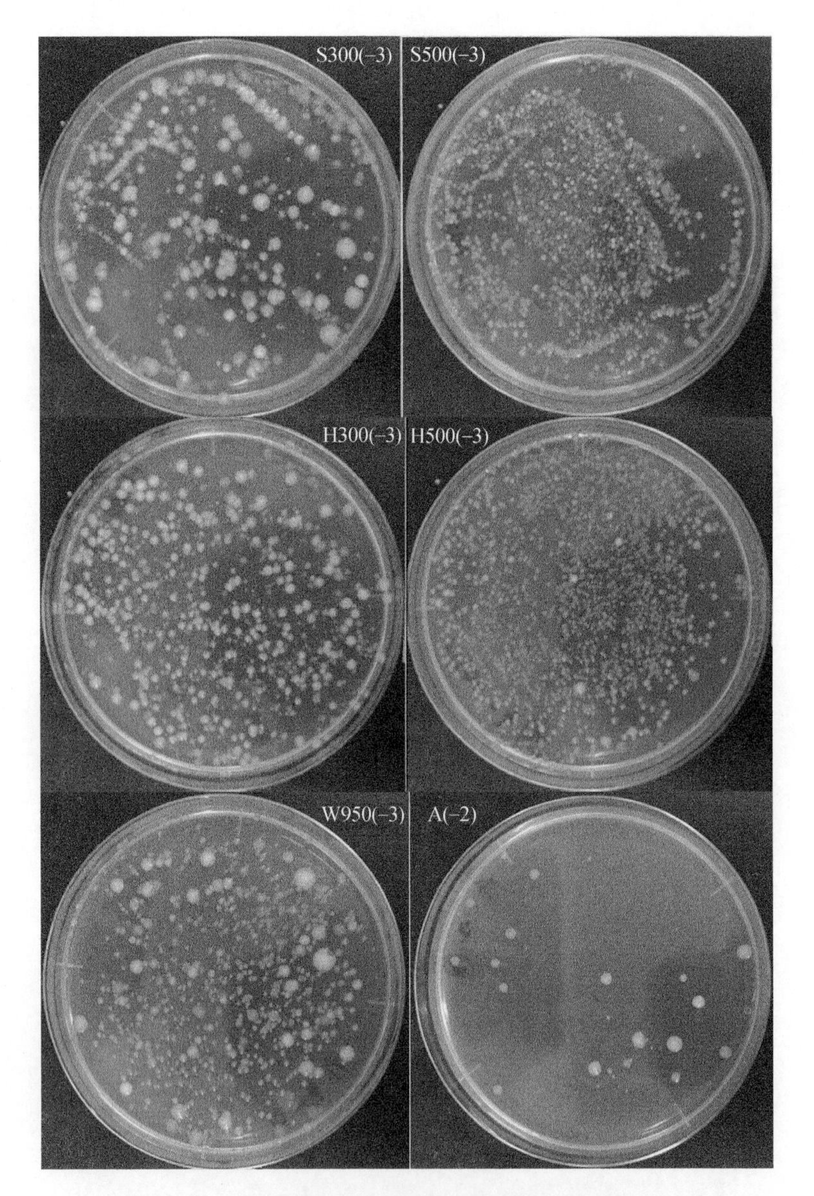

图 7-15　培养 5d 生物碳混合基质微生物培养情况

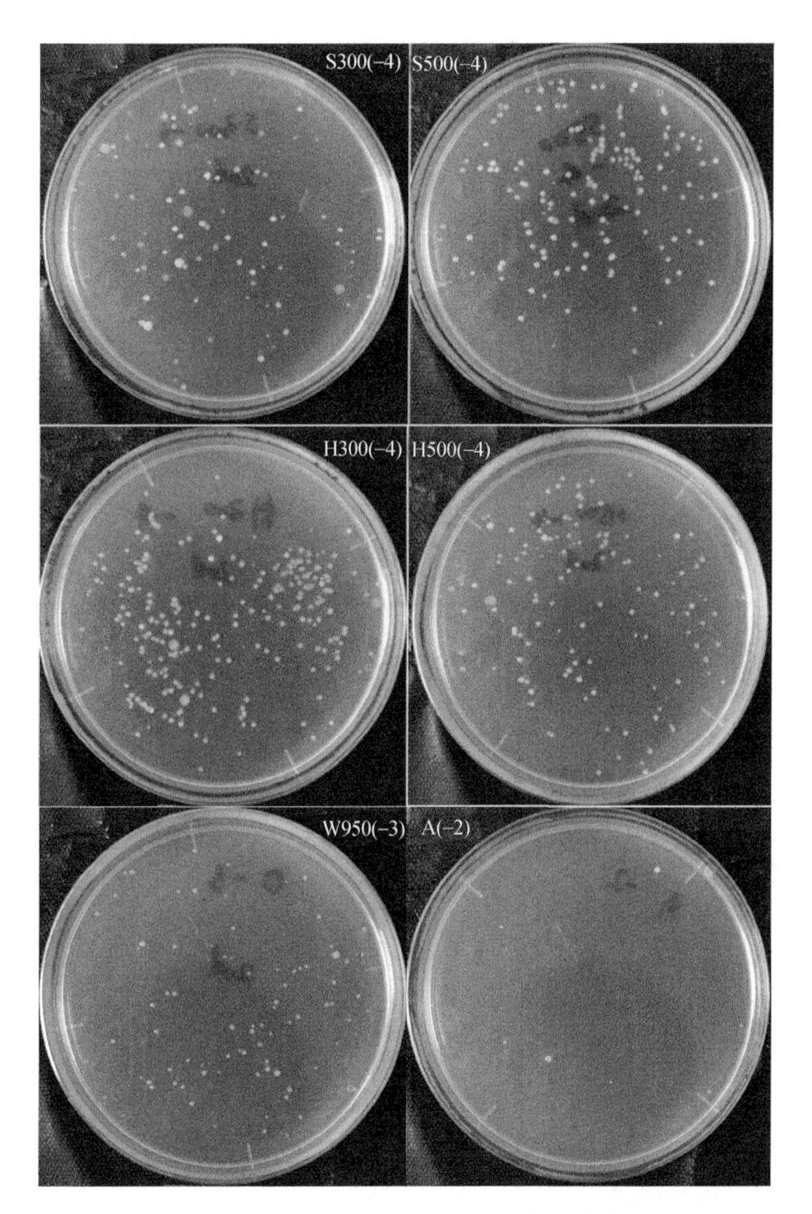

图 7-16　培养 20d 生物碳混合基质微生物培养情况

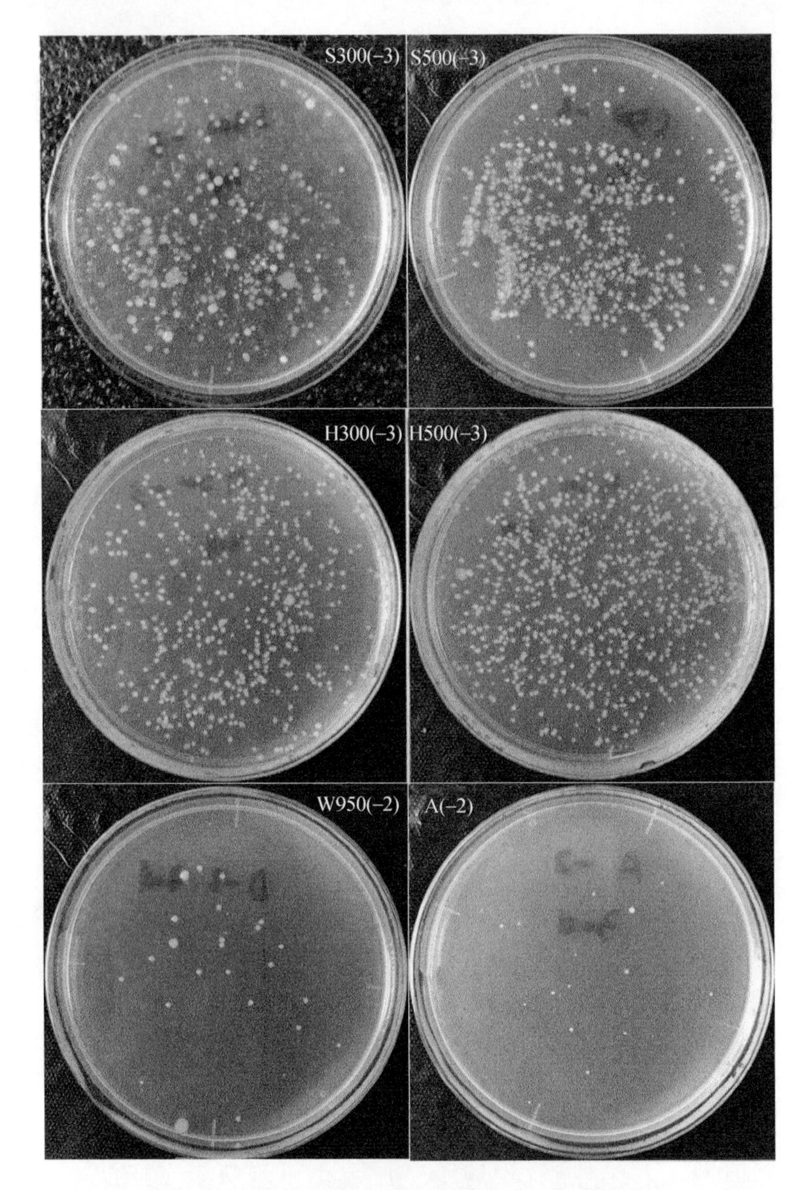

图 7-17　培养 30d 生物碳混合基质微生物培养情况

7.5　生物碳基质人工湿地室内模拟氨氮去除实验

7.5.1　实验装置及材料

该实验的主要实验装置为实验柱，它呈圆柱体，由有机玻璃制成，柱体底部直径为10cm，实验柱有效高度为 30cm，柱体侧面设置不同高度出水口并安装开关阀门，用软质胶管引出，便于实验取出水水样。实验柱结构图和实物图如图 7-18 所示。

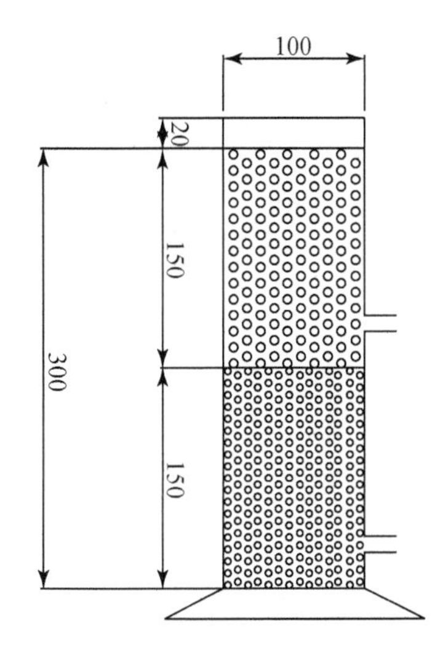

图 7-18　实验柱装置结构示意图及实物图（单位：mm）

7.5.2　实验设置及指标测定

1. 实验设置

为了解不同生物质及不同裂解温度下制备而得的生物碳在人工湿地中的应用效果，使用在裂解温度 300℃和 500℃下制备的水葫芦生物碳、旱伞竹生物碳及废弃木料生物碳进行连续取样实验，检测模拟人工湿地基质出水的 pH 及氨氮含量，生物碳在实验前烘干并进行研磨处理。为更贴合实际中生物碳在人工湿地基质中的应用，该实验未将生物碳与基质混合处理，而是进行分层处理。混合基质主要分为三个部分：最下层为石英砂层（约 10cm），中间层为生物碳层，为防止生物碳漂于溶液表面，顶部设置沸石层（约 2cm）。实验中模拟人工湿地的配置情况见表 7-8 和图 7-19。

表 7-8　混合基质配置情况

序号	基质编号	石英砂含量（g）	沸石含量（g）	生物碳种类	生物碳含量（g）	生物碳百分比（%）
1	A	820.0	180	—	—	0.0
2	S300	811.8	180	S300	8.2	1.0
3	S500	811.8	180	S500	8.2	1.0
4	H300	811.8	180	H300	8.2	1.0
5	H500	811.8	180	H500	8.2	1.0
6	W950	811.8	180	W	8.2	1.0

向每个模拟湿地基质实验柱中加入 400mL 模拟废水，废水恰好淹没顶层基质沸石，并在实验柱上加盖（不密封），以减少水分挥发给实验带来的影响。该实验将用氯化铵与自来水配置的溶液作为模拟废水，模拟废水中氨氮的初始浓度为 100mg/L，并用 0.1mol/L 的盐酸溶液和 0.1mol/L 的氢氧化钠溶液调节进水 pH，使进水 pH 为 7.0±0.1。

从加入模拟废水时开始计时，每隔 6h 取一次水样，每次取样 4～5mL，历时 72h，总共取样 12 次。

图 7-19　模拟湿地基质实验柱图

2. 出水指标的测定

1）pH 测定

取 1mL 出水样（模拟湿地基质出水），用去离子水稀释到 10mL，再用 SX-620 笔试 pH 计进行出水 pH 测定。

2）氨氮含量测定

将测定完 pH 的水样稀释到 100mL，用 0.1mol/L 的盐酸溶液和 0.1mol/L 的氢氧化钠溶液调节进水 pH，检测水样呈中性（7.0±0.3），在用哈希 DR900 多参数水质测定仪进行氨氮含量的测定。

7.5.3　出水结果分析

1. pH 变化分析

六组模拟人工湿地出水水样 pH 见表 7-9，水样 pH 随时间变化的情况如图 7-20 所示。在模拟废水设置初始 pH 均为 7 时，随着时间变化，经过不同配置的模拟人工湿地基质实验柱出水 pH 也不同。

表 7-9　不同配置基质模拟人工湿地水样 pH

时间（h）	pH					
	A	W950	S300	S500	H300	H500
0	7.00	7.00	7.00	7.00	7.00	7.00
6	7.42	8.03	7.21	8.32	7.72	8.36

续表

时间（h）	pH					
	A	W950	S300	S500	H300	H500
12	7.47	8.39	7.09	8.69	7.72	8.61
18	6.92	8.35	6.94	8.61	7.42	8.51
24	7.17	8.20	6.96	8.59	7.29	8.56
30	7.34	8.05	7.06	8.80	7.56	8.65
36	7.26	8.59	7.04	8.92	7.84	8.79
42	7.56	10.04	7.45	10.11	8.31	10.14
48	7.73	10.10	7.44	10.54	8.58	10.27
54	7.41	9.39	7.50	9.84	8.31	9.70
60	7.31	9.45	7.37	9.91	8.50	9.80
66	7.49	9.32	7.29	9.68	8.27	9.55
72	7.63	9.29	7.21	9.65	8.33	9.62

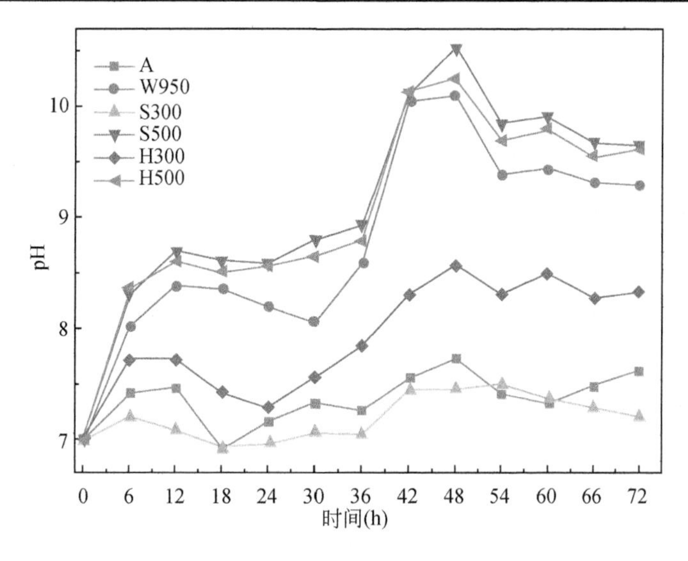

图 7-20　模拟人工湿地出水 pH 历时变化图

模拟废水经过未添加生物碳的空白组基质 A 出水水样的 pH 为 6.92～7.73，水样基本呈中性，pH 略微上升后基本稳定在 7.3～7.6，pH 最大在第 48h（pH 为 7.73），其变化幅度为 0～0.81。该组水样 pH 略微上升可能是由于模拟人工湿地基质中添加了沸石。沸石是一种常见的湿地基质材料，天然沸石的主要成分为铝硅酸钠，从化学结构上看，作为一种强碱弱酸盐，其水溶液由于电离呈碱性。实验所用沸石粒径较小且初始溶液为中性，沸石长时间浸泡于溶液中，在一定程度上影响水体的 pH，使其略微上升。

从实验可知，生物碳的水溶液均呈碱性，故模拟废水经过添加了生物碳的基质后出水水样的 pH 绝大部分都有所上升。但由于添加生物碳种类不同，pH 的变化也略有差异。S300 水溶液基本呈弱碱性，故其溶液 pH 的影响较小。基质 S300 出水水样 pH 为 6.94～7.50，

pH 缓慢上升到 54h 时最大，之后缓慢下降至 7.21。H300 水溶液 pH 为 8.5 左右，故基质 H300 出水水样 pH 从 7.00 上升到 8.58（48h）后缓慢下降至 8.33。其余三种生物碳（S500、H500、W950）水溶液均呈碱性（pH 大于 9），所处溶液 pH 受到较大影响。模拟废水经过添加废弃木料生物碳的基质 W950 出水水样 pH 为 7.00～10.10，其 pH 变化较大，其变化呈现先上升后略微下降的趋势，在 48h 达到最大值。基质 S500 的水样 pH 从初始 7.00 开始不断上升，并在第 48h 升到最大值 10.54，之后缓慢下降至 9.65，基质 H500 的水样 pH 变化规律及幅度与前者相似，也是从初始 7.00 开始不断上升，并于 48h 达到最大值 10.27，之后下降至 9.62。

从图 7-20 可以比较明显地看出，在室内模拟人工湿地中，不同配置的基质出水水样的 pH 变化规律先波动上升，基本均在 48h 达到最大值，之后再略微下降。实验过程中，出水 pH 受到基质材料（主要为生物碳和沸石）和微生物的共同影响，但 48h 后微生物的作用才开始表现出来。水样 pH 出现不同程度上升是受到基质材料沸石和生物碳添加的影响，而六组模拟人工湿地出水 pH 并未一直保持高值而是到达一定时间后缓慢下降，其原因可能是基质吸附的氨氮在微生物的作用下开始发生硝化反应，该过程中产生了 H^+，从而使得出水的 pH 略微下降。在适宜的生长环境下，微生物经过适应期后可以在 24h 内呈爆发式增长。该实验中 pH 下降的时间在 48h 左右，迟于前述实验中 24h 即出现微生物快速生长，这很可能是受到温度影响。该实验期间温度为 15～17℃，其不是微生物生长的最适宜温度，从此也可看出温度对人工湿地运行状况起到十分重要的影响。

2. 氨氮去除情况分析

实验过程中六组模拟人工湿地出水水样氨氮含量及对氨氮的去除率见表 7-10、图 7-21 和图 7-22。在模拟人工湿地基质实验柱中，氨氮的去除主要是通过基质的吸附作用和微生物的吸收转化作用实现的，该实验使用的石英砂及沸石都是人工湿地基质中常见的使用材料，其中沸石颗粒内部含有较大水分，表面极性强、比表面积大、孔隙结构丰富，对水中氨氮有良好的吸附去除效果。

表 7-10　模拟人工湿地出水氨氮含量及氨氮去除率

时间（h）	A		W950		S300		S500		H300		H500	
	氨氮（mg/L）	去除率（%）	氨氮（mg/L）	去除率（%）	氨氮（mg/L）	去除率（%）	氨氮（mg/L）	去除率（%）	氨氮（mg/L）	去除率（%）	氨氮（mg/L）	去除率（%）
6	95	10.4	89	16	97	8.5	79	25.5	72	32.1	76	28.3
12	83	21.7	82	22.6	98	7.5	83	21.7	72	32.1	76	28.3
18	75	29.2	82	22.6	91	14.2	70	34.0	69	34.9	72	32.1
24	71	33.0	76	28.3	95	10.4	62	41.5	65	38.7	67	36.8
30	68	35.8	88	17.0	93	12.3	84	20.8	67	36.8	70	34.0
36	70	34.0	88	17.0	91	14.2	78	26.4	64	39.6	71	33.0
42	74	30.2	105	0.9	102	3.8	80	24.5	64	39.6	67	36.8
48	84	20.8	104	1.9	101	4.7	96	9.4	74	30.2	81	23.6
54	82	22.6	93	12.3	98	7.5	102	3.8	72	32.1	88	17.0
60	81	23.6	92	13.2	103	2.8	100	5.7	73	31.1	85	19.8
66	87	17.9	92	13.2	100	5.7	97	8.5	70	34.0	86	18.9
72	85	19.8	91	14.2	94	11.3	91	14.2	75	29.2	85	19.8

注：初始浓度氨氮含量实际检测为 106mg/L。

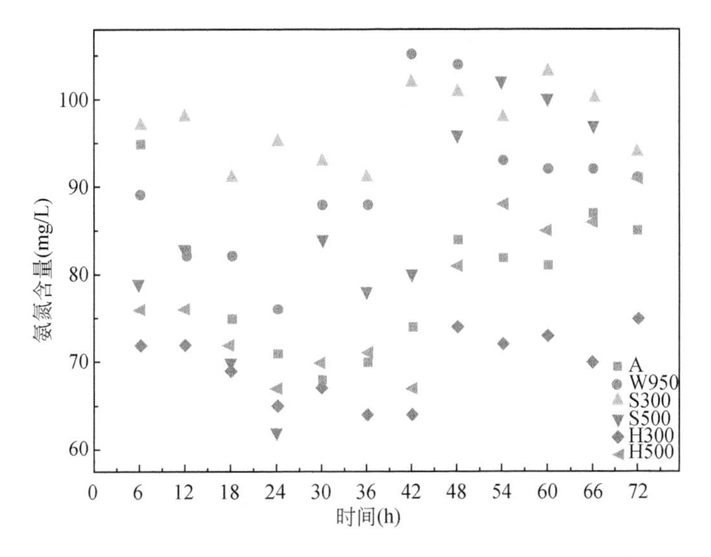

图 7-21　模拟人工湿地基质出水氨氮含量散点图

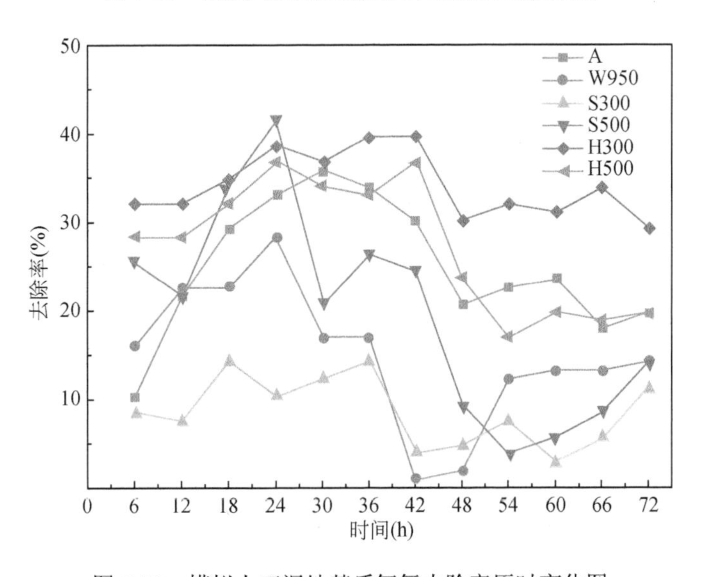

图 7-22　模拟人工湿地基质氨氮去除率历时变化图

石英砂的吸附性能略弱于沸石，但仍对污染物有一定的吸附效果。未添加生物碳的空白对照组基质 A 中含有氨氮的模拟废水经过基质顶部沸石层后，水中氨氮在沸石和石英砂的吸附作用下得以去除。基质对氨氮的去除效果在 30～36h 达到最大，在 30h 氨氮去除率为 35.8%。之后，出水中氨氮含量略微上升，在 48h 去除率下降至 20.8%。随后出水中氨氮含量呈现波动变化，去除率先上升至 23.6%后，略微下降至 17.9%再上升，实验结束时，72h 后对氨氮的去除率为 19.8%。模拟废水经过空白对照组基质 A 后出水中氨氮含量呈现这种变化趋势的原因可能是在实验初始阶段（0～30h），基质材料沸石和石英砂吸附水中氨氮，并且随着停留时间的增长，基质对氨氮的吸附量增多。由于实验柱并未补充模拟废水，在 30～36h 基质对氨氮的吸附达到饱和后开始向环境中缓慢释放吸附的氨氮。与此同时，基质中微生物逐渐适应环境，开始发挥作用。在 48h 后微生物对氨氮的硝化作用逐渐显现，在基质缓慢释放氨氮的共同作用下，出水氨氮含量呈现波动下降—上升—下降趋势。上文基质A中出水pH下降折点的发生时间与氨氮含量再次下降折点的发生时间一致，均为 54～60h，可以说明基质中存在微生物的作用。

添加了生物碳的混合基质（W950、S300、S500、H300、H500）出水氨氮含量变化的总体趋势比较相似，但由于各生物碳自身性能的限制，它们对氨氮的去除率有较大差别。

水葫芦生物碳 S300 表面官能团丰富，亲水性和附着性较强，略微研磨后极易吸收空气中的水分而黏聚成团，与基质结合程度紧密。经过研磨处理的水葫芦生物碳 S300 在基质层中间形成膜，从而使得基质中溶解氧含量降低，形成一个相对厌氧的微环境。厌氧环境有利反硝化微生物的作用，但是对水体中氨氮的微生物转换过程有一定的抑制作用，氨氮情况下，反硝化反应前的硝化反应对水中氨氮的去除是十分必要的。通过对实验过程观察也可以看出，经过水葫芦生物碳 S300 层时水流流速很小，模拟废水未能与基质特别是生物碳层充分接触，从而减弱了基质材料对氨氮的去除作用，故在室内模拟人工湿地实验中，水葫芦生物碳混合基质 S300 的出水中氨氮含量一直相对较高，氨氮去除率最高为 14.2%，对氨氮的去除效果不明显，远低于添加生物碳的空白组基质 A。从中可知，生物碳在作为湿地基质材料时，要充分考虑生物碳的性质和颗粒大小，选取适当的粒径在满足废水与生物碳丰富的接触面的同时减小生物碳间的黏聚效果，并且一定的透气效果便于微生物的生长，不然会起到适得其反的结果。

从实验室生物碳对氨氮的吸附实验中可知，水葫芦生物碳 S500 对氨氮有较好的吸附效果，但接触时间在 18h 后其氨氮的吸附容量稍有下降，故在 24h 前，模拟废水在生物碳混合基质 S500 中通过基质材料，特别是在水葫芦生物碳 S500 的吸附作用下，出水水样中氨氮含量较快降低，对氨氮的去除率最高达到 41.5%，高于空白组基质 A。而同样由于受到水葫芦生物碳 S500 黏聚效应和与基质的结合程度的影响，水葫芦生物碳混合基质 S500 未能完全发挥生物碳的吸附作用，并在基质材料缓释氨氮的作用下，出水氨氮含量上升。虽然后期在微生物的作用下，出水氨氮含量开始上升。但是由于混合基质 S500 透气效果不足，基质中氧气无法维持微生物较为活泼的生命活动，基质缓释氨氮作用逐渐大于微生物作用，故在 24～48h 混合基质 S500 出现了出水氨氮含量下降—上升—下降的变化趋势。在 54h 后，微生物的作用才再一次显现出来。总体来说，添加了水葫芦生物碳 S500 的混合基质对水体中氨氮的去除效果优于水葫芦生物碳混合基质 S300。

旱伞竹生物碳 H300 和 H500 各方面的性能都比较相似，故添加了旱伞竹生物碳的混合基质 H300 和 H500 的变化规律最为相似。由于旱伞竹生物碳颗粒之间的黏聚附着作用和与基质结合程度弱于水葫芦生物碳，因此旱伞竹生物碳混合基质具有良好的透气性，生物碳层对基质材料与模拟废水接触面的影响较小，故其一开始两组混合基质出水的氨氮含量就有比较明显的降低，氨氮去除率较高，氨氮去除率在 30%左右，在 24h 氨氮去除率分别为 38.7%（H300）和 36.8%（H500），均高于空白组基质 A。从吸附动力学实验中可以看出，旱伞竹生物碳对氨氮的吸附作用在 8～18h 之后会略有降低（即释放部分之前吸附了的氨氮），从图 7-22 中也可以看出，两组混合基质对氨氮的去除率稍微下降，其原因最有可能就是原本吸附了较多氨氮的旱伞竹生物碳进行氨氮的缓释。再经过 12h 左右，基质中微生物的硝化反应开始显现作用，故旱伞竹生物碳混合基质 H300 和 H500 分别在 36h、42h 氨氮去除率上升。而随着基质中沸石和石英砂也开始了氨氮的缓释作用，基质材料的缓释作用大于微生物对氨氮的转换作用，故在 42h 后两组模拟人工湿地混合基质出水氨氮含量又开始上升，对氨氮的去除率开始下降。而后随着微生物对环境的适应，在 48h 后微生物作用又开始显现，出水氨氮含量略微降低并在一定范围内稳定。室内模拟人工湿地旱伞竹生物碳混合基质 H300 和 H500 在实验过程中，对氨氮的去除率最终在（30±4）%和（19±1）%范围内波动。

从实验室 pH 对生物碳去除氨氮的影响的实验结果可知，废弃木料生物碳 W950 对氨氮的吸附效果在不同的 pH 下差别较大，在碱性条件下，其对氨氮的吸附量很小，这一结论在该实验中也可得到验证。对比图 7-21 和图 7-22 可以发现，添加了废弃木料生物碳的混合基质 W 在 pH 最大的时段（42～48h），废弃木料生物碳对氨氮的吸附容量大幅下降，其释放大量氨氮进入水中，出水氨氮含量也处于高位，氨氮的去除率低至 0.9%和 1.9%。废弃木料生物碳混合基质 W950 对氨氮的去除效果前期介于水葫芦生物碳混合基质 S500 和 S300 之间。在 48h 后，由废弃木料生物碳性质和与基质的结合程度可知，混合基质 W950 具有较为良好的透气性，微生物的作用强于水葫芦生物碳混合基质 S300 和 S500，故在 48h 后，在微生物的作用下，出水氨氮含量开始下降，其对氨氮的去除效果介于空白对照组混合基质 A 和水葫芦生物碳混合基质 S300，氨氮去除率稳定在 13%～14%。

在该实验过程中，受生物碳材料性能、吸附能力影响因素和微生物作用共同影响，添加了旱伞竹生物碳的混合基质在对模拟废水中氨氮的去除效果表现得更为优秀，其中旱伞竹生物碳混合基质 H300 最好，水葫芦生物碳混合基质 S300、S500 受到生物碳黏聚的影响，废弃木料生物碳混合基质 W950 受到 pH 的影响，三组对氨氮的去除效果均低于空白对照组 A。对比混合基质 H300、H500 和 W950 可知，在基质材料吸附效果不太好（W950）或者受到阻碍（S300 和 S500）时，基质的透气效果对微生物作用有重要的影响，从而对氨氮的去除有较大的影响。

7.6 小　　结

以人工湿地植物及废弃木料为原材料，在不同的温度进行热解制备成一系列生物碳，通过采用扫描电子显微镜对生物碳进行结构表征，开展生物碳对污染物氨氮的吸附实验，开展生物碳对基质微生物的影响实验和生物碳基质实验柱对氨氮的去除效果实验，分析不同生物碳对基质的影响效果及可能的影响因素。主要结论如下。

（1）生物质原材料和制备温度对生物碳的产率、pH、孔隙的形成影响很大，同种生物质原材料，产率随温度的升高而降低，而 pH 和比表面积则随制备温度升高而增大，而受生物质原材料组分影响，水葫芦生物碳平均孔径随制备温度升高而增大，旱伞竹生物碳则相反。废弃木料生物碳随制备温度较高但受组分中木质素等含量的影响，比表面积和平均孔径均不大，其性质与 H500 相似。

（2）除 S300 外，其余生物碳对氨氮的去除随 pH 的上升而降低，溶液呈弱酸性（pH

为 6～7）为最佳去除条件；生物碳对氨氮的吸附等温更符合 Langmuir 模型，生物碳对氨氮最大吸附容量分别为 2.962mg/g（W950）、2.929mg/g（S300）、3.538mg/g（S500）、3.436mg/g（H300）、2.811mg/g（H500），五种生物碳对氨氮的吸附动力学模式属于准二级动力学模型，说明生物碳对氨氮的吸附动力主要受化学作用的控制。

（3）生物碳的加入能够促进湿地基质中微生物生长，添加了生物碳的混合基质中的微生物菌落数量明显高于空白组基质，说明生物碳的添加有利于基质中微生物的生长，为微生物的生长提供了载体和营养物质，并且该有益作用水葫芦生物碳 S＞旱伞竹生物碳 H＞废弃木料生物碳 W。

（4）生物碳的加入能够增强基质对污染物氨氮的去除效果，但其影响效果受到生物碳材料性能、吸附能力和微生物作用等共同影响，室内实验柱实验中混合基质对氨氮的去除效果为 H300＞H500＞A＞S500＞W950＞S300。

（5）生物碳在湿地基质中的应用效果与其性质和颗粒大小有着很大关系，要选取适当的粒径以满足废水与生物碳有丰富的接触面，但由于生物碳间的黏聚效果不明显，因此要确保污水与基质有良好的接触面，且基质有良好的透气性。

（6）微生物对氨氮的去除起到重要作用，而环境温度、基质的透气性是影响微生物活动的主要因素。

第 8 章　生态塘-生物碳潜流型人工湿地净化系统

8.1　概　　述

结合前期室内实验的经验和结论，考虑到在人工湿地使用生物碳需求量、生物质来源的便利性、生物碳的制备工艺、经济成本和可操作性，于飞来峡社岗典型流域出口断面上游 1km 左右的桥涵附近设置以废弃木料生物碳为基质的生态塘-生物碳潜流型人工湿地净化系统，该区域污染源主要是农业生产及农村生活污水。

综合三种较常用的“人工湿地”单元，如表面自由流、垂直潜流、生态塘三种水处理模型处理河水（Kozub and Liehr，1999；贺锋等，2005；卢少勇等，2006；王晟等，2006；李辉等，2008；周艳丽等，2011），在较小干扰、进水水质比较稳定的情况下，全面系统地研究水葫芦生态塘和以生物碳为基质的潜流人工湿地（根据示范地点的不同采用不同的形式），以及二者组合生态净化工艺在不同工况下处理飞来峡河段水中有机污染物、氮磷营养物等的效果与规律，并对净化系统进行综合评价，研究适合于飞来峡水域特征的水污染治理与水体生态修复技术。

8.2　生态塘-生物碳潜流型人工湿地净化系统工艺

8.2.1　生态塘-生物碳潜流型人工湿地净化系统的构建及运行

经实地勘查后，在飞来峡社岗典型流域出口断面上游 1km 左右的桥涵附近建设生态塘-生物碳潜流型人工湿地净化系统，以排洪河流的河水（微污染水）为实验水源，污染源主要为农业生产及农村生活污水。

生态塘-生物碳潜流型人工湿地净化系统主要分为三个水处理单元，分别为生物碳基质垂直潜流人工湿地（一级处理）、表面自由流人工湿地（二级处理）和生态氧化塘（深化处理），其中生物碳应用在垂直潜流人工湿地中，也称其为生物碳基质垂直潜流人工湿地。其设计流程如图 8-1 所示。

集水调节池为容积规格为 2000L 的聚乙烯 Pe 桶，生物碳基质垂直潜流人工湿地和表面自由流人工湿地均由碳钢板制作而成的箱体构成。

生物碳基质垂直潜流人工湿地单元的规格为 2m×3m×1m，基质滤料设置为三层：底层为 200mm 石英砂，中层为 500mm 生物碳，上层为 100mm 花园土。其中，考虑到基质滤料堵塞问题及生物碳性能发挥问题，在人工湿地中使用的生物碳粒径为 2～4mm。生物碳基质垂直潜流人工湿地选种的湿地植物为广东地区常见的植物香蒲，种植密度为 15

株/m^2。

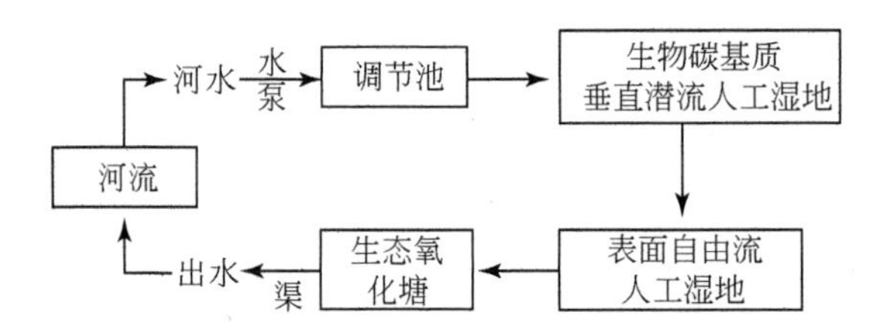

图 8-1　生态塘-生物碳潜流型人工湿地净化系统流程示意图

表面自由流人工湿地单元的规格为 2m×3m×1m，底层为 100mm 塘泥，种植水生湿地植物水葫芦，其有效高度为 800mm。

生态氧化塘则直接挖土成塘，用混凝土进行池底防水及硬化，其由 2 个 1.5m×3m×0.6m 小氧化塘组成，底层为 100mm 塘泥。运行时生态氧化塘总有效容积 5m^3，种植睡莲并放入鱼苗进行培育。

生态塘-生物碳潜流型人工湿地净化系统布置图及垂直潜流人工湿地基质剖面图如图 8-2 所示。人工湿地示范工程各实验装置于 2018 年 6 月中旬正式建成并开始运行驯化，人工湿地实行间隔运行模式（夜间停止运行），运行时间为 7：00～20：00，水泵控制进水流量为（1.5±0.1）m^3，水力停留时间 HRT 约为 8h。在人工湿地运行 50～60d 后，通过对进出水的采样进行水质分析确定其运行效果。图 8-3 和图 8-4 分别为湿地净化系统建设前后的景观。

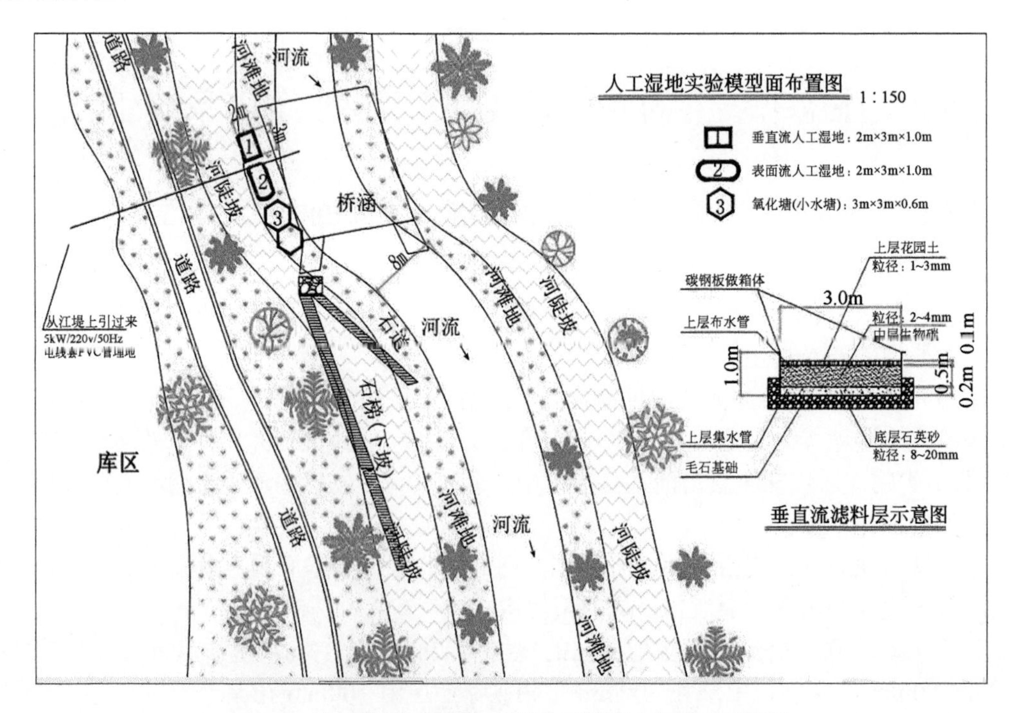

图 8-2　生态塘-生物碳潜流型人工湿地净化系统布置图

图 8-3　湿地净化系统建设之前景观

图 8-4　湿地净化系统建成后景观

8.2.2 水质样品采集与检测

在人工湿地建成并运行 50～60d 后，通过水质分析确定其运行效果。以各进（出）水口为采样点，分别设置采样点 a、b、c、d（图 8-5）。

图 8-5 采样点设置示意图

为探究各个工艺的处理效果，设置晴天和雨天两种工况进行现场采样及分析，晴天工况为 2018 年 8 月 14～15 日，雨天工况为 2018 年 8 月 28～29 日，每天采样时间为 8：00～20：00，每隔 3h 采样一次，每个工况历时 48h，检测指标为 pH、氨氮、总氮、总磷和 COD_{Cr}。

8.3　晴天工况下人工湿地净化系统污染物指标分析

由于采样前湿地装置有一段时间未运行，故第 1 次采样（2018 年 8 月 14 日 8：00）数据及前 2～3 次采样数据在一定范围内与其余数据略有差异。2018 年 8 月 15 日下午 14:30～16：30 采样地区突降暴雨，故除去 pH 变动不大外，其余指标均有较大的突变增加。具体水样理化指标分析如下。

1）pH 变化分析

晴天工况下，生态塘−生物碳潜流型人工湿地净化系统各采样点 pH 及变化趋势见表 8-1 和图 8-6。从表 8-1 和图 8-6 中可以看出，所有水样 pH 为 6.42～7.18，变化波动不大。进水（采样点 a）pH 为 6.75～6.95；经过一级生物碳基质垂直潜流人工湿地处理后，采样点 b 水样 pH 为 6.42～6.64，水样 pH 均略有降低，但降低幅度不大，仅降低 0.03～0.42，采样点 b 水样 pH 略微降低的原因可能是生物碳基质垂直潜流人工湿地中微生物的硝化作用及代谢产物产生了 H^+和酸性代谢物导致出水 pH 略微下降；采样点 c 水样 pH 为 6.53～6.68，经过二级表面自由流人工湿地处理，通过水体的稀释、微生物及水生植物的进一步作用，水样 pH 略微回升；最后经过生态塘深度处理后，采样点 d 出水 pH 为 6.99～7.18，均属于中性范围。水样 pH 总体规律为先下降后上升，经过三级处理后趋于中性，最终出水满足要求。

表 8-1　晴天工况各采样点 pH

日期	采样时间	采样点 a	采样点 b	采样点 c	采样点 d
2018 年 8 月 14 日	8：00	6.91	6.63	6.62	7.05
	11：00	6.87	6.50	6.63	7.08
	14：00	6.75	6.42	6.57	7.18
	17：00	6.85	6.43	6.65	7.02
	20：00	6.84	6.50	6.53	6.99
2018 年 8 月 15 日	8：00	6.94	6.60	6.63	7.00
	11：00	6.95	6.60	6.64	7.06
	14：00	6.84	6.64	6.67	7.15
	17：00	6.79	6.61	6.60	7.16
	20：00	6.67	6.64	6.68	7.15

在室内实验中生物碳的添加对出水 pH 有较大影响，而在人工湿地实际运行时则未表现出来，其主要原因可能有两点：一是在实际运行中水体有一定的流动性且该工况中水力

停留时间在 8h 左右，有一定的物质交换速度并且水体与生物碳接触反应的时间减少，降低了生物碳对环境 pH 的影响；二是人工湿地在经过长时间驯化后生物碳中影响 pH 的灰分组分已经被植物吸收或被微生物分解。

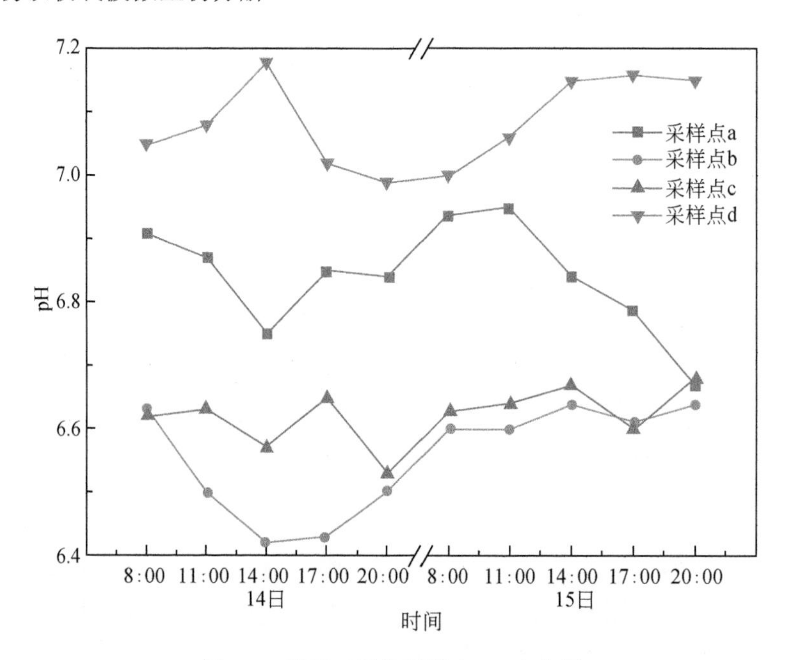

图 8-6　晴天工况各采样点 pH 变化图

2）总氮含量变化分析

晴天工况下，生态塘-生物碳潜流型人工湿地净化系统各采样点总氮含量及变化见表 8-2 和图 8-7。从表 8-2 和图 8-7 中可以看出，所有水样总氮含量为 0.8～6.5mg/L。进水口采样点 a 水样总氮含量为 2.1～6.5mg/L，均超过地表水劣Ⅴ类水标准；经过一级生物碳基质垂直潜流人工湿地处理后，采样点 b 水样总氮含量为 1.6～3.6mg/L；经过二级表面自由流人工湿地处理后，采样点 c 水样总氮含量为 1.5～4.0mg/L；最后经过生态塘深度处理后，采样点 d 最终出水总氮含量为 0.8～2.7mg/L。采样期间该项水质指标最终出水有 10%达到地表Ⅲ类水、20%达到地表Ⅳ类水、30%达到地表Ⅴ类水，仅剩 40%水样为劣Ⅴ类水。

晴天工况下，经过一级生物碳基质垂直潜流人工湿地处理后总氮去除率为 3.4%～61.5%（不包含反超情况），生态塘-生物碳潜流型人工湿地净化系统对总氮去除率为 6.9%～61.9%，总氮平均去除率为 40.9%，经处理的水样中一半总氮的去除率超过 50%，并且在进水总氮含量较高时，对总氮的去除效果更为明显。暴雨过后，河流汇集了被雨水冲刷带来的非点源污染，进水总氮含量有所提高，一级处理后总氮去除率为 50%～61.6%，经过人工湿地三级处理后的最终出水总氮去除率为 61.5%～69.6%。从此可以看出，生态塘-生物碳潜流型人工湿地净化系统对总氮的处理效果较为良好。

表 8-2　晴天工况各单元水体总氮含量　（单位：mg/L）

日期	采样时间	采样点 a	采样点 b	采样点 c	采样点 d
2018 年 8 月 14 日	8：00	2.1	1.6	2.4	0.8
	11：00	2.6	3.6	1.5	2.1
	14：00	4.0	2.9	4.0	1.8
	17：00	3.4	2.6	3.2	2.4
	20：00	2.4	2.6	2.6	2.0
2018 年 8 月 15 日	8：00	2.9	1.6	2.1	2.7
	11：00	2.9	2.8	2.5	1.3
	14：00	3.0	1.9	1.9	2.0
	17：00	4.6	2.3	1.9	1.4
	20：00	6.5	2.5	1.8	2.5

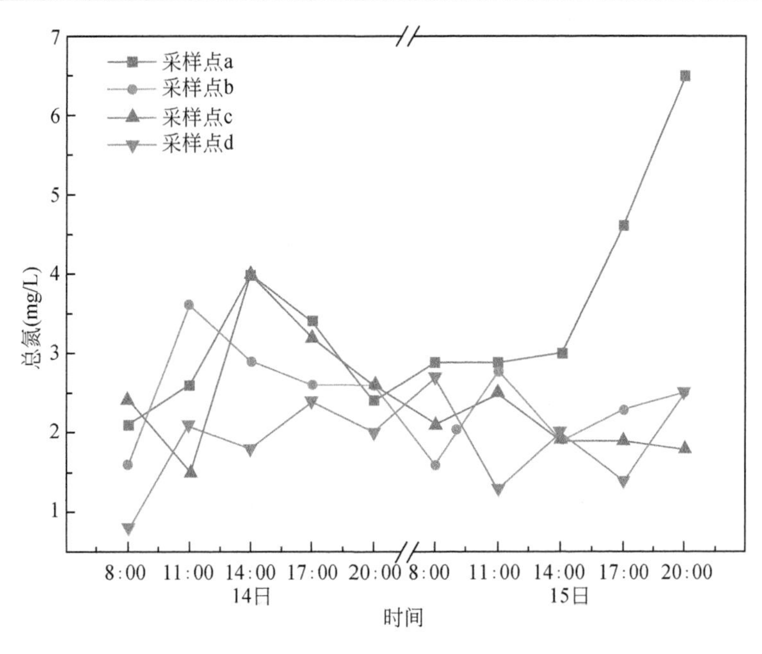

图 8-7　晴天工况各单元水体总氮含量变化图

3）氨氮含量变化分析

晴天工况下，生态塘–生物碳潜流型人工湿地净化系统各采样点氨氮含量及变化见表 8-3 和图 8-8。从表 8-3 和图 8-8 中可以看出，所有水样氨氮含量为 0.17～1.23mg/L。进水口采样点 a 水样氨氮为 0.23～1.00mg/L；经过一级生物碳基质垂直潜流人工湿地处理后，采样点 b 水样氨氮含量为 0.79～1.23mg/L；经过二级表面自由流人工湿地处理后，采样点 c 水样氨氮含量为 0.45～0.82mg/L；最后经过生态塘深度处理后，出水采样点 d 水样氨氮为 0.17～0.49mg/L。

表 8-3　晴天工况各单元水体氨氮含量　（单位：mg/L）

日期	采样时间	采样点 a	采样点 b	采样点 c	采样点 d
2018 年 8 月 14 日	8：00	0.27	1.08	0.45	0.21
	11：00	0.29	1.23	0.57	0.28
	14：00	0.24	0.96	0.73	0.17
	17：00	0.28	1.06	0.79	0.42
	20：00	0.33	0.96	0.82	0.48
2018 年 8 月 15 日	8：00	0.25	0.79	0.79	0.48
	11：00	0.32	1.04	0.82	0.48
	14：00	0.23	0.91	0.77	0.39
	17：00	0.62	0.94	0.77	0.43
	20：00	1.00	0.88	0.73	0.49

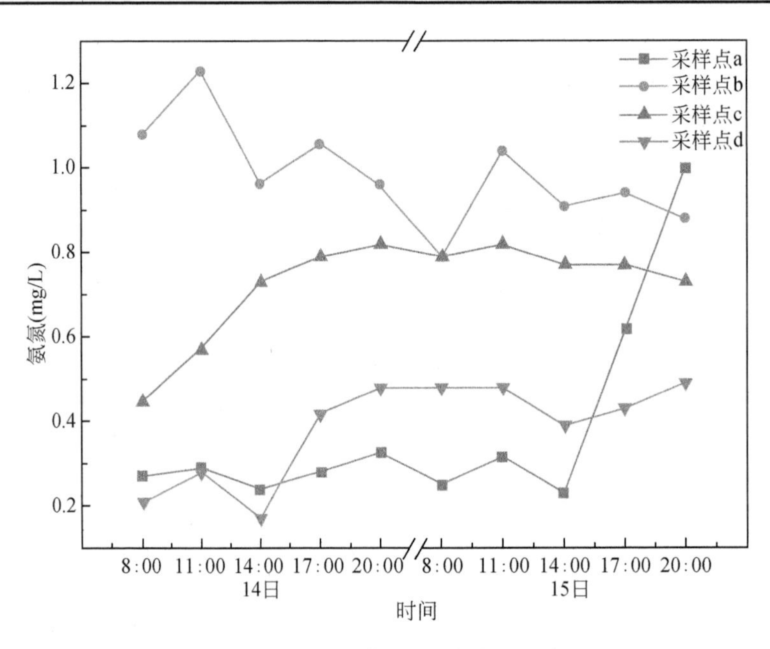

图 8-8　晴天工况各单元水体氨氮含量变化图

晴天取样时进水氨氮含量在地表水Ⅱ类水（0.5mg/L）范围内，暴雨过后其含量又上升至地表水Ⅲ类水范围（1.0mg/L）。进水经过一级生物碳基质垂直潜流人工湿地处理后在采样点 b 水样的氨氮值均有一定程度的上升趋势，上升幅度为 0.32～0.81mg/L（忽略最后一个突变值）。经过二级表面自由流人工湿地及生态塘处理后氨氮含量均有降低，出水均在地表水Ⅱ类水（0.5mg/L）范围内。经过生态塘-生物碳潜流型人工湿地净化系统处理后，最终出水氨氮指标含量达到地表水Ⅰ类或Ⅱ类要求，但有个别出现了最终出水氨氮含量高于进水的情况，其总体规律为先上升后下降。

出水氨氮含量异常的可能原因分析如下：

出现部分经湿地处理氨氮含量反而上升，特别是经过一级垂直潜流人工湿地处理后氨氮含量上升这一现象，这可能是氮在人工湿地中的转换造成的。总氮包括了水体中如氨氮、硝酸盐、亚硝酸盐等各种形态的无机氮以及如蛋白质、氨基酸之类的有机氮。在人工湿地中，无机氮可以直接被植物根系吸收或在微生物的作用下发生硝化和反硝化反应而得到去除，而有机氮则需要先通过氨化微生物的氨化作用转化为氨后才能够进一步被植物和微生物同化。

生态塘-生物碳潜流型人工湿地净化系统进水为飞来峡水库排洪河流中的河水。湿地对氨氮的去除过程，是先要将有机氨转换为无机氨后再进行下一步的硝化及反硝化作用。在非洪水期，排洪河水中污染物的主要来源是周边居民生活废水及农业生产带来的污染物，其中有机氮的含量较高。人工湿地净化系统中微生物将大量有机氮通过氨化作用转化为氨，使水中氨氮含量上升，并且在一定程度上该作用产生的氨的含量超过了微生物硝化作用和基质的吸附作用而减少的氨氮含量，因此出现了生态塘-生物碳潜流型人工湿地净化系统在实际运行时部分出水氨氮含量超出进水的情况，且经过一级生物碳基质垂直潜流人工湿地处理后该现象最为明显。在室内模拟人工湿地实验中，模拟废水使用的是成分较为单一的氯化氨作为氨氮来源，故基本不存在有机氮氨化作用导致出水氨氮含量上升的情况。

针对以上解释的可能原因，采用皮尔逊相关系数法（PCC）对其进行验证，其计算公式如下：

$$\mathrm{PCC}=\frac{\sum_{i=1}^{n}\left(T_i-\overline{T}\right)\left(S_i-\overline{S}\right)}{\sqrt{\sum_{i=1}^{n}\left(T_i-\overline{T}\right)^2}\times\sqrt{\sum_{i=1}^{n}\left(S_i-\overline{S}\right)^2}} \tag{8-1}$$

式中，n 为采样次数；T_i 为氨氮含量，mg/L；$\overline{T}$ 为氨氮含量均值，mg/L；S_i 为总氮含量，mg/L；$\overline{S}$ 为总氮含量均值，mg/L；PCC 为氨氮和总氮含量的相关系数，取值为 0～1，越接近 1，说明相关程度越高。

表 8-4 为各采样点氨氮与总氮的相关系数结果，从表 8-4 中可以看出，采样点 a 出水样中氨氮和总氮相关性极强，而采样点 b 两者的相关性下降为强相关，到采样点 c 两者已经属于极弱相关或无相关，经过生化氧化塘后采样点 d 两者又重新体现中等程度的相关性。按理来说，氨氮作为总氮中的组成部分，两者应该一直具有较强的相关性。而实际 PCC 值的变化显示，湿地初始进水河水中氨氮和总氮的相关性极强，经过生物碳基质垂直潜流人工湿地处理后，相关性开始降低，其原因就是氨化作用使水中氨氮含量增加，而总氮中无机氮的部分在生物碳基质吸附、微生物作用下开始减少，从而导致两者相关性降低，经过两个湿地处理后该相关性的变化最为明显；最后经过生物氧化塘的深度处理后，两者的相关性才又开始显现，但是存在部分通过氨化作用转化为氨后受到水力停留时间等因素影响，未能够再得到充分地去除。这在一定程度上也说明生物碳基质人工湿地在运行时对总氮的去除效果较好，而对氨氮的去除效果并不是很稳定。

表 8-4　各采样点氨氮与总氮的相关系数表

采样点	a	b	c	d
PCC	0.885**	0.620	0.198	0.440

**表示在 0.01 水平上显著相关。

4）总磷含量变化分析

晴天工况下，生态塘-生物碳潜流型人工湿地净化系统各采样点总磷含量及变化见表8-5和图8-9。从表8-5和图8-9中可以看出，所有水样总磷含量为0.137～0.711mg/L。其中，进水口采样点a处水样总磷含量为0.193～0.711mg/L，该项指标水质等级为地表水Ⅲ～劣Ⅴ类，以Ⅳ类水为主，并且暴雨过后总磷含量有较为明显的上升趋势。经一级生物碳基质垂直潜流人工湿地处理后，采样点b总磷含量为0.193～0.493mg/L；又经二级表面自由流人工湿地处理，采样点c水样总磷含量为0.183～0.323mg/L；最后经过生态塘深度处理后，采样点d出水中总磷含量为0.137～0.264mg/L，最终出水的该项水质指标上升至地表水Ⅲ～Ⅳ类，并且以Ⅲ类水为主。其总体呈现逐级处理总磷含量逐渐下降的规律。

表8-5　晴天工况各单元水体总磷含量　（单位：mg/L）

日期	采样时间	采样点a	采样点b	采样点c	采样点d
2018年8月14日	8：00	0.193	0.493	0.219	0.147
	11：00	0.251	0.294	0.300	0.199
	14：00	0.232	0.215	0.323	0.199
	17：00	0.277	0.228	0.258	0.228
	20：00	0.313	0.219	0.235	0.264
2018年8月15日	8：00	0.251	0.206	0.206	0.173
	11：00	0.255	0.222	0.219	0.173
	14：00	0.251	0.196	0.219	0.176
	17：00	0.385	0.193	0.186	0.166
	20：00	0.711	0.212	0.183	0.137

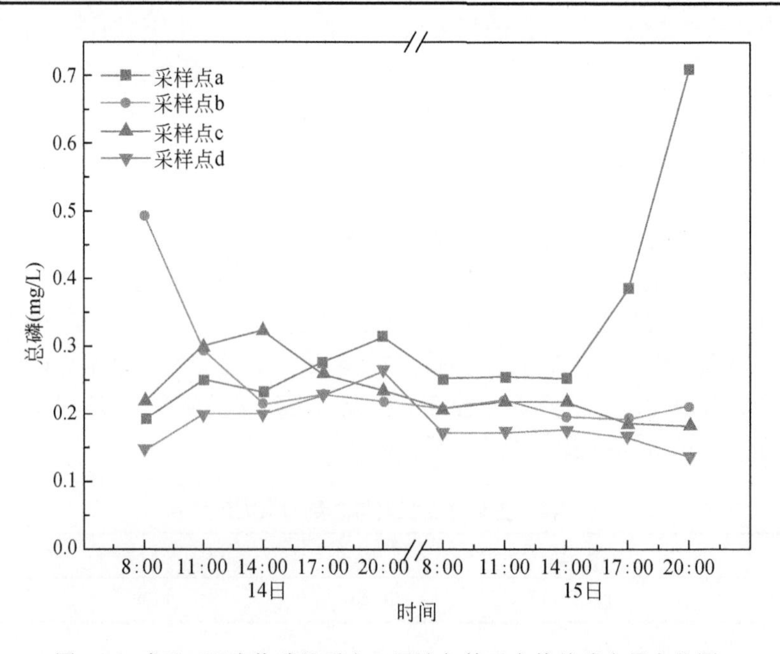

图8-9　晴天工况生物碳基质人工湿地各单元水体总磷含量变化图

经过一级生物碳基质垂直潜流人工湿地处理，总磷去除率为 7.0%～70.2%，去除率随着运行时间的延长、进水总磷含量的增大而提升。在进水总磷含量较高时，处理效果更为明显。晴天采样测试中，去除率为 15.6%～32.0%；降雨过后，进水总磷含量均有较大上升，暴雨过后去除率为 56.8%～80.7%。

水中磷的来源主要是生活污水、农业生产中的化肥及有机磷农药等，研究表明，人工湿地对总磷的去除主要是通过基质吸附作用实现的，植物的吸收作用和微生物的同化作用对总磷的去除贡献并不大。但是总磷中的有机磷化合物需要在微生物磷细菌的作用下分解矿化，溶解性差的磷化物也需要在磷细菌的生物活动中转换为小分子的可溶性磷，从而促进人工湿地基质对磷的吸附和植物对磷的吸收。生物碳的加入对基质微生物有着极大的良性影响，生态塘–生物碳潜流型人工湿地净化系统对总磷呈现较为良好的去除效果，从中可以推断添加的生物碳对总磷也有着较为良好的吸附效果，并且将生物碳运用在人工湿地基质中可以促进微生物的生长，从而更有效地发挥人工湿地对总磷的去除作用。

5）COD_{Cr} 含量变化分析

晴天工况下，生态塘–生物碳潜流型人工湿地净化系统各采样点 COD_{Cr} 含量及变化见表 8-6 和图 8-10。从表 8-6 和图 8-10 中可知，在晴天天气时，人工湿地进水所属河流中 COD_{Cr} 含量处于水质优质范围，但暴雨时，受雨水冲刷地表带来的面源污染影响，进水 COD_{Cr} 含量骤增。河流中 COD 含量受暴雨影响较大，进水（采样点 a）晴天含量为 3～11mg/L（地表水Ⅰ、Ⅱ类水），暴雨时为 30mg/L（地表水劣Ⅴ类水）。经过一级生物碳基质垂直流人工湿地处理后，COD_{Cr} 含量小于 9mg/L，经过二级和三级处理后，COD_{Cr} 含量略有上升。在未下暴雨前，水样的 COD_{Cr} 含量均＜15mg/L，去除规律性及有效性均不强。但选取进水 COD_{Cr} 含量稍高（＞10mg/L）及暴雨过后的时间段进行分析，经过一级处理后，COD_{Cr} 去除率为 54.5%～88.1%，最后出水 COD_{Cr} 去除率为 54.5%～100%，最后出水均在Ⅰ类水范围内。可以看出，在进水 COD_{Cr} 含量稍高时，生物碳基质人工湿地对 COD_{Cr} 的去除效果良好。COD_{Cr} 是体现水中有机污染物含量多少的一项重要指标。生物碳基质人工湿地中通过三个水处理单元的结合运行，利用基质的过滤、吸附作用和微生物新陈代谢活动氧化、还原有机物分子，从而实现 COD_{Cr} 的去除。

表 8-6　晴天工况各单元水体 COD_{Cr} 含量　（单位：mg/L）

日期	采样时间	采样点 a	采样点 b	采样点 c	采样点 d
2018 年 8 月 14 日	8：00	9	＜3	10	9
	11：00	9	9	7	10
	14：00	9	4	14	11
	17：00	9	5	9	5
	20：00	11	＜3	8	3
2018 年 8 月 15 日	8：00	11	6	3	7
	11：00	＜3	＜3	3	9
	14：00	6	＜3	＜3	13
	17：00	3	5	5	9
	20：00	30	5	＜3	＜3

注：现场检测中 COD_{Cr} 为 3～150mg/L，受量程影响将值低于 3mg/L 的视作 3mg/L 分析。

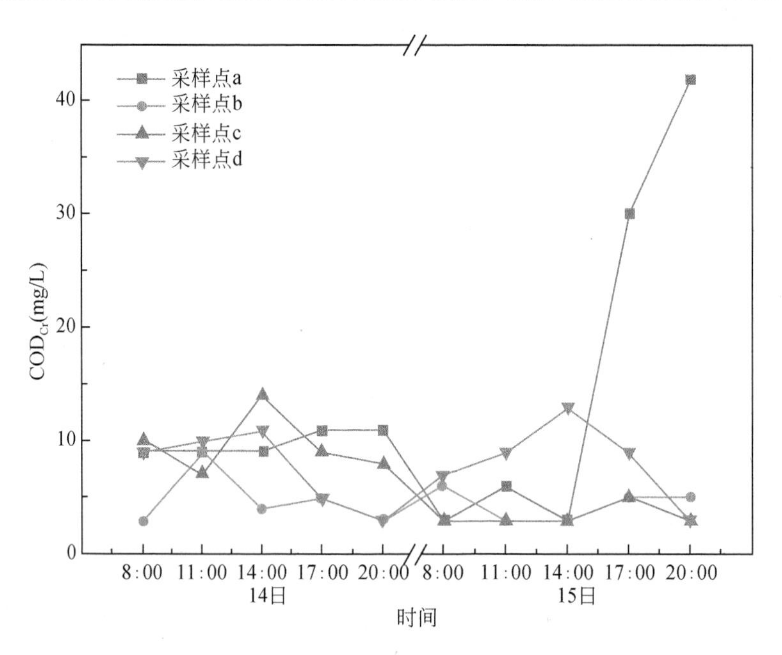

图 8-10 晴天工况生物碳基质人工湿地各单元水体 COD_{Cr} 含量变化图

从采样数据可以看出，生物碳基质人工湿地对总氮、总磷和 COD_{Cr} 均有较为良好的去除效果，受氨化作用的影响氨氮去除效果一般，起到稳定环境 pH 的作用。进水普遍受到暴雨冲刷地面带来的面源污染，而在污染物含量大幅上升的情况下，生物碳基质人工湿地的去除效果更加明显，各指标的去除率均有所提高，说明其有较为良好的抗冲击负荷的能力。

8.4 雨天工况下人工湿地净化系统污染物指标分析

本次采样距晴天采样时隔 14d，且前一周内该地区降雨较多，每天下午至晚上基本都有雨量较大的雷阵雨，在采样期间也有大到暴雨。在现场检测时，氨氮含量受所用仪器及其测试试剂所限，雨天工况下测得的氨氮含量精度仅为 1mg/L，其精度与晴天所得氨氮含量精度（0.01mg/L）有较大区别。从晴天工况下所得数据与历史采样检测数据可知，该区域氨氮含量为 0～2mg/L，1mg/L 精度的氨氮测定结果与实际含量存在较大偏差，雨天工况下测得的氨氮数据不可使用，该工况下仅对 pH、总氮、总磷和 COD_{Cr} 指标进行分析。具体水样理化指标分析如下。

1）pH 变化分析

雨天工况下，生态塘-生物碳潜流型人工湿地净化系统各采样点 pH 及变化趋势见表 8-7 和图 8-11。从表 8-7 和图 8-11 中可知，所有水样 pH 为 6.42～7.19，变化幅度不大。进水口采样点 a 水样 pH 为 6.69～6.83；经一级生物碳基质垂直潜流人工湿地处理后，采样点 b 水样 pH 略微下降，变化范围为 6.42～6.63；又经二级表面自由流人工湿地处理后，在采样点 c 水样 pH 为 6.54～6.62；最后经过生态塘深度处理，采样点 d 出水 pH 恢复至 6.86～7.19。

水样 pH 表现为先下降后上升，经过三级处理后趋于中性。

表 8-7 雨天工况各采样点 pH

日期	采样时间	采样点 a	采样点 b	采样点 c	采样点 d
2018 年 8 月 28 日	8：00	6.74	6.63	6.62	7.19
	11：00	6.83	6.58	6.60	6.97
	14：00	6.81	6.50	6.60	7.04
	17：00	6.79	6.46	6.54	6.96
	20：00	6.81	6.48	6.55	6.86
2018 年 8 月 29 日	8：00	6.69	6.55	6.54	6.97
	11：00	6.74	6.51	6.56	6.93
	14：00	6.76	6.48	6.56	7.00
	17：00	6.73	6.44	6.56	7.05
	20：00	6.72	6.42	6.56	6.99

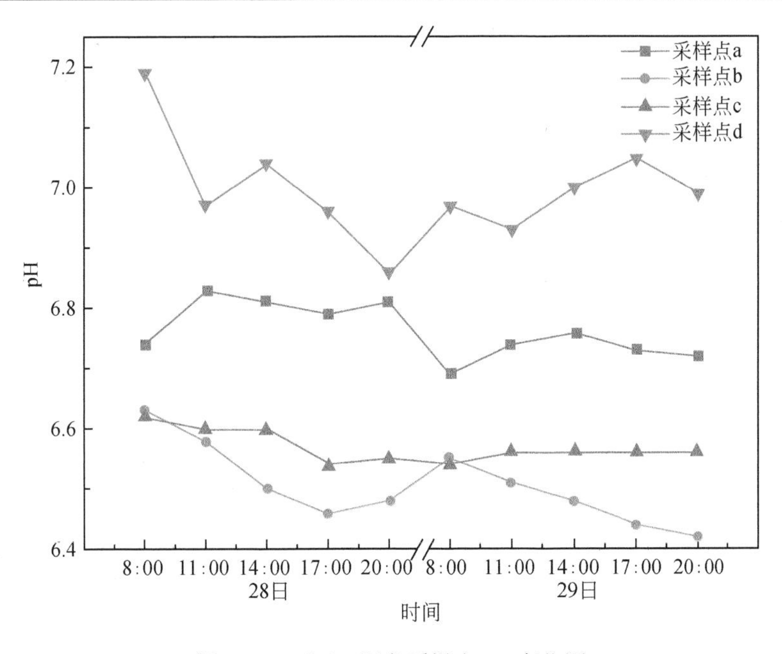

图 8-11 雨天工况各采样点 pH 变化图

雨天工况下水样 pH 范围及变化规律与晴天工况下水样 pH 变化规律较为一致。结合两种工况 pH 情况可知，该区域水体的 pH 保持在较为稳定的中性状态，并且实际运行中的人工湿地生物碳基质对水样 pH 的影响远小于实验室和室内模拟实验，基本上没有什么影响。

2）总氮含量变化分析

雨天工况下生态塘-生物碳潜流型人工湿地净化系统各采样点总氮含量及变化见表 8-8 和图 8-12。从表 8-8 和图 8-12 中可以看出，所有水样总氮含量为 0.2～3.6mg/L。进水口采样点 a 总氮含量为 2.6～3.6mg/L（地表水劣Ⅴ类），均值为 3.17mg/L，在晴天工况下暴雨前总氮含量均值为 2.91mg/L。长期雨水冲刷带来的面源污染给河流河水造成一定影响，总氮含量总体上升，但其程度小于长时间晴天后暴雨带来的面源污染的影响（晴天暴雨时总氮含量为 4.5mg/L 和 6.5mg/L）。长时间的雨水冲刷给河流带来面源污染，但也防止了污染物在地面上的滞留累积。经一级生物碳基质垂直潜流人工湿地处理后，采样点 b 出水样总氮含量为 0.2～2.1mg/L；经二级表面自由流人工湿地处理后，采样点 c 水样总氮含量为 0.8～2.6mg/L；最后经过生态塘深度处理，采样点 d 出水总氮含量为 0.7～2.4mg/L，水质等级大多为Ⅳ类水。

表 8-8　雨天工况各采样点总氮含量　（单位：mg/L）

日期	采样时间	采样点 a	采样点 b	采样点 c	采样点 d
2018 年 8 月 28 日	8：00	2.6	0.2	1.6	1.2
	11：00	2.9	1.6	1.1	1.8
	14：00	3.0	1.8	0.8	1.2
	17：00	3.5	1.0	1.4	2.4
	20：00	3.4	2.0	2.4	2.3
2018 年 8 月 29 日	8：00	3.4	0.8	1.5	1.7
	11：00	3.1	0.8	2.6	1.7
	14：00	3.6	2.1	2.5	2.2
	17：00	2.6	1.1	2.2	0.7
	20：00	3.6	1.5	1.5	1.7

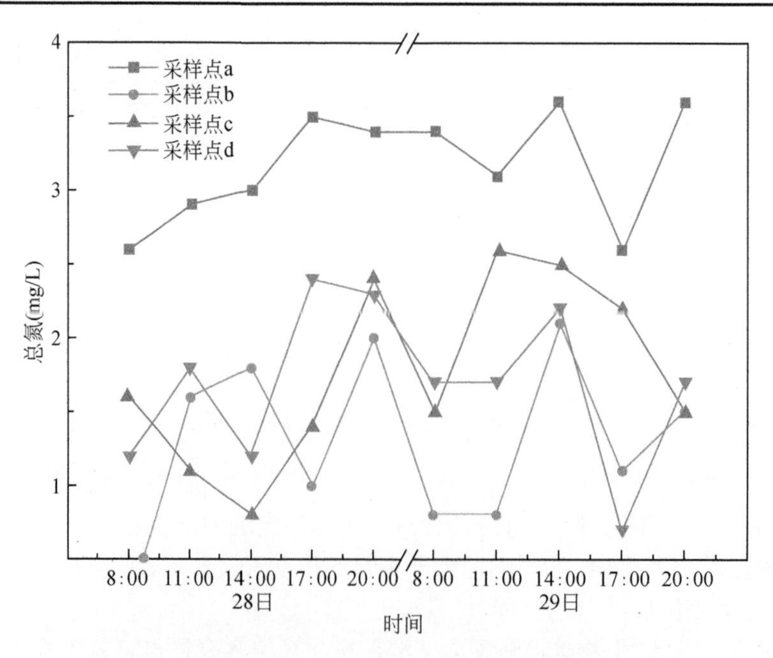

图 8-12　雨天工况各单元水体总氮含量变化图

总的来说，经过一级生物碳基质垂直潜流人工湿地处理，总氮去除率为 40.0%～92.3%

（不包含反超情况），最终出水总氮去除率为 31.4%～73.1%，总氮的平均去除率为 47.5%。在雨天工况下，生态塘–生物碳潜流型人工湿地净化系统对总氮也有良好的去除效果。

3）总磷含量变化分析

雨天工况下，生态塘–生物碳潜流型人工湿地净化系统各采样点总磷含量及变化见表 8-9 和图 8-13。从表 8-9 和图 8-13 中可以看出，所有水样总磷含量为 0.134～0.689mg/L。进水口采样点 a 处水样总磷含量为 0.232～0.565mg/L，均值为 0.361mg/L，与晴天工况未发生暴雨时的均值 0.253mg/L 相比上升了 42.7%，该采样点水样总磷指标水质等级属于地表水Ⅳ～劣Ⅴ类，说明长期雨水冲刷带来的面源污染给河流河水造成了影响，使总磷含量总体上升，但其程度也小于长时间晴天后暴雨带来的面源污染的影响，晴天暴雨过后水样总磷含量最高为 0.711mg/L。长时间的雨水冲刷虽然会给河流带来面源污染，但也防止了污染物在地面上的滞留累积。经一级生物碳基质垂直潜流人工湿地处理后，采样点 b 水样总磷为 0.176～0.297mg/L；经二级表面自由流人工湿地处理后，采样点 c 水样总磷含量为 0.160～0.689mg/L，若去掉同一时段（8：00）突变值，则总磷含量为 0.160～0.320mg/L；最后经过生态塘深度处理后，采样点 d 出水总磷含量为 0.134～0.179mg/L，该项指标水质等级上升至地表水Ⅲ类。经过一级生物碳基质垂直潜流人工湿地处理，总磷去除率为 6.45%～62.2%（去除异常点 2018 年 8 月 28 日 11：00），经过人工湿地三级处理，总磷去除率为 43.5%～69.9%。

表 8-9　雨天工况各单元水体总磷含量　（单位：mg/L）

日期	采样时间	采样点 a	采样点 b	采样点 c	采样点 d
2018 年 8 月 28 日	8：00	0.467	0.176	0.689	0.157
	11：00	0.232	0.255	0.251	0.166
	14：00	0.287	0.268	0.228	0.150
	17：00	0.284	0.241	0.215	0.144
	20：00	0.346	0.268	0.202	0.150
2018 年 8 月 29 日	8：00	0.277	0.209	0.431	0.157
	11：00	0.444	0.277	0.160	0.134
	14：00	0.303	0.284	0.232	0.147
	17：00	0.565	0.297	0.209	0.179
	20：00	0.401	0.241	0.320	0.170

对比两次采样数据可知，雨天工况下生态塘–生物碳潜流型人工湿地净化系统对总磷的去除率高于晴天工况（未下暴雨前），也再次验证了当进水总磷含量较高时，人工湿地的处理效果更明显。总磷含量变化规律在两种工况下一致性较高，呈现逐级递减的趋势。

4）COD_{Cr} 含量变化分析

雨天工况下生态塘–生物碳潜流型人工湿地净化系统各采样点 COD_{Cr} 含量及变化见表 8-10 和图 8-14。从表 8-10 和图 8-14 中可以看出，所有水样 COD_{Cr} 含量范围为 3～59mg/L。和总氮、总磷一样，COD_{Cr} 含量也受到降雨影响，进水口采样点 a 其含量为 3～59mg/L，均值为 20.7mg/L，COD_{Cr}含量普遍上升。经过一级生物碳基质垂直潜流人工湿地处理后，采样点 b 处水样 COD_{Cr}含量为 3～5mg/L；但经过二级和三级处理后，COD_{Cr}含量略有上升；最后采样点 d 处出水 COD_{Cr}含量为 3～8mg/L。

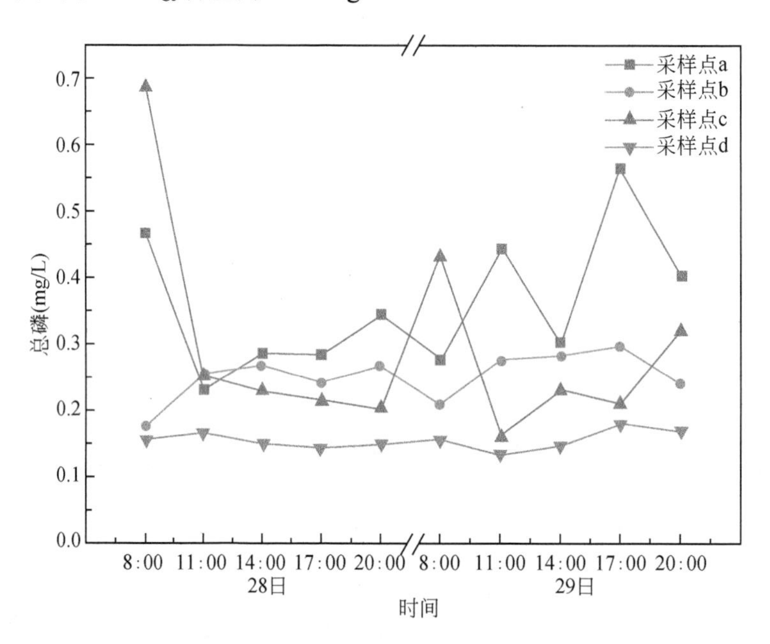

图 8-13　雨天工况各单元水体总磷含量变化图

表 8-10　雨天工况各单元水体 COD_{Cr} 含量　（单位：mg/L）

日期	采样时间	采样点 a	采样点 b	采样点 c	采样点 d
2018 年 8 月 28 日	8：00	5	<3	42	6
	11：00	11	5	13	7
	14：00	23	<3	<3	<3
	17：00	<3	<3	<3	<3
	20：00	<3	<3	<3	<3
2018 年 8 月 29 日	8：00	19	<3	<3	8
	11：00	24	<3	<3	3
	14：00	59	<3	<3	<3
	17：00	17	5	<3	<3
	20：00	43	<3	9	<3

注：现场检测中 COD 为 3～150mg/L，受量程影响将值低于 3mg/L 视作 3mg/L 分析。

同晴天工况中一样，当水中的 COD_{Cr}含量太低时，去除规律性及有效性不强。去除异常点（8：00）并选取进水 COD_{Cr}含量＞10mg/L 的时间段进行分析，经过一级处理后，COD_{Cr}去除率为 54.5%～94.9%，最后出水 COD 去除率为 36.4%～94.9%（去除率 100%，将低于 3mg/L 的视作 3mg/L），最后出水均在 I 类水范围内（15mg/L）。因为 COD_{Cr}含量可以体现水中有机污染物的多少，表 8-10 中出现的经过二级表面自由流人工湿地处理后，COD_{Cr}含量略有上升的原因可能与总氮相同，都是受到了腐烂的水葫芦的影响。

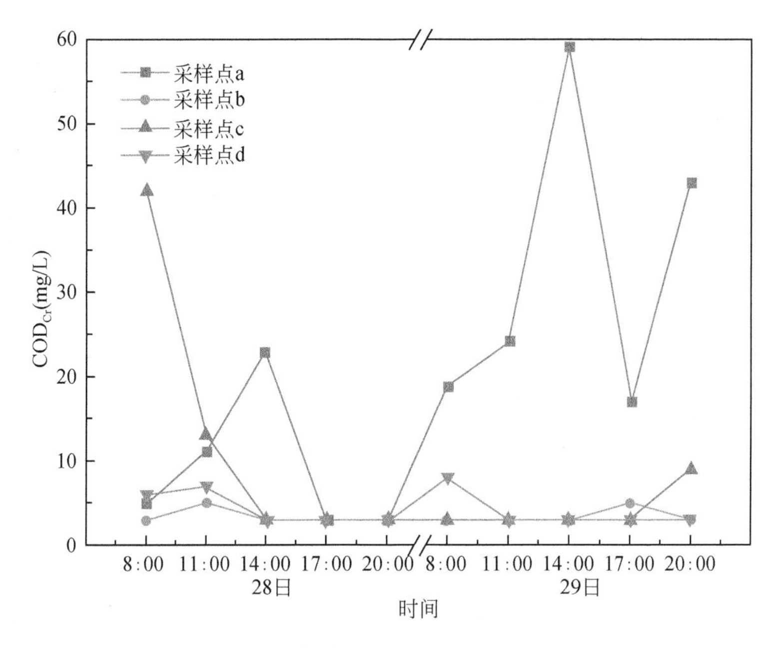

图 8-14　雨天工况各单元水体总磷及COD_{Cr}含量变化图

总的来说，降雨影响了进入生态塘-生物碳潜流型人工湿地净化系统的水质，使除 pH 外的各指标含量均有较大幅度的上升。从晴天工况部分数据中可知，当进水污染物浓度稍高时，生态塘-生物碳潜流型人工湿地净化系统的净化处理效果更加明显，雨天工况的实际数据也再次验证了该结论。而在此次采样过程中，因为湿地植物水葫芦的枯萎腐烂导致的总氮和COD_{Cr}指标出现了异常变化，也显示人工湿地长时间有效运行需要一定的日常管理，需周期性收割湿地植物，以避免其枯萎腐烂造成的二次污染。

8.5　小　　结

结合前期室内实验的经验和结论，于飞来峡社岗典型流域出口断面上游 1km 左右的桥涵附近设置以废弃木料生物碳为基质的生态塘-生物碳潜流型人工湿地净化系统，在系统驯化成功后对各处理单元进出水口处进行采样，分析净化系统的处理效果及影响因素。主要结论如下。

（1）生态塘-生物碳潜流型人工湿地净化系统对总氮有较高的去除效果，一级生物碳基质垂直潜流人工湿地和整个湿地系统总氮去除率最高分别可达 92.3%和 73.1%；受有机氮氨化作用影响，净化系统对氨氮去除效果一般，去除率最高分别为 12.0%和 51.0%；对总磷有较高的去除效果，一级生物碳基质垂直流人工湿地和整个湿地系统总氮去除率最高分别可达 70.2%和 80.7%；COD_{Cr}含量＞10mg/L 时，生物碳基质人工湿地对其也有良好的去除效果，去除率最高可达 94.9%。

（2）对比晴天、晴天暴雨和雨天工况下的数据可知，生物碳基质人工湿地有较为良好的抗冲击负荷的能力，当进水污染物浓度稍高时，对总氮、氨氮、总磷和 COD_{Cr} 的净化处理效果更加明显。

（3）进水污染物浓度和人工湿地系统运行管理对污染物最终的去除效果有较大影响：污染物浓度较高时，人工湿地净化系统的去除率高；及时处理人工湿地系统中的湿地植物可以减少植物腐烂所带来的新的有机物，从而让人工湿地净化系统对污染物的去除更加有效和持久。

参 考 文 献

毕京博，郑俊，沈玉凤，等. 2012. 南太湖入湖口叶绿素 a 时空变化及其与环境因子的关系. 水生态学杂志，33（6）：7-13.

陈磊，沈珍瑶. 2014. 流域非点源污染优先控制区识别方法及应用. 北京：中国环境出版社.

陈晓丽，黄国如. 2017. 基于 SWAT 模型的北江飞来峡流域径流模拟. 水资源与水工程学报，28（5）：1-7.

初海波，卢文喜，尹津航，等. 2011. BP 网络、Hopfield 网络在水质评价应用中的比较研究. 中国农村水利水电，（10）：70-72.

崔巍，白音包力皋，陈文学，等. 2013. 中小河流非点源污染治理负荷估算及分区分类研究. 中国水利水电科学研究院学报，11（1）：14-19，26.

冯麒宇，胡海英，黄国如. 2016. 潭江泗合水流域降雨径流非点源污染特征分析. 水资源保护，32（3）：143-148.

高红杰，郑利杰，嵇晓燕，等. 2017. 典型城市地表水质综合评价方法研究. 中国环境监测，33（2）：55-60.

国家环境保护总局.2002.水和废水监测分析方法（第四版）. 北京：中国环境科学出版社.

韩术鑫，王利红，赵长盛. 2017. 内梅罗指数法在环境质量评价中的适用性与修正原则. 农业环境科学学报，36（10）：2153-2160.

何晓丽，吴艳宏，周俊，等. 2016. 贡嘎山地区地表水化学特征及水环境质量评价.环境科学，37（10）：3798-3805.

贺锋，吴振斌，陶菁，等. 2005. 复合垂直流人工湿地污水处理系统硝化与反硝化作用. 环境科学，（1）：47-50.

黄国如，李开明，曾向辉，等. 2014. 流域非点源污染负荷核算. 北京：科学出版社.

蒋波，张晓东，李岩，等. 2010. 基于元素分析的生物质化学组成快速分析方法. 化工学报，61（6）：1506-1509.

蒋汝成，顾世祥. 2018. 熵权法-正态云模型在云南省水生态承载力评价中的应用. 水资源与水工程学报，29（3）：118-123.

赖格英，易姝琨，刘维，等. 2018. 基于修正 SWAT 模型的岩溶地区非点源污染模拟初探——以横港河流域为例. 湖泊科学，30（6）：1560-1575.

李定强，王继增，万洪富，等. 1998. 广东省东江流域典型小流域非点源污染物流失规律研究. 土壤侵蚀与水土保持学报，（3）：13-19.

李辉，徐新阳，李培军，等. 2008. 人工湿地中氨化细菌去除有机氮的效果. 环境工程学报，（8）：1044-1047.

李开明，任秀文，黄国如. 等. 2013. 基于 AnnAGNPS 模型泗合水流域非点源污染模拟研究. 中国环境科学，33（S1）：54-59.

李清芳，姚靖，黄晓容，等. 2016. 多元统计分析在典型湖库型饮用水水源地水质评价中的应用. 环境影响评价，38（6）：73-79.

李璇，董利民. 2011.洱海流域农业非点源污染负荷分析及防治对策. 湖北农业科学，50（17）：3535-3539.

梁倩，何新生，李海华，等. 2016. 河南省鹤壁市淇河流域（淇县段）农业非点源污染状况调查及评价研究. 环境科学与管理，41（10）：176-181.

林文婧，杨慧. 2011. 飞来峡水利枢纽库区污染源现状调查及评价. 吉林水利，（6）：10-15.

刘传旺，吴建平，任胜伟，等. 2015. 基于层次分析法与物元分析法的水安全评价. 水资源保护，31（3）：27-32.
刘吉开，万甜，程文，等. 2018. 未来气候情境下渭河流域陕西段非点源污染负荷响应. 水土保持通报，38（4）：82-86.
刘娟，王飞，韩文辉，等. 2018. 汾河上中游流域生态系统健康评价. 水资源与水工程学报，29（3）：91-98.
刘玲花，吴雷祥，吴佳鹏，等. 2016. 国外地表水水质指数评价法综述. 水资源保护，32（1）：86-90，96.
刘艳. 2014. 河流健康评价的回归支持向量机模型及应用. 水资源保护，30（3）：25-30.
卢少勇，金相灿，余刚. 2006. 人工湿地的氮去除机理. 生态学报，（8）：2670-2677.
卢少勇，张萍，潘成荣，等. 2017. 洞庭湖农业面源污染排放特征及控制对策研究.中国环境科学，37（6）：2278-2286.
吕乐婷，王晓蕊，江源，等. 2017. 基于 SWAT 模型的东江流域蓝水、绿水时空分布特征研究. 水资源保护，33（5）：53-60.
欧阳威，刘迎春，冷思文，等. 2018. 近三十年非点源污染研究发展趋势分析. 农业环境科学学报，37（10）：2234-2241.
沈俊源，吴凤平，于倩雯. 2016. 基于模糊集对分析的最严格水安全综合评价. 水资源与水工程学报，27（2）：92-97.
盛海峰，闫明宇，王兴平. 2010. 宜兴梅林小流域磷素的迁移规律. 水资源保护，26（2）：32-35.
王倩，邹志红. 2014. BP 神经网络在再生水补给密云水库水质评价中的应用. 环境科学学报，34（9）：2413-2416.
王晟，徐祖信，李怀正. 2006. 潜流湿地处理不同浓度有机污水的差异分析. 环境科学，（11）：2194-2200.
王伟，顾继光，韩博平. 2009. 华南沿海地区小型水库叶绿素 a 浓度的影响因子分析. 应用与环境生物学报，15（1）：64-71.
王乙震，郭书英，崔文彦. 2016. 基于水功能区划的河湖健康内涵与评估原则. 水资源保护，32（6）：136-141.
吴易雯，李莹杰，张列宇，等. 2017. 基于主客观赋权模糊综合评价法的湖泊水生态系统健康评价. 湖泊科学，29（5）：1091-1102.
向碧为，黄国如，冯杰. 2011. 基于 AHP 法的东江流域水基系统健康模糊综合评价. 水电能源科学，29（10）：1-4.
薛建民，李娟芳，舒持恺，等. 2017. 基于一致性分析的主客观组合赋权法在河流健康评价中的应用.水电能源科学，35（12）：22-25，70.
闫瑞，闫胜军，赵富才，等. 2014. 黄土丘陵区岔口小流域暴雨条件下氮素随地表径流迁移特征. 水土保持学报，28（5）：82-86.
杨爱玲，朱颜明. 1999. 地表水环境非点源污染研究. 环境科学进展，（5）：60-67.
杨胜天，程红光，郝芳华，等. 2006. 全国非点源污染分区分级. 环境科学学报，（3）：398-403.
杨永宇，尹亮，刘畅，等. 2017. 基于灰关联和 BP 神经网络法评价黑河流域水质.人民黄河，39（6）：58-62.
姚锡良. 2012. 农村非点源污染负荷核算研究. 广州：华南理工大学.
苑韶峰，吕军. 2004. 流域农业非点源污染研究概况. 土壤通报，（4）：507-511.
岳强，刘福胜，刘仲秋. 2016. 基于模糊层次分析法的平原水库健康综合评价. 水利水运工程学报，（2）：62-68.

曾峥. 2013. 水生态修复植物的生物质炭制备及对氨氮、磷的吸附效应. 杭州：浙江大学.

张双圣，刘喜坤，强静，等. 2017. 徐州市云龙湖水质评价及污染原因分析. 水资源保护，33（3）：52-58.

张文涛. 2009. 大沙河水库富营养化限制性因子分析.广东水利水电，（9）：26-28，42.

张晓晗，万甜，程文，等. 2018. 黑河水库非点源污染时空分布研究. 水土保持通报，38（4）：324-330.

张旋，王启山，于淼，等. 2010. 基于聚类分析和水质标识指数的水质评价方法. 环境工程学报，4（2）：476-480.

赵海萍，陈旺，李清雪，等. 2017. 漳河上游水质时空分异特征及污染源识别. 水资源保护，33（4）：47-54.

周艳丽，佘宗莲，孙文杰. 2011. 水平潜流人工湿地脱氮除磷研究进展. 水资源保护，27（2）：42-48.

周振民，樊敏. 2018. 基于 PSR-改进模糊集对分析模型的河流健康评价. 中国农村水利水电，（12）：77-81，86.

Abbaspour K C. 2011. SWAT-CUP4：SWAT Calibration and Uncertainty Programs-A User Manual. Switzerland：Swiss Federal Institute of Aquatic Science and Technology.

Baldock J A，Smernik R J. 2002. Chemical composition and bioavailability of thermally altered Pinus resinosa（Red pine）wood. Organic Geochemistry，33（9）：1093-1109.

Bruun E W，Ambus P，Egsgaard H，et al. 2012. Effects of slow and fast pyrolysis biochar on soil C and N turnover dynamics. Soil Biology and Biochemistry，46：73-79.

Chen B，Johnson E J，Chefetz B，et al. 2005. Sorption of polar and nonpolar aromatic organic contaminants by plant cuticular materials：role of polarity and accessibility. Environmental Science & Technology，39（16）：6138-6146.

European Communities. 2000. Directive 2000/60/EC of the European parliament and the council of 23rd October 2000 establishing a framework for community action in the field of water policy. Official Journal of the European Communities，43：1-15.

Gaskin J W，Steiner C，Harris K，et al. 2008. Effect of low-temperature pyrolysis conditions on biochar for agricultural use. Transactions of the Asabe，51（6）：2061-2069.

Gunasekara A S，Simpson M I，Xing B. 2003. Identification and characterization of sorption domains in soil organic matter using structurally modified humic acids. Environmental Science and Technology，37（5）：852-858.

Hughes R M，Paulsen S G，Stoddard J L. 2000. EMAP-surface waters：a multiassemblage，probability survey of ecological integrity in the USA. Hydrobiologia，422-423：429-443.

Koklu R，Sengorur B，Topal B. 2010. Water quality assessment using Multivariate Statistical Methods-a case study：Melen River System（Turkey）. Water Resources Management，24（5）：959-978.

Kozub D D，Liehr S K. 1999. Assessing denitrification rate limiting factors in a constructed wetland receiving landfill leachate. Water Science and Technology，40（3）：75-82.

Kunwar P S，Ankita B.Amrita M，et al. 2009. Artificial neural network modeling of the river water quality-A case study. Ecological Modelling，220（6）：888-895.

Ladson A R，White L J，Doolan J A. 1999. Development and testing of an index of stream condition for waterway management in Australia. Freshwater Biology，41（2）：453-468.

Li R，Wu Z，Li L，et al. 2017. Pollution load and ecological replenishment plan of Lijiang River China.

Environmental Engineering & Management Journal，16（11）：2589-2598.

Tabata T，Hiramatsuk，Harada M，et al. 2015. Assessment of the water quality in the Ariake Sea using principal component analysis. Journal of Water Resource and Protection，7（1）：41-49.

US EPA. 1995. National Water Quality Inventor，Report to Congress Executive Summary. Washington D C：US EPA.

Verworn H R. 1979. Determining nutrient loading from rainfall and runoff in small rivers. Progress in Water Technology，10（5/6）：607-617.

Wu H，Chen B. 2015. Evaluating uncertainty estimates in distributed hydrological modeling for the Wenjing River watershed in China by GLUE，SUFI-2，and ParaSol methods. Ecological Engineering，76：110-121.

Yesuf H M，Melesse A M，Zeleke G，et al. 2016. Streamflow prediction uncertainty analysis and verification of SWAT model in a tropical watershed. Environmental Earth Sciences，75（9）：1-16.